Physical Chemistry for Life Science
15 Lectures

生命科学のための
物理化学

［著］
Shigeru Kunugi *Akira Naito*
功刀 滋　内藤 晶

講談社

まえがき

生命科学の進歩には目覚ましいものがある。例えば，2000年以降のノーベル化学賞は18件中の9件が生命科学関連である。生物が営む生命現象の複雑で精緻なメカニズムを解明するこの科学の成果を背景に,「細胞融合」や「遺伝子組換え」などの技術(バイオテクノロジー)の開発を通じて，医学・農学・工学・心理学・人文社会学など多岐にわたる分野での応用研究も盛んになっている。これに呼応して，大学教育でも「生命科学」を学ぶ分野が急速に広がっている。

このような生命科学の発展に対して，学ぶ方も教える方も知識の更新に大きな努力を重ねなければならない。例えば米国の生化学教科書は，新しい成果を取り入れるために，数年に一度改訂されているほどである。

ところで，生命体の活動は，物理的・化学的原理に基づいて行われている。細胞の変化でも，生体分子の結合でも，生気論によらない限り，生体の階層構造に着目すれば原子や分子，イオンなどが結びつく様相の変化に起因している。ただし，生命体の化学反応は細胞内の制御された環境の中において，速やかに温和な条件で効率良く起こることが特徴である。その点で生命体の化学反応は一般の有機化学反応とは異なっている。まだまだすべてが解明されているわけではないが，分子・原子レベルでの理解，すなわち物理化学的な理解が生命科学の基盤であるといえる。

物理化学という学問は，物質の相互作用と変化を物理的原理に基づいて解明し，化学反応を定量的に説明するとともに，新しい理論体系を構築するものである。生体内で起こっている生化学反応は反応にかかわる酵素や共役反応系を考慮しなければならないが，熱力学や速度論を基盤としてその反応機構を解析することができる。生体分子の反応性にかかわる電子状態や分子構造を理解するには量子力学や分光学の知識が必要になる。またしばしばその成果によって，新しい測定方法を開発したり，新規な応用法を提唱したりもする。生体分子の構造決定に関しては，X線結晶構造解析による実験が基本であったが，多次元核磁気共鳴分光法やクライオ電子顕微鏡などの新しい測定法が物理化学の原理に基づいて開発され，タンパク質などの複雑な生体分子の構造解析が可能になってきている。このように生命体の活動が物理化学の原理を基盤として理解できることを解説することが本書の目標である。

生命体における物質の変化を理解するためには，物質の特定や性状の解明だけでなく，上述したような物理化学的視点からの考察が不可欠である。しかし，非常に広い範囲の生命体にかかる事柄を学ばなければならない生命科学分野においては，純粋な化学分野に比べると物理化学教育にそう多くの時間を割くことは難しい。これに鑑み本書では，よく使われている物理化学の大部な教科書が取り上げている題材から，生命科学を学ぶうえで必要と思われる項目を抽出して，なるべく15回の授業で収まるように編集した。ただし，物理的原理に基づく点はある程度残し，一定の理論式の誘導もできるだけ示した。他方，物理化学は数式に実際の単位の付いた数値を入れてはじめて学修できると考えるので，この点にもこだわり，さらに多種の実験データをどのように解析するか，ということにも力点を置いた。したがって，演習問題などを中心に主体学習(active learning)を多く取り入れた30回の授業にも使うことができると考えられる。

全体の内容は6つのPartに分かれている。生命の維持が物質を介してエネルギーを獲得することによって行われていることを重視して，物質とエネルギーの関係を軸に記述を進めた。

「Part 1　生命と物質」は，生体を構成する分子の簡単な導入である。分子内の結合・分子間の相互作用を中心に説明したが，他の科目においていろいろと学んできたであろう内容を，Part 2以降に進むために整理しておくことが主眼である。

「Part 2　生命とエネルギー」では，生命を支える物質とエネルギーの間の変換システムを理解するための基礎となる，物理化学的な考え方(いわゆる熱力学)を示す。ここでの学修は以下の授業の基礎となり，エネルギーのとらえ方や表現方法を解説する。

「Part 3　生体内の化学変化」では,生物の活動を支えている無数の化学反応が,生体外で起こる種々の化学反応と同じ原理によって進んでいることを理解するために，化学反応の熱力学的な取り扱いを説明する。

「Part 4　生体反応と時間」では，生物が時間とともに生きていることを理解するために，時間の概念を導入する。動的な変化の典型である酵素触媒反応の速度論的解析を主に取り上げて解説する。

「Part 5　生命と光」では，光(電磁波)と生体物質とのかかわりについて，その本質は電磁波が生体分子の電子の状態を変化させることにあるということを中心に量子力学の初歩を用いて解説する。また，この相互作用を利用して，生体分子の分子構造や運動性・反応性を明らかにする分光学の原理と手法についても紹介する。

「Part 6　生命と膜構造」では，生命体の細胞構造と反応の場として重要な膜構造を取り上げ，空間の概念から物質の輸送，化学反応との共役によるエネルギーの移動について解説し，生物のエネルギー獲得の代表である酸化的リン酸化と光合成の基礎について理解を促す。

このような内容を学修することにより，数多く目にし，さまざまな体験もしている生命体での化学的な変化を，その物理的原理に基づいて考えることができるようになることを，著者として大いに期待するところである。

本書の出版にあたり，講談社サイエンティフィクの五味研二氏に多大なご尽力をいただいたことを心より感謝する。著者両名の高校時代の恩師であり，化学分野への興味を高めて下さった，故 松岡忠治先生(日本化学会第1回化学教育有功賞受賞(1983年))の墓前にこの本を供えたいと思う。

平成三十戊戌年　睦月

功刀　滋

内藤　晶

『生命科学のための物理化学15講』Contents

演習問題の解答は講談社サイエンティフィクのホームページ
（http://www.kspub.co.jp/book/detail/1538986.html）で公開しています。

生物の身体はさまざまな「物質」からできている。19世紀前半まで，生物の作る物質とそうでない物質とは異なるものだと信じられていた。前者は生物の体内でしか作られず，それには生物体内の生気が必要だと考えられていたのである。今日も使われている「有機(organic)」「無機(inorganic)」という言葉はベルセリウス(128頁*6参照)によって提案されたものである。いわゆる「生気論(vitalism)」によるこのような区別は，シアン酸アンモニウムからの尿素の合成，二硫化炭素からの酢酸の合成といった無機物質からの有機物質合成などの，19世紀に入って行われたいろいろな研究によって，19世紀中盤には根拠が薄れ，ほぼ終焉を迎えた。

これにより有機・無機の区別なく生物体は「物質」からできており，その性質も変化も非生物の物質を対象として発展してきた原子・分子・イオンなどに対する化学，物理化学の諸原理を適用して考えることが可能となった。

Part 1ではこれから学ぶための基礎知識の整理もかねて，生命体を形作る物質について基本的な事柄を解説する。

Part 1 生命と物質

第1講 生命体を構成する物質の種類と構造

第1講

生命体を構成する物質の種類と構造

1 生命体を構成する分子

1.1 ◆ 生物の体を作る物質

次のような表現がある。

平均的な人間の身体は，以下のものを作るのに十分なものを含んでいる：3インチの釘1本，平均的な犬1匹のノミを全部退治するのに十分な硫黄，900本の鉛筆を作る炭素，玩具の大砲を撃つカリウム，石鹸7本を作る脂肪，マッチの頭2,200本を作るリン，そして10ガロンタンクを満たす水

つまり人間の身体も元素にまで遡り，それらを身近な物質に換算すると，この程度のものだということである。

実際には，人間の身体の主な元素構成は**表1.1**のようになっている。重さでいえば酸素が一番多く，原子の数（あるいは物質量＝モル数）でいえば水素原子が一番多い。いずれの場合も60%を超えている。

もちろん，これらの元素が単体として体内に存在するのはごくまれで（酸素分子O_2などとしてはありうるが），化合物，多くは「分子」とし

表1.1 ヒトの身体に存在する主な元素

元　素	重量（%）	体重70 kg中の重量（g）	原子量	モル数	原子数（%）
酸　素	61	43,000	16.00	2687.50	23.96
炭　素	23	16,000	12.01	1333.33	11.89
水　素	10	7,000	1.008	7000.00	62.41
窒　素	2.6	1,800	14.01	128.57	1.15
カルシウム	1.4	1,000	40.08	24.94	0.22
リ　ン	1.1	780	30.97	25.16	0.22
カリウム	0.2	140	30.10	3.58	0.03
硫　黄	0.2	140	32.06	4.37	0.04
ナトリウム	0.14	100	22.99	4.35	0.04
塩　素	0.12	84	35.45	2.30	0.02
マグネシウム	0.027	19	24.31	0.78	0.007
鉄	0.0060	4.2	55.85	0.08	0.001
フッ素	0.0037	2.6	19.00	0.14	0.001

［J. Emsley, *Nature's Building Blocks : An A-Z Guide to the Elements*, Oxford University Press (2011) より］

表1.2 | 生体物質の大まかな分類

大分類	小分類	例	大きさ
タンパク質（ペプチド）	触媒タンパク質	酵素	高分子
	構造タンパク質	コラーゲン，ケラチン	高分子
	輸送タンパク質	ヘモグロビン，グロブリン	高分子
	ペプチド性ホルモン	インスリン，セクレチン	低分子
糖　質	単糖類	ブドウ糖，果糖	低分子
	少糖類	ショ糖，乳糖	低分子
	多糖類	デンプン，セルロース	高分子
	糖質繊維	ペクチン，リグニン	高分子
核　酸	ポリヌクレオチド	DNA，RNA	高分子
	ヌクレオチド	ATP，NAD	低分子
脂　質	単純脂質	グリセリド	低分子
	複合脂質	リン脂質，糖脂質	低分子
	誘導脂質	テルペノイド，スクアレン	低分子
有機物質	神経伝達物質	アセチルコリン，モノアミン類	低分子
	ビタミン	ビタミンA, B_1…B_{12}, C, …, K	低分子
	補酵素	ピリドキサール5′−リン酸，ビオチン	低分子
無機物質	金属イオン	Na^+，Mg^{2+}，K^+	イオン
	金属錯体	ヘム，クロロフィル	低/高分子
	水，ヒドロニウムイオン		低分子

て存在する。「重量で一番多いものが酸素で，原子数で一番多いものが水素である」ことからも，また冒頭の「10ガロンタンクを満たす水」という表現からもわかるように，もっとも多く存在する分子は水分子(H_2O)である。

分子の中で一番小さいものは水素分子(H_2 : 2.016 u*1)だが，一番大きいのは何だろうか？　三次元の網目状の超分子を除き，直鎖状の分子の中で，その1つの候補はDNA（デオキシリボ核酸：deoxyribonucleic acid）であろう。ヒトの染色体でもっとも大きな1番染色体に含まれているDNAの分子量は1.5×10^{11} u（150億Da）を超える。イオンでいえば，水素原子から電子が1つ取れた水素イオン（＝陽子(proton)，1.007 u）がもっとも小さいが，生体内の環境ではヒドロニウムイオン(hydronium ion : $H(H_2O)_n{}^+$)になっており，19 u以上ある。

生体を構成する物質を大別して示すと**表1.2**のようになるが，これらのうち，タンパク質(protein)，糖質(saccharide，あるいは炭水化物carbohydrate)，脂質(lipid)は「三大栄養素」として知られる。一方，これにビタミンと無機(物)質(ミネラル)を加えて「五大栄養素」ともいわれる。

生体内の金属(イオン)には2つの存在形態が考えられる。1つは，K^+，Na^+，Ca^{2+}などのように，イオンのまま存在し，細胞内外などの電位を作り出す作用を示し，直接他の分子に組み込まれていないものである。

*1　原子量は「統一原子量単位」である「u」または「Da（ダルトン）」として表示することが定められている。本書では「u」を使用する。

もう1つは他の分子(や原子)に組み込まれているもの(錯イオン)で，$Fe^{2+/3+}$，Zn^{2+}，$Cu^{+/2+}$などさまざまな金属イオンがこのような形態で存在している。高分子であるタンパク質などに直接組み込まれた錯体として存在しているものも多くある。

1.2 ◆ 生体高分子の基本単位

表1.2の「大きさ」の列で「高分子」と書いたタンパク質，糖質，核酸の3種類の物質は，生体高分子(biopolymer)とよばれる。高分子(polymer)とは「高い分子量をもつ分子」のことであり，巨大分子(macromolecule)ともいわれる。高分子の種類にはさまざまなものがあるが，実際に生物体の中で働いている(機能している)ものが生体高分子である。生体由来の高分子でも純粋な合成高分子でも，基本的な構造単位を多数組み合わせることで「高い分子量」をもつ分子をつくっている。このような構造単位を**単量体**(monomer：モノマー)とよぶ。合成高分子が比較的簡単な同一の単量体(共重合体の場合は2, 3の組み合わせ)を何回も繰り返すのに対して，生体高分子では少しずつ構造の異なる単量体が使われることが多い。以下，3つの生体高分子についてその概略を示そう。

1.2.1 ◇ タンパク質

タンパク質の構造単位は**アミノ酸**(amino acid)である。その名のとおり1つの分子にアミノ基と酸基＝カルボキシ基をもっており，1つの炭素原子にこの両者が結合している場合にはα-アミノ酸といわれる。炭素原子には最大で4つの結合が可能である(sp^3混成軌道)が，この中央にくる炭素原子(α炭素)にあと2つどのような原子・原子団が結合しているかによって，さまざまな種類のアミノ酸となる。α炭素に2つの水素が結合している場合がもっとも単純な構造であり，これはグリシン(glycine)とよばれる。1つの水素と1つのメチル基が付いている場合にはアラニン(alanine)となる。**図1.1**に示すようにsp^3構造の炭素の4つの結合は正四面体構造となるので，異なる4種類の原子・原子団が結合している場合には2種類の立体配置が考えられ，光学異性を示す。アラニンの場合，*RS*表示法での*S*体をL体とよぶ。L-アラニンは右旋性(*d*：「Memo 旋光性」参照)であるが，DL表示法はL(*l*)-グリセルアルデヒド(glyceraldehyde)の構造との類似性に基づいているために「L体」とされる。以下，さまざまな原子団が2つめの置換基としてα炭素に結合するが，タンパク質を構成する20種類のα-アミノ酸を**図1.2**に示す。この置換基部分(側鎖という)を一般的に表す場合には，残基を表すresidueの語から「R」と表記する。

複数のアミノ酸が，1つの分子のアミノ基と別の分子のカルボキシ基の間で酸アミド(図1.2中□)を形成することによって分子鎖は延びてい

(a)

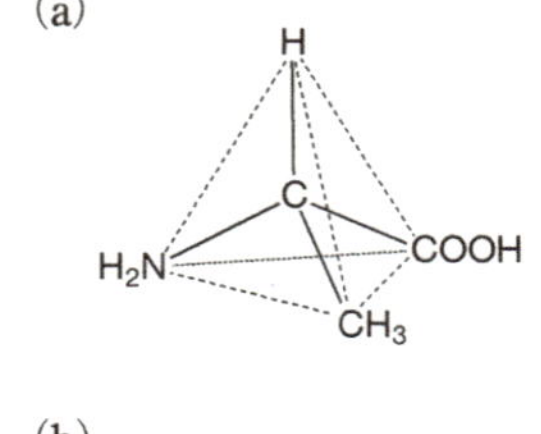

(b)

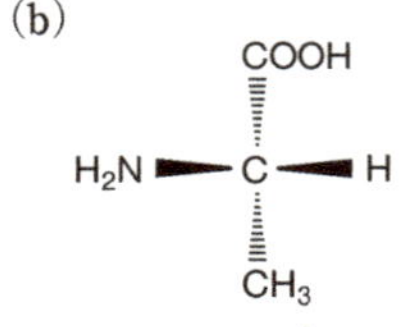

図1.1 α-アミノ酸(L-アラニン)の正四面体構造

(a)擬似正三角錐による描き方，(b)フィッシャー投影式(後述)による描き方。▬は紙面の手前，┅┅は紙面の奥向きの結合を表す。

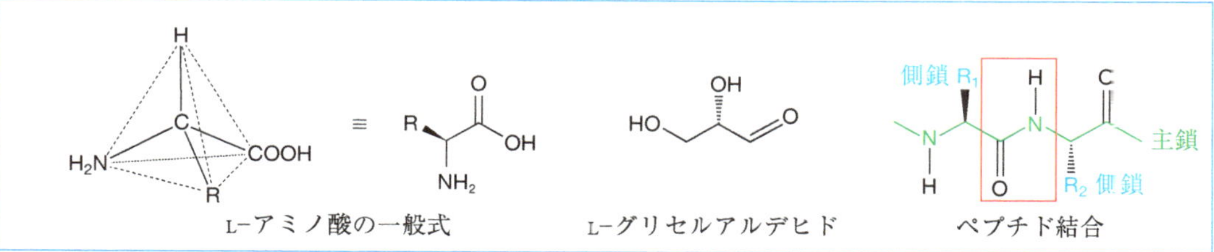

イオン性アミノ酸

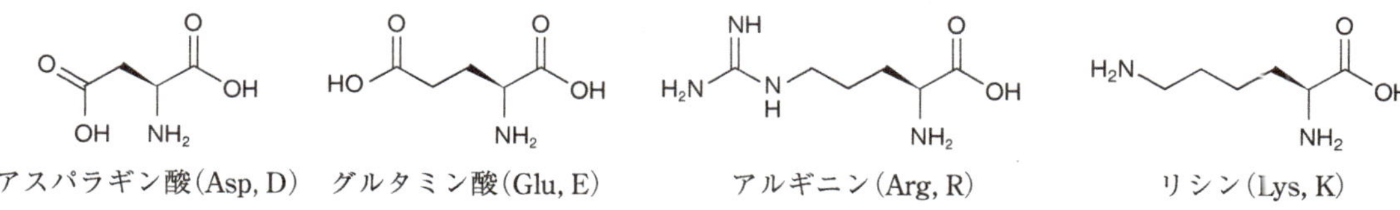

極性アミノ酸

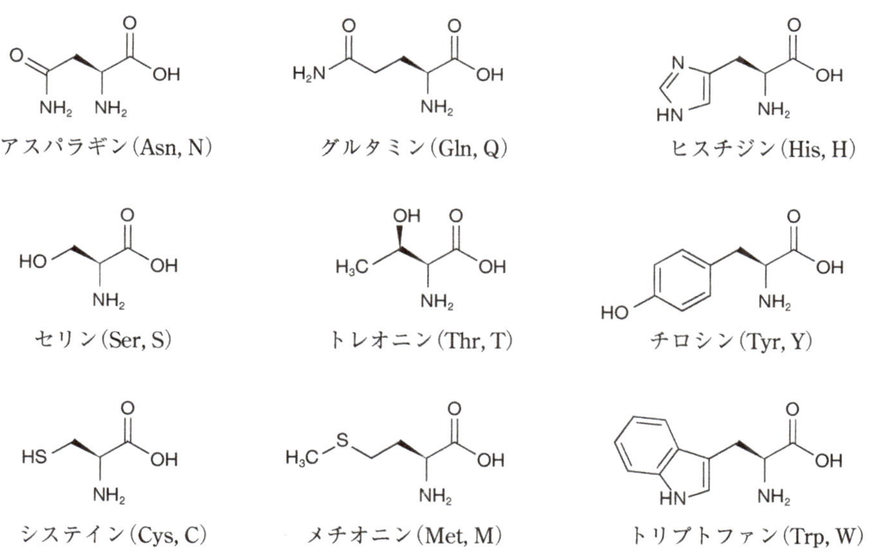

疎水性アミノ酸

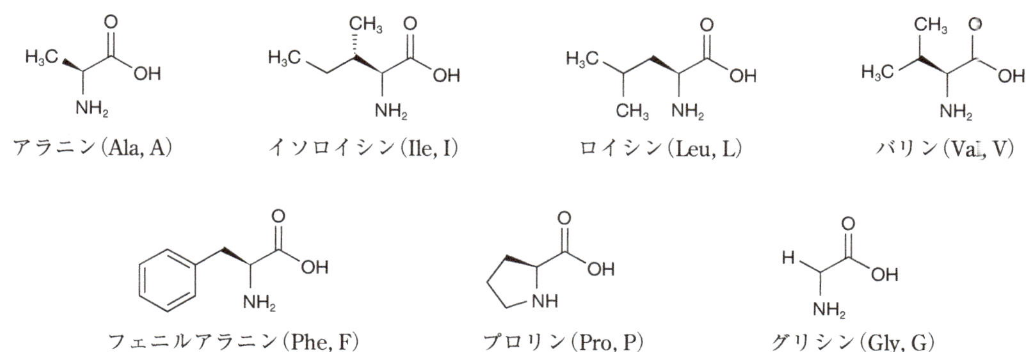

図1.2｜タンパク質を構成する20種類のα-アミノ酸

Memo

旋光性

特定の方向にだけ振動する光(偏光)を物質に通した場合，透過後にその偏光面が回転する性質を**旋光性**(optical rotation, optical rotatory)という。回転方向や強さは物質によって異なり，実測した旋光性の度合い(角度)を光の通過距離と濃度(重量単位)で除したものを比旋光度(specific rotation)とよび，[α]で表す。観測者から見て時計回りに回転させるものを「+」あるいは「*d*」(dextrorotaryの頭文字：dextro＝右)，反時計回りに回転させるものを「−」あるいは「*l*」(levorotationの頭文字：levo＝左)と表す。

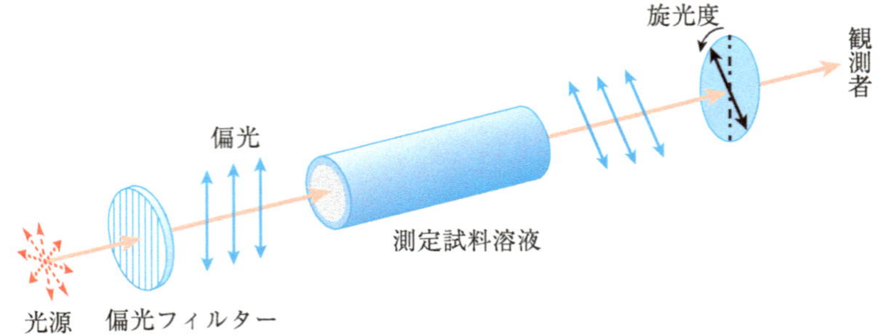

図 | **旋光度測定のイメージ**
光源から出た光は偏光フィルターによって振動方向が揃えられた光(偏光)とされ，これが試料溶液を通過する間に，振動方向が変えられる。図の場合，観測者側から光源を見て時計方向に偏光が回転しているので，＋あるいは*d*となる。

表1.3 | **アミノ酸の分類**

分　類	名　称	英　名	3文字	1文字	
イオン性	アスパラギン酸	aspartic acid	Asp	D	酸　性
	グルタミン酸	glutamic acid	Glu	E	酸　性
	アルギニン	arginine	Arg	R	塩基性
	リシン	lysine	Lys	K	塩基性
極　性	アスパラギン	asparagine	Asn	N	酸アミド系
	グルタミン	glutamine	Gln	Q	酸アミド系
	ヒスチジン	histidine	His	H	塩基性
	セリン	serine	Ser	S	ヒドロキシ基系
	トレオニン	threonine	Thr	T	ヒドロキシ基系
	チロシン	tyrosine	Tyr	Y	芳香族系
	システイン	cysteine	Cys	C	硫黄系
	メチオニン	methionine	Met	M	硫黄系
	トリプトファン	tryptophan	Trp	W	芳香族系
疎水性	アラニン	alanine	Ala	A	脂肪族系
	イソロイシン	isoleucine	Ile	I	脂肪族系
	ロイシン	leucine	Leu	L	脂肪族系
	バリン	valine	Val	V	脂肪族系
	フェニルアラニン	phenylalanine	Phe	F	芳香族系
	プロリン	proline	Pro	P	環　状
	グリシン	glycine	Gly	G	脂肪族系

く。このアミド結合を**ペプチド結合**(peptide bond)とよび，アミノ酸が多数つながった分子を**ポリペプチド**(polypeptide)とよぶ。

表1.3には，側鎖Rの性質によってアミノ酸を分類した。アミノ酸の集まりであるタンパク質の機能の多くは，このRの性質による。

側鎖に解離性の官能基を含むものは酸解離あるいは酸形成によってイオンとなることができる。アミノ酸の酸解離平衡については，Part 3で改めて解説する。

1.2.2 ◇ 多糖類

多糖類(polysaccharide)の基本単位は**単糖**(monosaccaride)であるが，5つあるいは6つの炭素原子を含む単糖(それぞれ五炭糖(ペントース：pentose)，六炭糖(ヘキソース：hexose))が中心である。単糖は1つの分子に多くのヒドロキシ基をもっており，このヒドロキシ基の間でエーテル(ether)結合を形成することで分子が延びていく。六炭糖を例にとってみると，$C_6H_{12}O_6$で示される分子には全部で24の(立体)異性体が考えられるが，すべてが自然界に存在するわけではない。フィッシャー投影式(後述)で表した6つの炭素原子のうちの5つはsp^3構造をとっており，残りの1つはsp^2構造である。六炭糖にはsp^2炭素がアルデヒド(aldehyde)となっているものとケトン(ketone)になっているものがあり，前者をアルドース(aldose)，後者をケトース(ketose)とよぶ。5つのsp^3炭素のうちアルドースでは4つ，ケトースでは3つが隣接する炭素(2つ)のほか，水素とヒドロキシ基と結合しているので，立体異性体が生じる($2^4+2^3=24$)。**図1.3**に示したような位置に置いたときの，右から5番目の炭素の立体配置をグリセルアルデヒドと比較することでD体とL体は決められる[*2]。

*2 図1.3のD-グルコース(glucose)の場合，それ自身の旋光性は右旋性(*d*)なので，この場合はDL表示と旋光性が一致するが，D-フルクトース(fructose)の場合は左旋性(*l*)なので，DL表示とは一致しない。

図1.3では炭素間の結合が平面上にあり，互いの角度が120°に描かれているが，sp^3構造では結合同士のつくる角が109.5°となるので，三次元空間では5番目の炭素と1番目の炭素は近づくことが可能である。5番目の炭素にあるヒドロキシ基と1番目の炭素にあるアルデヒド基からヘミアセタール構造(同じ炭素原子にヒドロキシ基-OH，水素-Hとエーテル結合-O-をもつ構造)が形成されると環状(6員環)の分子となる。ケトースの場合は2番目の炭素のケトン基と5番目の炭素のヒドロキシ基の間でもエーテル結合が可能であり，ヘミケタール結合により5員環

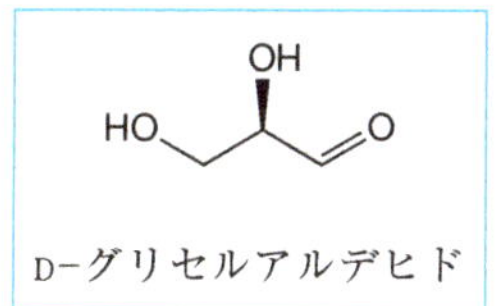

D-グリセルアルデヒド

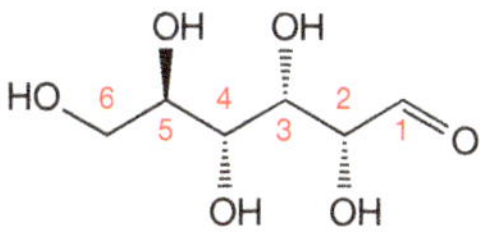

D-グルコース(ブドウ糖)

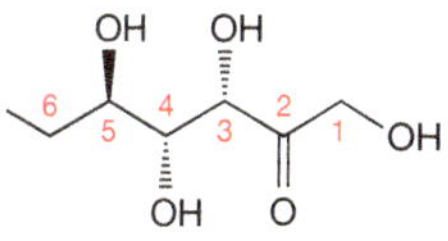

D-フルクトース(果糖)

図1.3 直鎖状の六炭糖(フィッシャー投影式)

炭素―炭素結合にある炭素(-C-)とそれに結合する水素(-H)は省略(以下同じ)。

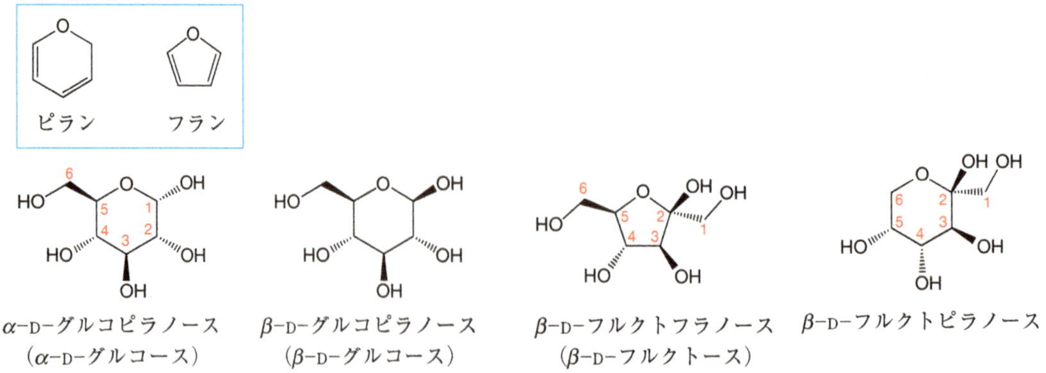

図1.4 | 環状の六炭糖(線—角構造)

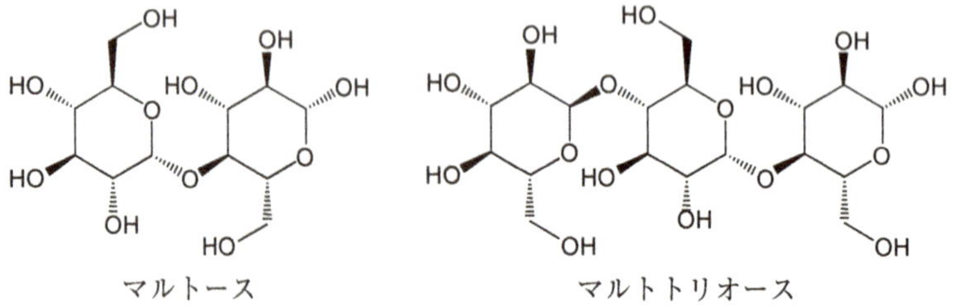

図1.5 | 二糖(マルトース)と三糖(マルトトリオース)の例

が形成される。**図1.4**のような描き方をしたとき，酸素Oとつながって環状を形成している炭素に-OHが ┈┈ で結合している場合を「α」，━ で結合している場合を「β」とよんで区別する。この環構造は，直鎖状の分子を介在して平衡関係にある。環構造をもった分子は，その環状のエーテルであるピラン(pyran：6員環)，フラン(furan：5員環)との類似性から，ピラノース(pyranose)，フラノース(furanose)とよばれ，例えばα-D-グルコピラノース(glucopyranose)といわれる。

2つのグルコピラノースの1位(α体)と4位のヒドロキシ基の間で水分子が脱離してエーテル結合(この場合はα1,4結合という)ができるとマルトース(maltose)という二糖(disaccaride)となり，3つがα1,4結合でつながるとマルトトリオース(maltotriose)となる(**図1.5**)。いくつもα1,4結合でつながっていくとデンプン(澱粉，アミロース：amylose)が生成する。図の右方向(1番のCの方向)に伸びた糖鎖の末端のグルコースはその先に結合しているものがなく，環状から直鎖状に戻ってアルデヒド基をもつことができるので還元性を示す。これにより，糖鎖の2つの端は「非還元末端」「還元末端」として区別される。

糖の描き表し方には種々のものがあるが，図1.3のようなものを**フィッシャー投影式**(Fischer projection)[*3]といい，図1.4下段，図1.5のようなものを線—角(line-angle)構造という。もっともよく用いられるのは**ハワース投影式**(Haworth projection)[*4]であり，グルコース，フルクトー

＊3 Hermann Emil L. Fischer：1852〜1919(ドイツ)。1902年ノーベル化学賞受賞。

＊4 Walter N. Haworth：1883〜1950(イギリス)。1937年ノーベル化学賞受賞。

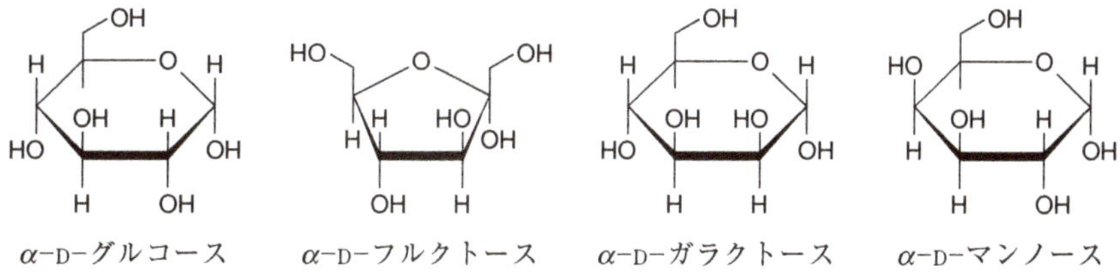

α-D-グルコース　α-D-フルクトース　α-D-ガラクトース　α-D-マンノース

図1.6｜ハワース投影式で示した六炭糖

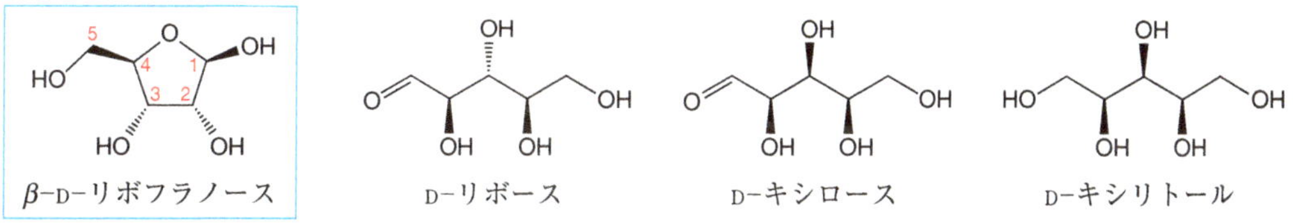

β-D-リボフラノース　D-リボース　D-キシロース　D-キシリトール

図1.7｜フィッシャー投影式で示した五炭糖

スなどは**図1.6**のように描かれる(以下では「ピラノ」「フラノ」を省略する)。

D体の六炭糖は8種類ある。D-アルトロース(altrose)が天然に存在していることが近年確認されたことから，すべてが自然界に存在している。多く存在するのはこれまで例としてあげてきたグルコースや，ガラクトース(galactose)，マンノース(mannose)である。ガラクトースはグルコースの4位の炭素に結合しているヒドロキシ基と水素の位置が逆であり，マンノースでは2位の炭素で反転している。このような関係を**エピマー**(epimer)という。なお，α-グルコースとβ-グルコースもエピマーの関係である。

五炭糖ではリボース(ribose)やキシロース(xylose)が多く見られる(**図1.7**)。リボースは後述する核酸に含まれ，キシロースは植物の細胞壁を構成するヘミセルロース(hemicellulose)の主成分であり木糖ともいわれる。キシロースの1位のアルデヒドが還元されてアルコールになっているものは，キシリトール(xylitol：糖アルコールの一種)とよばれ，甘味剤として知られている。五炭糖のアルドースの環状構造としては，1位と4位の間のエーテル結合によってフラノース環ができるが，1位-5位間の結合によってピラノース環もできる。

1.2.3 ◇ 核　酸

核酸(nucleic acid)はこれまでの2例と異なり，1つの分子種で高分子が形成されておらず，糖，核酸塩基，リン酸の3つの分子種からなる。糖には図1.7で示したβ-D-リボースが使われており，4つのヒドロキシ基のうちの1位のOH基は核酸塩基に置き換わっている。核酸塩基はプリン(purine)あるいはピリミジン(pyrimidine)に似た環状の分子であり，5種類のものが使われている。リボースとリボースとをつなげて高分子

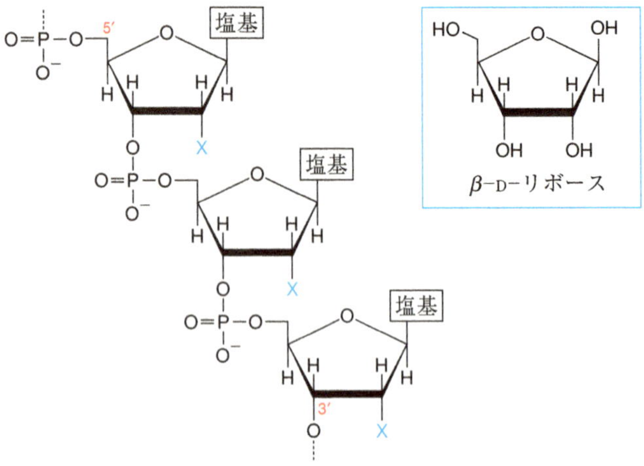

図1.8 | **核酸の基本構造**
RNAはX＝OH，DNAはX＝H。

としているのは，多糖類とは異なり，環状糖同士の間のエーテル結合ではなく，リン酸によって形成されるホスホジエステル結合(2価のリン酸エステル)であり，リボースの3位のヒドロキシ基と，隣接するリボースの5位のヒドロキシ基がリン酸ジエステル結合でつながっている。この基本構造をもった核酸を**リボ核酸**(ribonucleic acid)とよぶ。(β-D-)リボースの2位のヒドロキシ基から酸素が取れて水素になったものは(β-D-)デオキシリボース(deoxyribose)とよばれ，この基本構造をもつ核酸を**デオキシリボ核酸**(deoxyribonucleic acid)とよぶ。前者はRNA，後者はDNAと略称される。**図1.8**の左上の鎖端では5′位[*5]のヒドロキシ基にはリン酸基だけが結合しており，右下方向の鎖端では3′のヒドロキシ基は未結合となり，これらはそれぞれ5′末端，3′末端とよばれる。

＊5　核酸塩基の環構造と区別するために5′と書く。「′」はプライムと読む。

図1.8の塩基と描いた部分にRNAではアデニン(adenine，A)，グアニン(guanine，G)，ウラシル(uracil，U)，シトシン(cytosine，C)の4種類の塩基が使われ，DNAではUの代わりにチミン(thymine，T)が使われる。**図1.9**に示すようにA, Gはプリンの，U, C, Tはピリミジンの誘導体である。(デオキシ)リボースに核酸塩基が結合した低分子は(デオキシ)リボヌクレオシド(ribonucleoside)といわれ，さらにリン酸が結合すると(デオキシ)リボヌクレオチド(ribonucleotide)とよばれる。

個別には，例えば**図1.10**に示すように，アデニンがリボースに結合したものはアデノシン，さらに5′位にリン酸が結合したものはアデノシン5′-リン酸(AMP，あるいはアデニル酸)，チミンとリン酸がデオキシリボースに結合したものはデオキシチミジン5′-リン酸(dTMP)と称される。5′位のヒドロキシ基に2つ以上のリン酸が(連なって)結合しているものもある。例えば，アデノシン5′-リン酸にあと1つリン酸が結合するとアデノシン5′-二リン酸(ADP)に，もう1つ結合するとアデノシン5′-三リン酸(ATP)になる。また塩基部分がいずれかである場合に

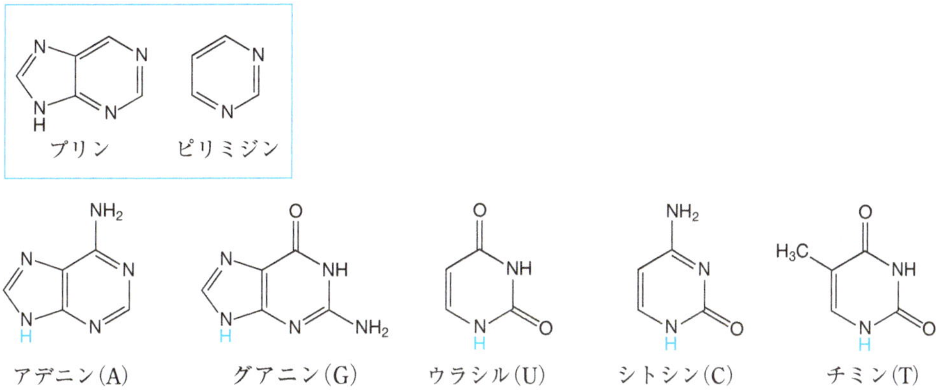

図1.9 核酸塩基とプリン，ピリミジンの分子構造

ヌクレオチド，ヌクレオシドにおいては青色のHの部分にリボース，デオキシリボースが結合する。

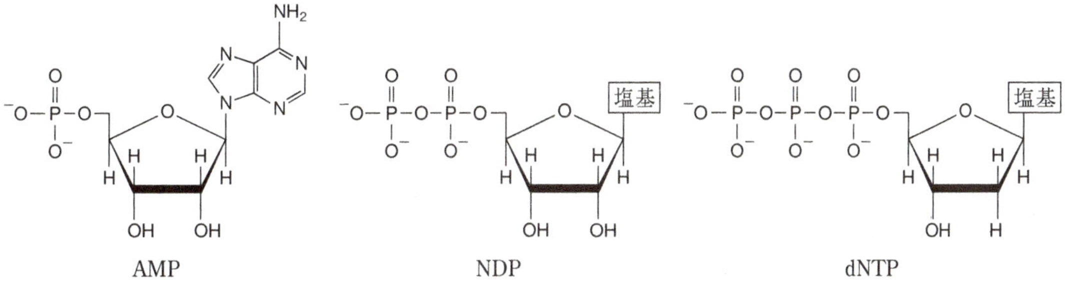

図1.10 ヌクレオチドの分子構造

は「N」と表し，NDP，dNTPなどと書く。

高分子である核酸は生物の遺伝情報保持とその発現を担っている。また，ATP, ADPなどは高分子核酸の構成単位になるとともに，生体内のエネルギー輸送の中心的役割を果たしており，これについては第8講，第15講で説明する。

1.3 ◆ 低分子化合物

生物の体内には分子量が約1,000以下の有機化合物が多種存在する。狭義にはこれらを対象とする化学を天然物化学という。ここでは天然物のいくつかを紹介する。

1.3.1 ◇ 脂　質

脂質は上記のように3大栄養素の1つであり，ダイエットなどで敵のようにいわれるが，生体内で重要な働きをしている。脂質という言葉自体は，生物から単離される物質で水に溶けにくくエーテルなどの有機溶媒に溶けるものすべてを指す。構成成分から脂質を分類すると**表1.4**のようになる。

表 1.4 | 脂質の分類

分類	内容	代表例
単純脂質	アシルグリセロールともいわれるように，脂肪酸と各種アルコールとのエステルで，炭素・水素・酸素のみで構成される。	グリセリド，セラミド，ロウ(蝋)
複合脂質	単純脂質にリン酸，硫黄，窒素化合物，糖などが加わったもの。	リン脂質，糖脂質，リポタンパク質，スルホ脂質
誘導脂質	単純脂質や複合脂質から主に加水分解によって作られる有機溶媒に可溶な化合物。	脂肪酸，テルペノイド，ステロイド，カロテノイド

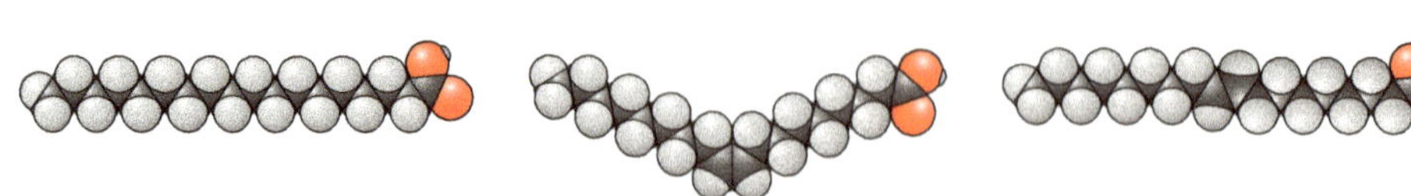

ステアリン酸　オレイン酸(9-*cis*)　エライジン酸(9-*trans*)

図 1.11 | 炭素数18の脂肪酸の二重結合による屈曲の様子

どの分類にもかかわっているのが脂肪酸であるが，これは脂肪族炭化水素にカルボキシ基(−COOH)が結合している化合物である。生体に存在する脂肪酸のほとんどは炭素原子の数が偶数であり，これは体内で合成(生合成)されるプロセスに起因している。この「偶数」は，カルボキシ基の炭素を含めた数であり，したがって炭化水素部分の炭素数は奇数となる。例えば炭素数$n=2$のものが酢酸(エタン酸)であり，4のものが酪酸(ブタン酸)である。炭化水素部分に不飽和結合が含まれているものは不飽和脂肪酸といわれ，含まれていないものは飽和脂肪酸という。$n=10$以上の飽和脂肪酸は常温で固体であり，二重結合1つを*cis*型で含む不飽和脂肪酸は$n=18$以下では常温で液体である。これは，飽和脂肪酸分子が概ね直線状であるのに対して，*cis*型で二重結合を含む分子は，その前後で屈曲した形態になり，結晶(固体)を形成する際のパッキングが良くなく，結晶(固体)になりにくいからである。炭素数18の脂肪酸を例に分子模型で見ると**図1.11**のようである。**表1.5**に日頃耳にすると思われるいくつかの脂肪酸についてまとめておく。

グリセリン(glycerine，あるいはグリセロール(glycerol))は1つの分子にヒドロキシ基を3つもつ多価アルコールであるが，これと1〜3分子の脂肪酸がエステル結合を形成すると，グリセリド(glyceride)といわれる単純脂質となる。**図1.12**にいくつか例を示す。3分子結合したものをトリグリセリド(triglycerideあるいはトリアシルグリセロールtriacylglycerol)といい，3つの脂肪酸が同じである場合も異なる場合もある。結合している脂肪酸の数が2であればジグリセリド(diglyceride)，1であればモノクリセリド(monoglyceride)という。

脂質を表現する言葉はいくつかある。一般に「油脂」といわれるが，これに膏を加えた3種類には以下の区別がある。

表1.5 | 代表的な脂肪酸

名称(和名)	炭素数	不飽和結合数	示　性　式	融点(°C)
カプリン酸	10	0	$CH_3-(CH_2)_8-COOH$	31.2
ラウリン酸	12	0	$CH_3-(CH_2)_{10}-COOH$	44
ミリスチン酸	14	0	$CH_3-(CH_2)_{12}-COOH$	53.9
パルミチン酸	16	0	$CH_3-(CH_2)_{14}-COOH$	62.5
パルミトレイン酸	16	1	$CH_3-(CH_2)_5CH=CH(CH_2)_7-COOH$	0.5
ステアリン酸	18	0	$CH_3-(CH_2)_{16}-COOH$	69.6
オレイン酸	18	1 (*cis*)	$CH_3-(CH_2)_7CH=CH(CH_2)_7-COOH$	16.3
エライジン酸	18	1 (*trans*)	$CH_3-(CH_2)_7CH=CH(CH_2)_7-COOH$	43～44
リノール酸	18	2	$CH_3-(CH_2)_3(CH_2CH=CH)_2(CH_2)_7-COOH$	−5
γ-リノレン酸	18	3	$CH_3-(CH_2)_3(CH_2CH=CH)_3(CH_2)_4-COOH$	−11
アラキジン酸	20	0	$CH_3-(CH_2)_{18}-COOH$	75.3
アラキドン酸	20	4	$CH_3-(CH_2)_3(CH_2CH=CH)_4(CH_2)_3-COOH$	−49
エイコサペンタエン酸(EPA)	20	5	$CH_3-CH_2(CH=CHCH_2)_5(CH_2)_2-COOH$	−54～−53
クルパノドン酸(DPA)	22	5	$CH_3-CH_2(CH=CHCH_2)_5(CH_2)_4-COOH$	−78
ドコサヘキサエン酸(DHA)	22	6	$CH_3-CH_2(CH=CHCH_2)_6CH_2-COOH$	−44

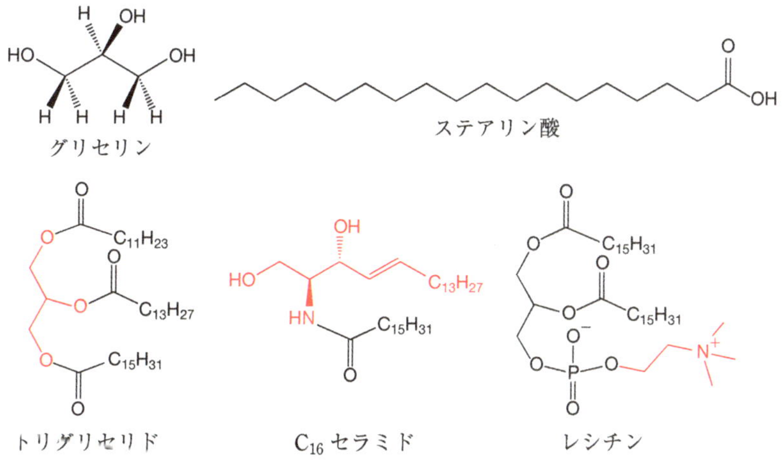

グリセリン　ステアリン酸

トリグリセリド　C_{16} セラミド　レシチン

図1.12 | 脂質および関連する分子の分子構造の例

下段は左からトリグリセリド(ラウリン酸，ミリスチン酸，パルミチン酸からなるトリグリセリド，赤色部分がグリセリン由来)，C_{16} セラミド(*N*-パルミチン酸スフィンゴシン，赤色部分がスフィンゴシン由来)，レシチン(ジパルミトイルホスファチジルコリン，赤色部分がコリン由来)。

油：一般に植物性のもの。(常温で)液体(oil)
脂：動物性のもの。多くは常温で固体(fat)
} 2つを総称して油脂
膏：動物性の脂のうち常温でペースト(＝軟膏の膏，paste)状のもの。

つまり，常温での形態で言い分ける。これはエステルをつくっている脂肪酸(長鎖・中鎖)の炭化水素部分の長さと，含まれる二重結合の数および位置で決まる。概ね以下のような傾向がある。

・炭素数が大きくなる（長くなる）と融点は高くなる。
・二重結合が入ると融点は下がる。数が多くなればさらに下がる。
・*cis*型よりも*trans*型の方が融点の下がり方は小さい（*trans*鎖は直線状に近く，結晶中で並びやすい）。

グリセリンではなくスフィンゴシン（sphingosine）に脂肪酸が結合したものは，セラミド（ceramide）といわれる。炭素・水素・酸素以外に窒素も含まれるが，これも単純脂質に分類される。この場合，脂肪酸との結合はエステル結合ではなくアミド結合であり，脂肪酸やスフィンゴシン中のヒドロキシ基の数，あるいは脂肪酸の長さによって分類される。

ジグリセリド（グリセリン端部の第1級ヒドロキシ基の1つは未結合：1,2–ジグリセリド）の3位のヒドロキシ基にリン酸がエステル結合すると，ホスファチジン酸（phosphatidic acid）となる。これにさらにアルコールがエステル結合するとグリセロリン脂質（glycerophospholipid）となる。アルコールとしては，エタノールアミン（ethanolamine），コリン（choline：エタノールアミンのアミノ基に3つのメチル基が結合して第4級アンモニウムイオンとなっているもの），セリン，イノシトール（inositolあるいは1,2,3,4,5,6–シクロヘキサンヘキサオール）が使われる。セラミドにリン酸とエタノールアミンあるいはコリンが結合したものはスフィンゴミエリン（sphingomyelin）といわれ，スフィンゴ脂質（sphingolipid）に分類される。リン脂質は生体の膜構造の形成に重要な役割を果たしている。

リン酸ではなくガラクトースやグルコースがグリセリドやセラミドと結合したものは，糖脂質（glycolipid）と総称され，生体膜の安定化や細胞間認識の機能を果たしている。

1.3.2 ◇ ビタミンと補酵素

ビタミン（vitamin）は，体の機能を調整するのに必要な物質であるが，ヒトの体内では作れなかったり，不十分であったりするために，食事などで体外から摂取・補充しなければない。古くから知られていた壊血病や脚気の原因が特定のビタミンの摂取不足にあることが明らかになったのは20世紀に入ってからである。現在13種類のビタミンが認識されているが，その多くが，体内での物質変換（代謝）にかかわる触媒（酵素）を助ける物質である**補酵素**（coenzymeあるいは補欠分子族（prosthetic group））の前駆体である。**表1.6**に13種類の概略を示すが（分子構造は**図1.13**に示す），水溶性のビタミンのうちB群8種類は体内で補酵素に変換される。ビタミンCやビタミンKは補酵素としても働くが，そのまま，あるいは一部変換されて抗酸化性物質や視物質などとしても働く。

補酵素には，これらビタミン性のもの以外にも多くのものがあり，各種官能基の転移や電子の授受に関与している。

表1.6｜代表的なビタミン

種類		物質名	化学式	主な欠乏症	対応する補酵素
水溶性	ビタミンB_1	チアミン	$C_{12}H_{17}N_4OS$	脚　気	チアミンニリン酸
	ビタミンB_2	リボフラビン	$C_{17}H_{20}N_4O_6$	口角炎	FMN，FAD
	ビタミンB_3	ナイアシン	$C_6H_5NO_2$	ペラグラ	ニコチン酸，ニコチン酸アミド
	ビタミンB_5	パントテン酸	$C_9H_{17}NO_5$	血圧低下	CoA（補酵素A）
	ビタミンB_6	ピリドキシンなど	$C_8H_{11}NO_3$ 他	皮膚炎	ピリドキサール5′-リン酸
	ビタミンB_7	ビオチン	$C_{10}H_{16}N_2O_3S$	乾　癬	補酵素R
	ビタミンB_9	葉　酸	$C_{19}H_{19}N_7O_6$	大球性貧血	テトラヒドロ葉酸
	ビタミンB_{12}	シアノコバラミン	$C_{63}H_{88}CoN_{14}O_{14}P$	悪性貧血	メチルコバラミンなど
	ビタミンC	アスコルビン酸	$C_6H_8O_6$	壊血病	
脂溶性	ビタミンA	レチナールなど	$C_{20}H_{30}O$ 他	夜盲症	
	ビタミンD	エルゴカルシフェロールなど	$C_{28}H_{44}O$ 他	くる病	
	ビタミンE	トコフェロール	$C_{29}H_{50}O_2$	溶血性貧血	
	ビタミンK	フィロキノンなど	$C_{31}H_{46}O_2$	頭蓋内出血	

ビタミンA（レチナール）　ビタミンB_5（パントテン酸）

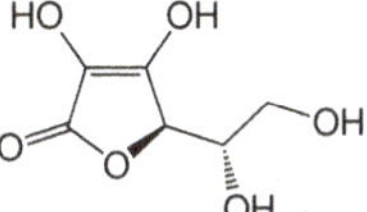

ビタミンC（アスコルビン酸）

図1.13｜ビタミンの分子構造の例

1.3.3 ◇ 神経伝達物質

神経伝達は「物質が流れる」のではない。また，「電気的」な信号ではあるが単に電流が流れるのでもなく，神経の信号を伝達する物質の作用によって（膜）電位が変化して機能する。神経細胞はいくつもの細胞が並んでいるが，その細胞の間の伝達も物質によって行われている。

表1.7に代表的なものを示すが，多くの神経伝達物質が知られている（分子構造は**図1.14**に示す）。すでに示したコリンの酢酸エステルであ

表1.7｜代表的な神経伝達物質

種別	名称	英名	種別	名称	英名
アミン類	アセチルコリン	acetyl choline	アミノ酸	γ-アミノ酪酸	γ-aminobutyric acid
	アドレナリン	adrenaline	ペプチド	サブスタンスP	substance P
	ドーパミン	dopamine		エンケファリン	enkephalin
	ヒスタミン	histamine		バソプレシン	vasopressin

アセチルコリン　ドーパミン　ヒスタミン

Tyr-Gly-Gly-Phe-Met(Leu)

エンケファリン Met(Leu)

図1.14｜神経伝達物質の分子構造の例

るアセチルコリンやアドレナリンなどのアミン類が古くから知られており，アミノ酸類も主要な神経伝達物質であることがわかっている。また，サブスタンスP，エンケファリンといった低分子のペプチド(神経ペプチド)なども注目されている。一方，神経伝達物質の多くはホルモンとして神経系以外の場所で，直接細胞などに作用して調節機能を発揮している。

2 生体高分子の三次元構造

小さな分子でもその三次元構造(立体構造)を知ることは,分子の性質・機能を知るうえで重要である。同じ種類と数の原子からできていても異なる分子が存在し，また平面に描けば同じでも立体構造が異なり，性質の異なる分子となる場合も多い。

科学の歴史の中で三次元構造を知る方法としては，結晶化した分子・イオンのX線回折測定が主に行われてきた*6。また，核磁気共鳴分光法(NMR分光法，第13講1参照)が進歩し，溶液中でも解析することが可能になっている。以下では3種類の生体高分子について，三次元構造をながめてみよう。

*6 X線というのは波長が1 pm～10 nm程度の電磁波のことである(第11講図11.5参照)。0.05～0.3 nm程度の電磁波を物質の結晶に当て，回折(図11.2参照)されたX線が干渉(同じく図11.2参照)によって強めあう状況から，結晶内の規則的構造を調べるのがX線回折法である。

2.1 ◆ 多糖類

アミロースやセルロースは基本的に単一の構成単位(モノマー)からなる。いずれもD-グルコースであるが，アミロースではα-D-グルコースであるのに対し，セルロースではβ-D-グルコースである。いずれもピラノース型になっており，ハワース投影式で示すと基本の結合はそれぞれ**図1.15**の左および右の赤色である。

このαとβの結合の仕方が，アミロースとセルロースの性質に大きな違いをもたらす。すなわち,アミロースは重要な炭素源となり,セルロース(cellose)は哺乳類などでは消化されない。また，前者は前処理をすると水に可溶であり，後者は不溶である。不溶なので，植物の構造体を形成するうえで重要な寄与をする。この違いは,高分子となった「グルコースポリマー」がとる三次元構造に由来する。このことを理解するには，ハワース投影式や線–角(line-angle)構造ではなく，**図1.16**に示すようにいす型配座(chair conformation)の構造を見なければならない。

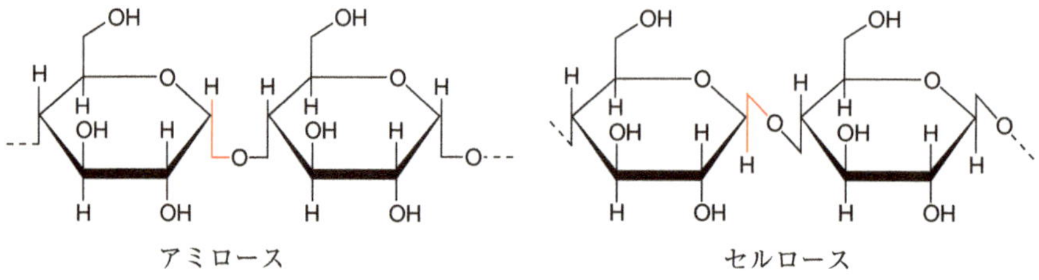

図1.15 ハワース投影式で示したアミロースとセルロースの分子構造

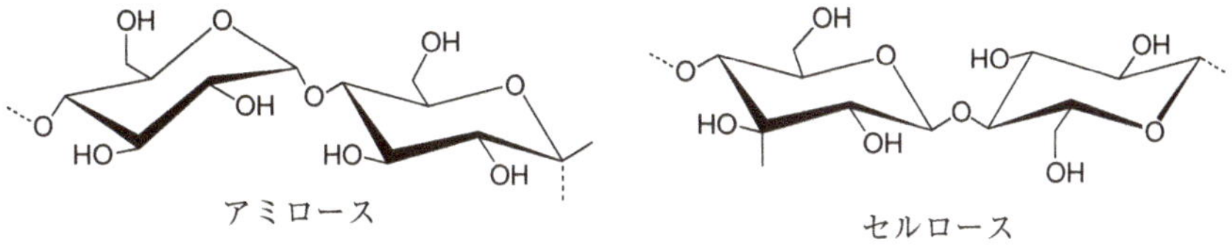

アミロース　セルロース

図1.16 | いす型配座で示したアミロースとセルロースの分子構造

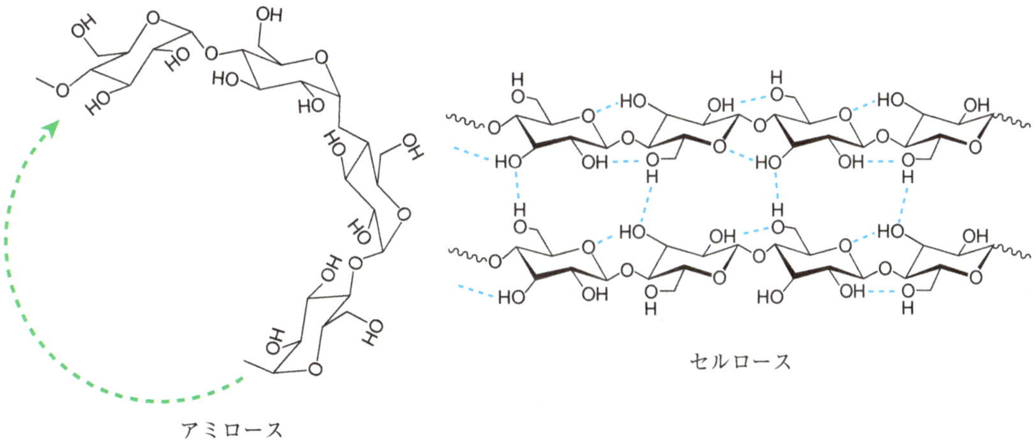

アミロース　セルロース

図1.17 | アミロースとセルロースが形成する構造
青色の破線は水素結合を示す。

図1.17で見ると，セルロースが直線的なのに対してアミロースは弧状になることがわかる。アミロースは溶液中においてα-グルコース6残基で約1巻きのらせん構造をとり，分子内で水素結合をつくり構造を安定化する。小学校でも習うヨウ素デンプン反応は，このらせん構造にヨウ素が入り込み，呈色することによって起こる。一方，セルロースは直線が積みあがった形状となり，分子内のみならず異なる分子鎖間で多数の水素結合をつくり硬い組織となる。

アミロースの6位のヒドロキシ基からα-D-グルコピラノースが新たに連なっていく場合がある。これを「分岐/分枝」と表現するが，アミロペクチン(amylopectin)やグリコーゲン(glycogen)はその例であり，前者では4%程度，後者では10%程度の割合で分枝が起こっている。分枝した先のα-D-グルコピラノース連鎖もまたヘリックス構造をとりうる。

セルロースと同じβ-D-結合による多糖に**図1.18**(a)に示すキチン(chitin)がある。キチンは2位の炭素上にヒドロキシ基ではなくCH_3CONH-(アセチルアミノ基)が結合している。言い換えれば，グルコースの2位のヒドロキシ基がアミノ基に置き換わったグルコサミン(glucosamine)のアミノ基に酢酸がアミド結合しているN-アセチルグルコサミン(N-acetylglucosamine)のポリマーである。これは甲殻類などの殻を構成する高分子であり，カニやエビの「カラ(殻)」のもとである。

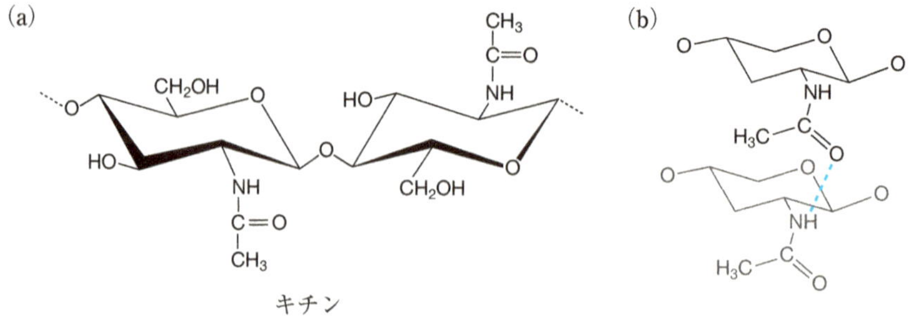

図1.18 キチンの分子構造(a)およびキチンの*N*–アセチル基間の水素結合(b)

天然のキチンではおよそ10%の割合でグルコサミンが含まれており，ほとんどがグルコサミンになったものはキトサン(chitosan)といわれる。キチンもセルロースと同様に直線状構造をとり，分子内・外の水素結合で密となるが，特徴的なものは*N*–アセチル基のカルボニル酸素と隣接鎖の2位のアミノ基の水素との間で形成する水素結合である(**図1.18**(b))。これらのことから，キチンは水生生物の殻として耐えられるだけの難溶性をもっている。

多糖類は多様であり，複雑な構造をしたものも多いが，2種類の単糖が交互あるいはブロック状に並んでいるものも少なくない。1位–4位ではなく1位–3位で結合しているもの，硫酸基やカルボキシ基をもちイオン性であるもの，ピラノース環内にさらに環構造をもつものなどもある。

2.2 ◆ タンパク質

タンパク質は生体内で種々の機能を有しているが，その起源は高分子内でのアミノ酸の並び方(配列：sequence)にある。タンパク質の配列を明らかにすることは，タンパク質の構造と機能の関係を知るための第一歩である。サンガー法[*7]やエドマン法[*8]などの化学的方法に加え，近年では質量分析法(mass spectrometry, MS)による手法も開発され，主流になっている。

＊7 Frederick Sanger：1918～2013(イギリス)。1958年，1980年ノーベル化学賞受賞。同じ分野のノーベル賞を二度受賞した唯一の例。

＊8 Pehr V. Edman：1916～1977(スウェーデン)。エドマン分解法といわれる方法の展開はオーストリアで行った。

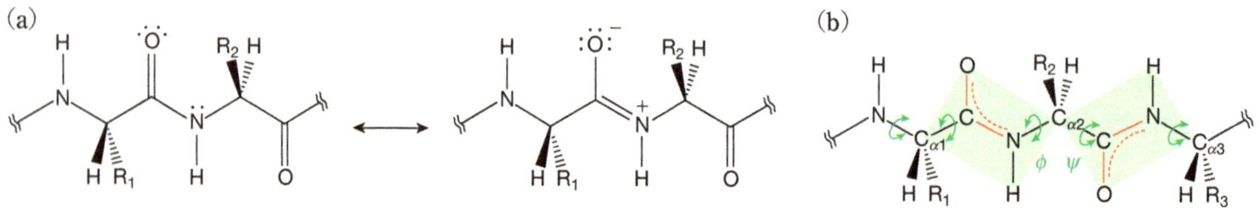

図1.2でペプチド結合の構造を示したが，**図1.19**(a)に示すように酸アミド(ペプチド)結合をつくっているカルボニル基の酸素とアミノ(イミノ)基の窒素はともに孤立電子対(lone pair)を有しており，その電子がC–N結合を介して共鳴する。この結果C–N結合は二重結合性を帯び，

図1.19 ペプチド結合の共鳴性(a)および主鎖の回転性(b)

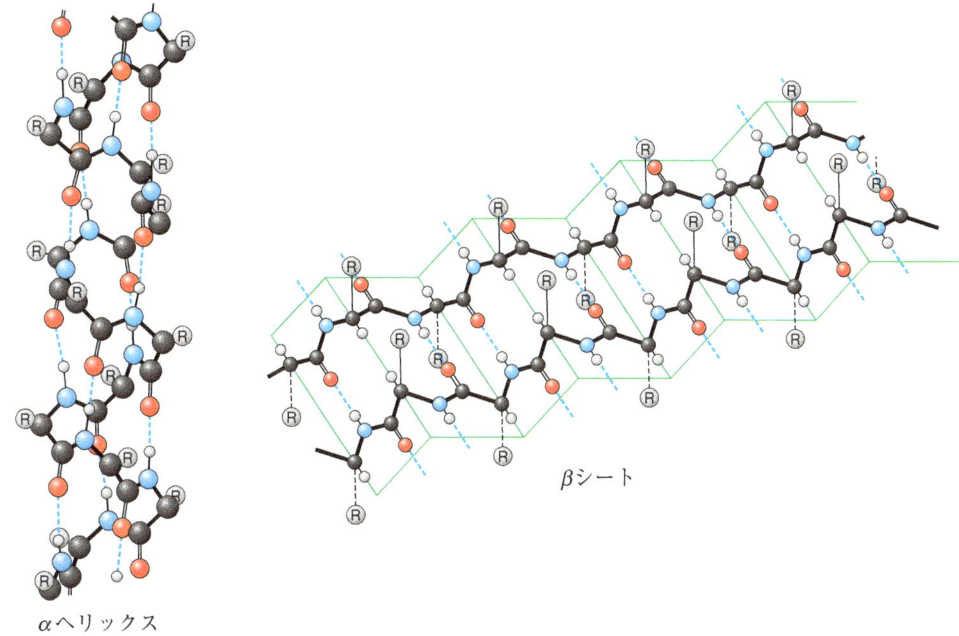

図1.20｜αヘリックスとβシート(逆平行)
青色の破線は水素結合を示す。○は水素，●は炭素，●は窒素，●は酸素の原子を表す(図1.21，図1.23でも同じ)。

この間の自由回転は制限される。したがって，自由回転できるのはC_α–カルボニル炭素，アミノ窒素–C_αの結合に限られる。**図1.19**(b)に示す構造では$C_{\alpha 2}$炭素の両側，つまりϕとψの2つの角度が1つのペプチド結合に許された自由度ということになる。これらの角度により，ペプチド鎖の形態(**二次構造**：secondary structure)が決まる。

二次構造には種々のものがあるが，代表的なものはらせん状(helix)とジグザグのある板状(pleated sheet)のものである。これらの構造解析にもX線回折測定が駆使されており，1951年にタンパク質の構造に関する一連の論文をポーリング*9とコーリー*10が発表した。

らせん構造と板状の構造にはいくつかの種類があるが，その中で**αヘリックス**とよばれる構造と**βシート**とよばれる構造を**図1.20**に示す。αヘリックスではアミノ酸3.6残基で分子主鎖は1周する。βシート構造の中でも，ここでは図の上下のペプチド鎖が逆方向に並んでいる逆平行(antiparallel)型を示す。

いずれも，このような構造を維持する原動力は，分子内あるいは分子間のO…H–Nの間で形成される水素結合であり，αヘリックスでは1つのペプチド結合にあるカルボニル(C＝O)の酸素原子が4つ先のペプチド結合のH–Nと水素結合をしている。βシートでは，図1.20に示すようにC_αをつなぐ線がジグザグの山あるいは谷となっている。これらの構造は，基本的にはアミノ酸の残基(側鎖Ⓡ)の種類にはよらないが，大きなⓇなどでは，側鎖間の立体障害が出てくる可能性がある。

＊9　Linus C. Pauling：1901～1994(アメリカ)，1954年ノーベル化学賞受賞。

Pauling

＊10　Robert B. Corey：1897～1971(アメリカ)

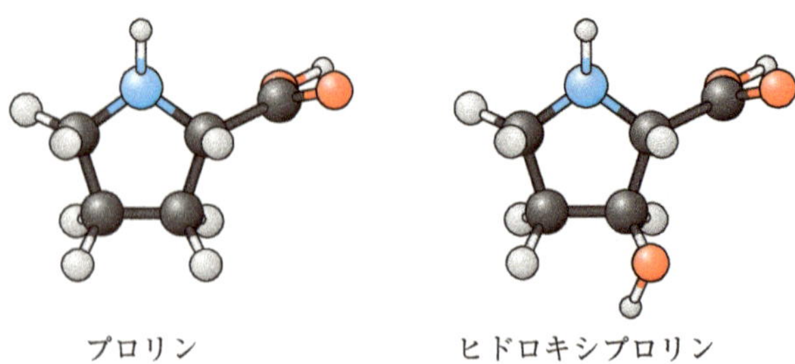

図1.21 | プロリンとヒドロキシプロリンの構造

繊維状のタンパク質にはヘリックス構造をとるものが知られているが，羊毛や毛髪に含まれるケラチン(keratin)は2本のヘリックスが巻き付いたスーパーヘリックス構造をとる。コラーゲン(collagen)は**図1.21**に示すプロリン，ヒドロキシプロリンという他のα-アミノ酸とは異なり側鎖末端が主鎖の窒素に結合しているものを多く含み，3本のポリペプチドが巻きあがった三重らせん構造をとっている。繊維状タンパク質でも絹の成分であるフィブロインは主にβシート構造からできており，強度の高い絹糸をつくっている。

多くのタンパク質は概ね球形をしており，**球状タンパク質**といわれるが，いくつかの二次構造と無定形部分を組み合わせてできており，このレベルの構造を**三次構造**(tertiary structure)という。この段階になると，側鎖部分の相互作用が大きく効くようになり，疎水性側鎖は(水中にあるタンパク質では)球状分子内部に多く存在し，親水性・イオン性側鎖は球状分子の表面に分布していることが多い。

タンパク質が「物質」であり結晶化できることを1926年に最初に示

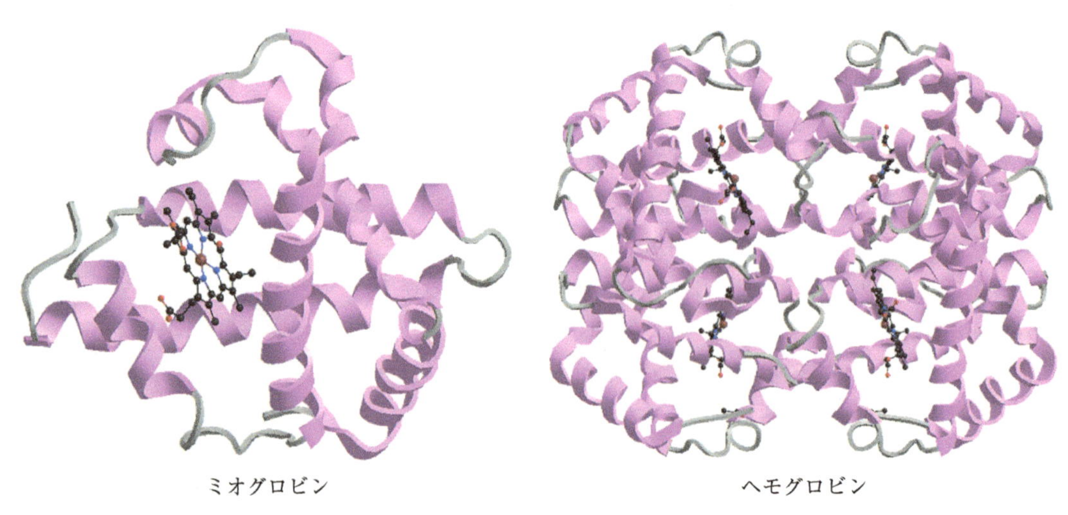

図1.22 | ミオグロビンとヘモグロビンの高次構造

紫色の部分はヘリックス構造を示す。

[ミオグロビンはPDB ID : 1MBN, H. C. Watson, *Prog. Stereochem.*, **4**, 299(1969), ヘモグロビンはPDB ID : 1FDH, J. A. Frier, M. F. Perutz, *J. Mol. Biol.*, **112**, 97(1977)]

したのはサムナー[*11]であるが，その発表直後からX線回折測定によるタンパク質構造の解析の試みが始まった。最初のタンパク質三次構造の発表は1953年でペルーツ[*12]（ヘモグロビン：hemoglobin）とケンドリュー[*13]（ミオグロビン：myoglobin）による。ミオグロビンは分子量18,000ほどのタンパク質であり，全体の70%程度が8つのαヘリックスからなっている。ヘモグロビンはミオグロビンに類似した構造の2種類のタンパク質（α, β）が各2つずつ正四面体構造で会合したものである（**図1.22**）。このように独立したタンパク質がさらに会合している構造は**四次構造**（quaternary structure）といわれ，それぞれのタンパク質は**サブユニット**（subunit）とよばれる。α–α，β–β間の相互作用はイオン間相互作用（塩橋）であるが，α–β間の会合は水素結合と非極性結合（ファンデルワールス力）によっており同種間より強い[*14]。

＊11　James B. Sumner : 1887～1955（アメリカ）。1946年ノーベル化学賞受賞。

＊12　Max F. Perutz : 1914～2002（オーストリア・イギリス）

＊13　John C. Kendrew : 1917～1997（イギリス）。ペルーツとケンドリューは1962年にノーベル化学賞受賞。

＊14　これまでに非常に多くのタンパク質の立体構造が解析されてきたが，構造解析の結果はほぼ一元的にプロテインデータバンク（PDB）に登録され，研究者に用いられている。なお，図1.22の説明文に示したようなPDB ID : xxxxはその登録コードである。

2.3 ◆ 核　酸

核酸の構造でもっとも重要なことは，DNAでもRNAでも，核酸塩基がどのような順番で並んでいるかであり，その順番が遺伝情報を決め，タンパク質の構造を決定する。核酸の塩基配列の決定は1970年代後半になって可能になった。DNAポリメラーゼといわれる合成酵素で相補鎖を合成していき，特定の塩基の箇所で反応が停止するような工夫をし，その長さの比較で配列を決定するサンガー法（1975年）と塩基に特異性をもつ化学試薬でDNAを断片化し，その断片の長さで推定するマキサムーギルバート法[*15,16]（1977年）が発表された。その後多くの改良が加えられてきたが，最近ではDNA断片をMALDI–MSにかけ，その質量差から塩基（配列）を特定する方法が開発されている。

＊15　Allan Maxam : 1942～（アメリカ）。

＊16　Walter Gilbert : 1932～（アメリカ）。Maxamの指導教授。1980年ノーベル化学賞受賞。

核酸の特色は，塩基間で水素結合による会合が起こることである。その結合力は特定の組み合わせで強く，DNAでいえばA–T, G–Cのペアが優先する（**図1.23**）。この相互作用と隣接する塩基間のスタッキングにより，2本のDNA鎖がヘリックスを巻いた会合体（**二重鎖**，**二重らせん**：double helix）を形成することができる。もちろん，特定の塩基配列をもった1本目のDNAに会合できるためには，水素結合が可能な塩基が2本目のDNAに並んでいなければならず，2本のDNA鎖は $^{5'}_{3'}\rightleftarrows^{3'}_{5'}$ と向きあっ

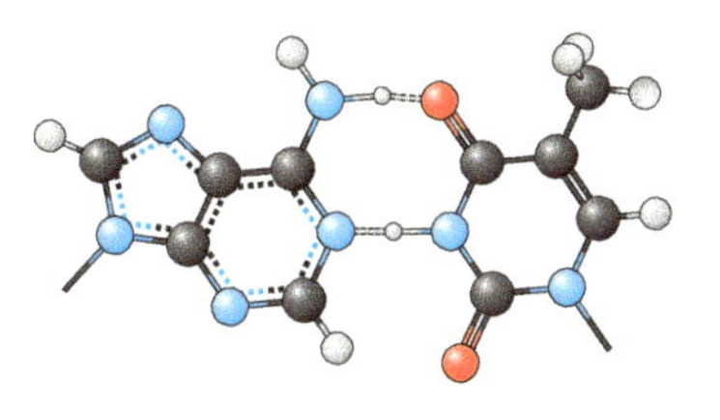
A–T 塩基対

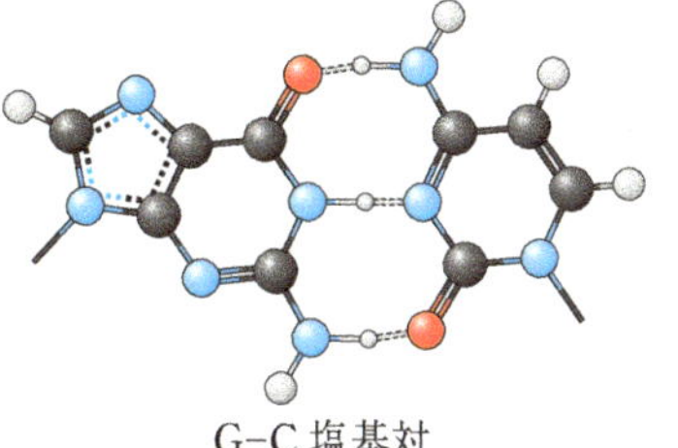
G–C 塩基対

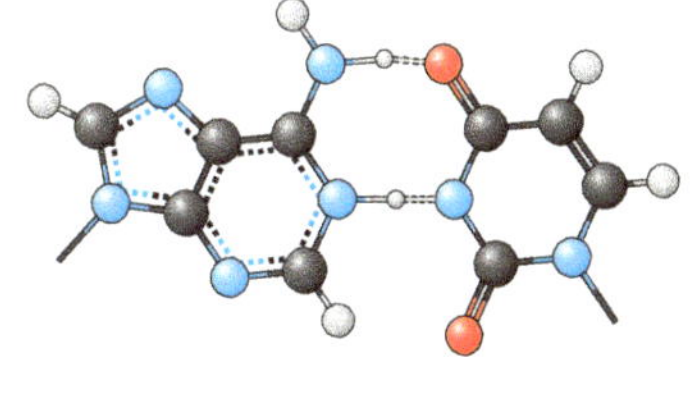
A–U 塩基対

図1.23｜塩基対の組み合わせ
この図では二重結合を2本の線で，共鳴している二重結合については点線で示す。

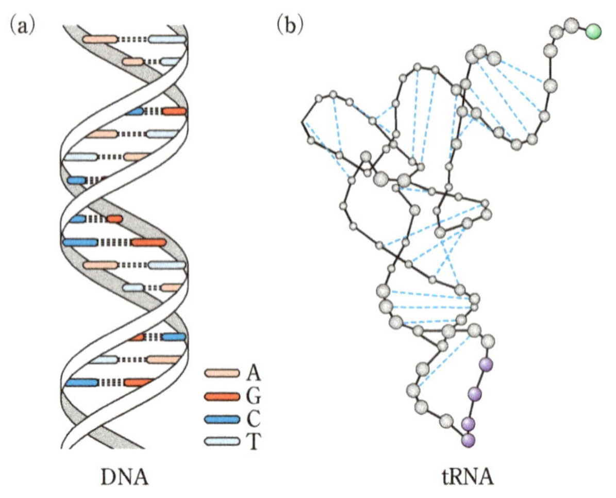

図1.24 二重鎖DNA(a)と転移RNA(tRNA)(b)の構造
(a)の┋┋┋は3本，┋┋は2本の水素結合を表す。(b)の●はアミノ酸が結合する末端，●はmRNAを認識する部位，----は水素結合を表す。図はフェニルアラニンをコードするtRNA。

て会合する。

図1.24(a)に示すようなDNAの特徴的な二重鎖構造がX線回折法でワトソン*17とクリック*18によって明らかにされたのは1953年のことであり，それまでに得られていた回折パターンは既知の分子モデルでは説明できなかった。

*17 James D. Watson : 1928～(アメリカ)，1962年クリックとともにノーベル医学・生理学賞受賞。

*18 Francis H. C. Crick : 1916～2004(イギリス)

図1.23に見られるように，A–T塩基対では2本，G–C塩基対では3本の水素結合が形成されており，後者の方が安定で，DNA塩基中のG, C含量の多い方が熱による解きほぐれがより高温となる。

事情はRNAでも同じであるが，RNAは基本的に一本鎖であり，長い分子内に部分的な相補鎖がある場合にはその部分は二重鎖となる(**図1.24**(b))。

演習問題

【1】表1.3に示されているアミノ酸のうち，α炭素以外に不斉炭素をもつものを2つあげ，その不斉中心のまわりの原子(団)配置をフィッシャー投影式で描きなさい。

【2】図1.6に示されているもの以外のα-D-ピラノース型六炭糖の構造をハワース投影式で描きなさい。

【3】グアノシン，ウリジル酸，シチジンの構造を図1.9，図1.10に倣って描きなさい。

【4】ω-6，ω-3と総称される不飽和結合を多くもつ脂肪酸(多価不飽和脂肪酸)は飽和脂肪酸と比べて融点が低い。この違いを結晶構造から説明しなさい。

【5】多糖類，タンパク質，核酸の高次構造形成において水素結合の果たしている役割を，それぞれまとめなさい。

生物はその生命を維持する(生きる)ために,外界から「エネルギー」を得て,体内でさまざまな形でそれを変換し活動している。その際,エネルギー源に「化学的」エネルギー(物質)を利用しているか,光を使っているかの区別がある。

この「エネルギー(energy)」という言葉は16世紀末に現れ,19世紀になって広まったが,その起源はギリシャ語のἐνέργεια(energeia)で,「εν+εργον(en+ergon)」つまり「仕事+状態」あるいは「仕事(力)として具体化した活力」の意味である。当初は主に物体の運動によるものを対象として議論されたが,その後,熱・光・電磁気など多くの形態を含むようになった。

Part 2では,生命を支える物質・エネルギーの変換システムを理解するための基礎となる,物理化学的な考え方を学ぶ。

Part 2

生命とエネルギー

第2講

熱とエネルギーの流れ

1 熱と仕事

1.1 ◆ エネルギーは保存される：熱力学第一法則

「カロリー・オフ」や「1日消費カロリー」などの言葉をしばしば耳にする。「カロリー(calorie あるいは calory)」は「熱量の単位」であり，ラテン語で熱を意味するcalorに由来し，フランスで19世紀初頭から使われ出した。定義も「1気圧の下で水1gの温度を1°C上げるのに要する熱量」とされるが，何°Cから上げるかによっていくつかの数値が示される。例えば，14.5°Cから1°C上げるものはcal_{15}と表記され，cal_{mean}と書けば0°Cから100°Cまで上げる熱量の1/100を意味する。カロリーもエネルギーの単位であるが，現在は後述する**ジュール**(Joule : J)に統一されており，日本では法律(計量法)で「カロリー」は「食物又は代謝の熱量の計量」のみに使用できるとされている。

18世紀の後半，**蒸気機関**(steam engine)の発明・改良によっていわゆる産業革命(industrial revolution)がイギリスで始まった。蒸気機関とは，単純にいえば燃焼により発生した熱で水蒸気を発生させ，その圧力を力学的な仕事に変換する装置である。発明初期の蒸気機関の研究は，必ずしも科学的背景はなく，ほぼ経験の積み重ねによって展開されていたようである。しかし，この発明によって，それ以前は力学的な仕事は水力・風力のほかには馬や牛などの使役動物と人力によって行われていたが，火力を使った機械が行うことになりイギリスの産業は飛躍的に発展した。

19世紀になると，産業革命はフランス，ドイツなどに波及していき，それと並行してカルノー*1をはじめ，加えた熱とその結果得られる仕事*2の関係を科学的に探究する人たちが現れ，**熱力学**(thermodynamics)という分野が確立されていった。

発生した熱をいったいどれだけの効率で仕事に変換できるのかを突き詰めようとすることから熱力学は始まった。熱の仕事への変換効率を**熱の仕事当量**(mechanical equivalent of heat)という。仕事wと熱qの間に換算(比例)関係を考え，その係数をJとすると，

$$w = Jq \tag{2.1}$$

と表される。その値は研究の進歩とともに変化し，最初に値を示したといわれるマイヤー*3は$3.58\ J \cdot cal^{-1}$とし，熱力学にもっとも大きな寄与

＊1　Nicolas L. S. Carnot : 1796〜1832(フランス)

＊2　初期の考えでは，与える熱から日常的な感覚の「仕事」(例えば，水をどれだけ・どれほどの深さから汲み出せるかといったもの)を問うた。今日の物理学では，「仕事」は物体に加えた力(F)と，その力によって物体が移動した距離(x)の積と定義されている。1 Jは「1ニュートン(1 N)の力がその力の方向に物体を1メートル(1 m)動かすときの仕事」と定義されており，1 Nは「1 kgの質量をもつ物体に1 m毎秒^2($1\ m \cdot s^{-2}$)の加速度を生じさせる力」なので，$1\ J = 1\ kg \cdot m^2 \cdot s^{-2}$である。

＊3　Julius R. von Mayer : 1814〜1878(ドイツ)

＊4　James P. Joule : 1818〜1889(イギリス)。下の写真はマンチェスター・タウンホールの入口にある像。ちなみに向かい側にはJohn Daltonの像がある。

Joule

Column

馬力(horsepower : hp)

「この車は何馬力だ?」という会話はこの頃あまり耳にしなくなったが，車の「力強さ」を示すイメージをもつ言葉ではある。「馬力」とはその用字(英語などでも同様)の示すように，馬の力を基準としたものである。蒸気機関の改良で知られるイギリスのワット(James Watt : 1736〜1819)が，蒸気機関の能力を誇示するために荷役馬の働きを基準としたことに始まる。感覚的には，200馬力の自動車は馬200頭で曳いているのに匹敵するということになる。物理学的には単位時間内にどれだけの仕事が行われているか(仕事率)を表す量であり，日本ではフランスで定義された1馬力=735.5ワット(W : 毎秒1Jに等しいエネルギーを生じさせる仕事率と定義)としており，$N \cdot m \cdot s^{-1} = kg \cdot m^2 \cdot s^{-3}$の次元をもつ。

実際には，例えば競走馬のサラブレッドが全力で駆けているときには20馬力近い仕事率を出しているようで，継続的にでも3馬力程度を発揮するという。これが人間になると力一杯走っても1馬力を超えることはまずなく，継続的には0.1〜0.2馬力程度が精一杯である。

をしたジュール*4は初期には4.50 $J \cdot cal^{-1}$，数年後には4.15 $J \cdot cal^{-1}$とした。現在は一般的に4.184 $J \cdot cal^{-1}$が用いられている。

式(2.1)は，見方を変えれば，熱と仕事の総量は変化しないことを意味しているととらえることもできる。つまり，熱と仕事は「エネルギー」の異なる形であり，その総和は保存される。この考えは後年，「エネルギー保存則」(後に次の2節で扱う法則が定着してからは「熱力学第一法則」)という形にまとめられた*5。

熱力学第一法則の確立に寄与した科学者としては，上記のジュール，マイヤー以外にヘルムホルツ*6やトンプソン*7らがあげられる。このうち，マイヤーとヘルムホルツは医師であり，マイヤーは船医として航行した南アジアにおいて気温と船員の静脈の血液の色の変化から，ヘルムホルツは筋肉運動の研究からこの法則に辿り着いたといわれる。ここにも生命活動と熱力学(物理化学)の強い関係が感じられる。特にマイヤーは，ジャカルタなど外気温の高い環境では，食物の消費(体内燃焼)によって多くの熱を発生する必要がなく，したがって血中の酸素濃度は静脈血でもそれほど低くはならないので，船員から採取した静脈血はヨーロッパにいるときよりも鮮赤色であり，「最初の抜血では動脈に針を刺したかと疑った」ほどであったことによって着想したと伝わっている。またヘルムホルツは熱だけでなく電気や光，磁気など多くのものがエネルギーの形態であるといち早く考えた。

式で表すと，周囲との間にエネルギーの出入りがある系(閉鎖系)では，系に入る仕事w，熱qと系の**内部エネルギー**(internal energy : Uと表す)の変化ΔUとの間に

$$\Delta U = q + w \qquad (2.2)$$

*5 エネルギーという語を使い始めたのはヤングの干渉実験やヤング率で知られるヤング(Thomas Young : 1773〜1829，イギリス)である。

*6 Hermann L. F. von Helmholtz : 1821〜1894(ドイツ)

Helmholtz

*7 Benjamin Thompson : 1753〜1814(ドイツ)

Memo

熱力学で対象とする3つの「系」

- **孤立系**(isolated system):物質もエネルギーも周囲との出入りはない。
- **閉鎖系**(closed system):エネルギーは周囲との出入りがある。
- **開放系**(open system):物質もエネルギーも周囲との出入りがある。

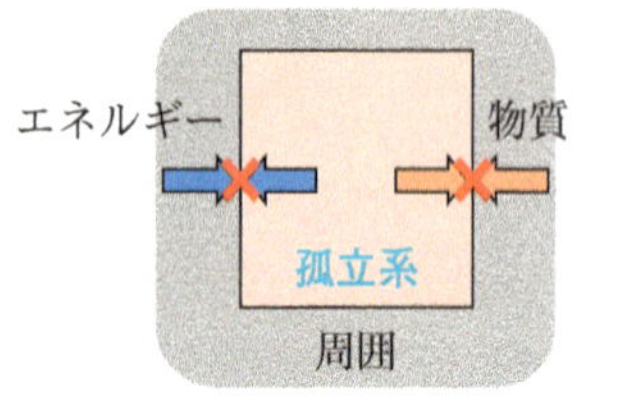

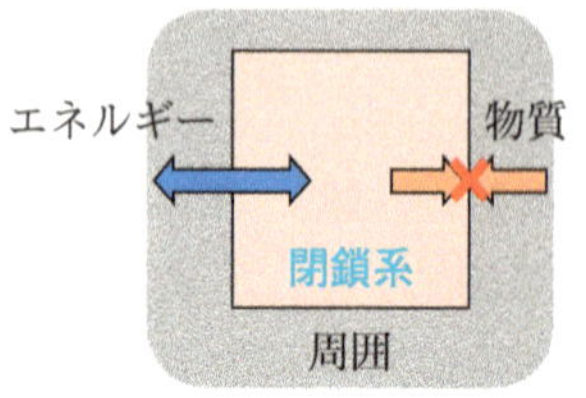

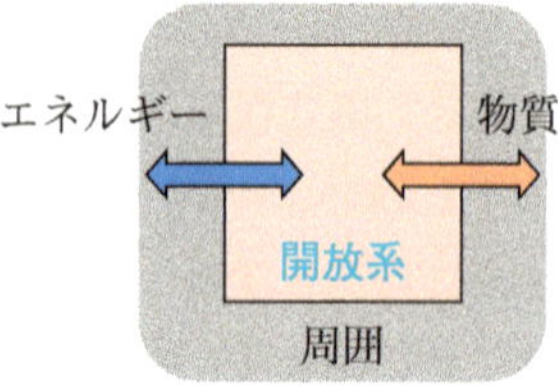

ヒトをはじめとする生物は,開放系であるといえる。我々は食物という形で物質を取り込み,排泄物や汗として物質を放出する。熱や光を取り込むことは稀であるが,体温(熱線)や蒸発熱としてエネルギーを外界に放出している。したがって,本来的には生物の熱力学は開放系として扱わなければならないが,局面局面の事象に対しては,孤立系や閉鎖系の体系を適用することも多い。

の関係が成立する[*8]。なお,qもwも系の内部への移動が正の値である。つまり,熱や仕事が内部に入ってくると系の内部エネルギーは増える。熱もしくは仕事の変化の前後で内部エネルギーがU_1からU_2になり,$\Delta U(=U_2-U_1)$だけ変化したとすると,「ΔUは変化の前後の状態にのみ依存し,変化の道筋には依存しない」。これも熱力学第一法則の1つの表現である。なぜなら,もし道筋に依存すれば,①↗②↘①という「同じ道筋を戻らない」プロセスを経て元の状態①に戻ったときには,正味の変化が残ってしまうことになり,保存則と矛盾するからである。これは,ある地点から出発してどの登山口を経て山を登頂しても,海抜の差(位置のポテンシャルエネルギーの差)は変わらない,あるいは登りと下りで違うルートをとっても,出発点に戻れば海抜差は0であることと同じである。

*8 後ほどの議論で熱量に注目する場合には,式(2.2)は$q=\Delta U-w$の形で使用する。内部エネルギー変化のうち外部からの仕事wを除いた分が熱による寄与ということになる。また$w=\Delta U-q$と見れば,内部エネルギー変化のうち外部から入った熱qを除いた分が外部から与えられた仕事wとなる。

熱力学第一法則について別の言い方をすれば,周囲からのエネルギーの供給がなくても循環して仕事を生み出すことのできるような,永久運動をする機械(perpetual motion machine,永久機関)はありえないということも意味する。人々は永い間このような機械を求め続けてきたが,熱力学第一法則はそれを否定している。式としてはある**循環過程**(cyclic process)についてUの微小変化$\mathrm{d}U$の1周廻る積分(周回積分$\oint$)は

$$\oint \mathrm{d}U = 0 \qquad (2.3)$$

と表される。また数学的にはこのような系の状態のみの関数で,辿った道筋や前歴には依存しない量を**状態関数**(state function)という。状態関数の微分は完全微分(complete differential)であり,その積分は始めの状

Column

水飲み鳥

かつて喫茶店などの窓際には「水を飲む鳥の玩具(drinking birds, dipping birds)」がしばしば置かれていた。「ハッピーバード」などともいわれるこの装置は，嘴のついた鳥がコップの入った水を飲んでは起きあがるという動作を，あたかも終わりを知らぬ風にいつまでも行うものである。

この「鳥」は，一種の永久機関のように見受けられた。いったいどのようなしくみで動いているのだろうか？

鳥は室内や窓からさす太陽光から熱を取り入れることができ，一回一回嘴を水に浸す。単純に描けば2つの球とそれをつなぐ管からなり，一方の球(頭部)には水に浸せる嘴がついている。中身は適量の揮発性の高いエーテルなどであり，蒸発したり凝縮したりを繰り返す。プロセスを説明すると，

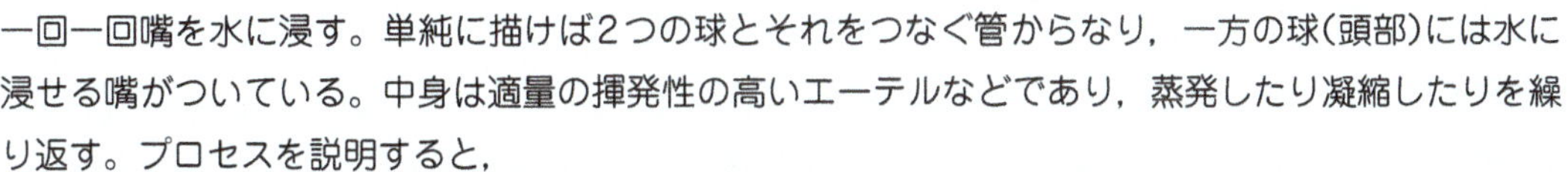

①嘴に含まれた水が蒸発し，気化熱で頭部内の温度を下げる
②温度が下がることで頭部の有機溶剤の蒸気が凝縮し，頭部内の気圧が下がる
③胴部の有機溶剤蒸気の方が高い圧力なので，溶剤液体が頭部に押し上がり，頭部の方が重くなって鳥はお辞儀をする(このときに嘴は新たに水を吸収する)
④頭部内の管の下端が溶媒上面より高くなり，胴部内の溶媒蒸気が管を通って頭部に至る
⑤頭部の溶剤液体が管を伝って胴部に降りる
⑥頭部と胴部の中の溶剤の蒸気圧は等しくなり，胴部の液体量が元に戻り，鳥は頭を起こす
⑦元の位置に戻ると，胴部の液体は外部から熱を取り入れ，胴部に閉じ込められている蒸気の圧が高くなる
⑧元に戻って①から繰り返す

となるが，要点としては水の気化熱によって頭部と胴部にわずかな温度差が保たれており，これにより内部の有機溶剤が気化・凝集を繰り返すことを利用している。このプロセスは外部との熱のやりとりがないと止まったままであり，もちろん永久機関ではない。

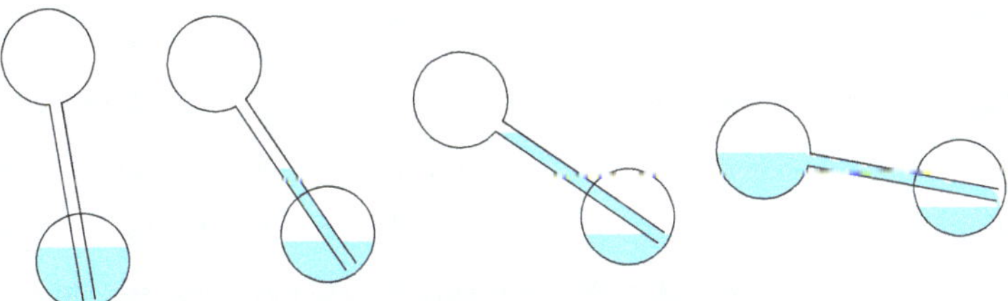

水飲み鳥の動作のイメージ

このような装置の起源は，古くは宋代の中国に遡るとも書かれているが，遅くとも19世紀には揮発性溶剤を2つの球に入れてつなぎ，片方を順に冷やすことでシーソー運動を行わせる装置の概念が示され，これを2つ組み合わせて1つの球を温めることで回転運動させるという装置も考えられた。水飲み鳥は20世紀中頃アメリカで発明され，その後日本などでも種々の形のものが作り出されてきた。

Memo

偏微分と全微分

対象とする関数fが1つの変数xだけによる場合($f(x)$)，その微分は$\mathrm{d}f/\mathrm{d}x$で表される。しかし，fが2つ以上の変数をもつ場合($f(x, y, z, \cdots)$：多変数関数)の微分は多数の変数を同時に微小変化させるのではなく，1つの変数を変化させて，それ以外の他の変数を留めておくという考えを用いる。例えば2変数x, yの場合，無限小変化は

$$\lim_{\mathrm{d}x, \mathrm{d}y \to 0} (x + \mathrm{d}x, y + \mathrm{d}y) - f(x, y)$$

ではなく，

$$\lim_{\mathrm{d}x, \mathrm{d}y \to 0} [\{f(x+\mathrm{d}x, y) - f(x, y)\} + \{f(x, y+\mathrm{d}y) - f(x, y)\}]$$

と考える。この{ }内をそれぞれ$\mathrm{d}x$と$\mathrm{d}y$で除したものを$\partial f/\partial x$, $\partial f/\partial y$と書き表し(「偏微分」という)，

$$\mathrm{d}f = \left(\frac{\partial f}{\partial x}\right)\mathrm{d}x + \left(\frac{\partial f}{\partial y}\right)\mathrm{d}y$$

と簡略化する。多変数関数fの無限小変化$\mathrm{d}f$をこの式のように表せるとき，この形式を「全微分」とよぶ。

態と終わりの状態だけで決まる。

温度Tと体積Vを独立変数としてUの全微分(total differential)$\mathrm{d}U$をとると，$\mathrm{d}U$はUの独立変数V, Tに関する偏微分と微分によって

$$\mathrm{d}U = \left(\frac{\partial U}{\partial V}\right)_T \mathrm{d}V + \left(\frac{\partial U}{\partial T}\right)_V \mathrm{d}T \tag{2.4}$$

と書ける[*9]。さらに$\mathrm{d}U$は完全微分であれば$\mathrm{d}U = 0$なので，

$$\frac{\partial}{\partial T}\left(\frac{\partial U}{\partial V}\right)_T = \frac{\partial}{\partial V}\left(\frac{\partial U}{\partial T}\right)_V \tag{2.5}$$

が成立する。これは内部エネルギーの微小な変化は経路によらず，先に体積を変えてから温度を変えても，その逆順でも同じであることを意味する。

*9 $\left(\frac{\partial U}{\partial V}\right)_T$ はTを一定に保ったまま体積だけを変化させたときの内部エネルギーの変化を表す。

1.2 ◆ 温まりやすさと冷めやすさ

体積一定では体積変化による仕事がない($\mathrm{d}w = -P\mathrm{d}V = 0$)ので，体積を一定に保ったままで温度だけを変えたときの内部エネルギーの変化は熱の出入り$\mathrm{d}q$だけによることになる。これは例えば，**図2.1**(a)に示すような頑丈なボンベの中に入れた気体に熱を加えると温度がどれくらい変化するのかという問題に相当する。温度による内部エネルギーの変化の程度を表す量は**定積熱容量**(isochoric heat capacity)とよばれ，C_Vで表す。

$$C_V = \left(\frac{\partial U}{\partial T}\right)_V \tag{2.6}$$

これに対し，例えば**図2.1**(b)に示すような気体を入れた風船に熱を加えるときのように，圧力一定の環境下での熱の出入りでは，内部エネルギーの変化に体積変化を加える必要がある。この両者を考えた量を**エンタルピー**(enthalpy)とよび，Hで表す。

$$H = U + PV \tag{2.7}$$

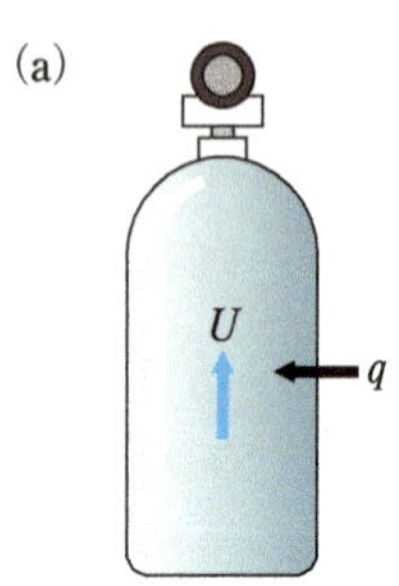

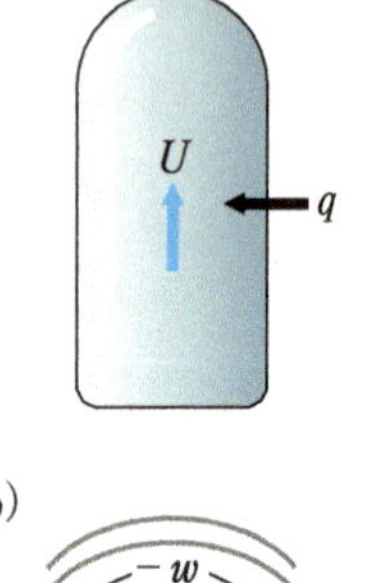

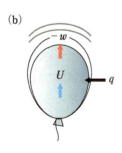

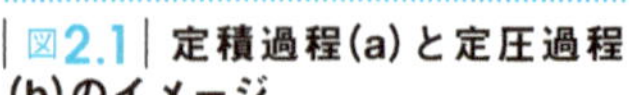
図2.1 定積過程(a)と定圧過程(b)のイメージ

Hは体積変化のほかに仕事がなされない場合に一定圧力の下で吸収される熱量に等しく，Hの温度による変化ΔHは**定圧熱容量**(isobaric heat capacity)とよばれ，C_Pで表す。

$$C_P = \left(\frac{\partial H}{\partial T}\right)_P \tag{2.8}$$

この2種類の熱容量の差は式(2.6)～(2.8)から

$$C_P - C_V = \left(\frac{\partial H}{\partial T}\right)_P - \left(\frac{\partial U}{\partial T}\right)_V = \left(\frac{\partial U}{\partial T}\right)_P + P\left(\frac{\partial V}{\partial T}\right)_P - \left(\frac{\partial U}{\partial T}\right)_V \tag{2.9}$$

となる。

VのPとTについての全微分$\mathrm{d}V$は

$$\mathrm{d}V = \left(\frac{\partial V}{\partial P}\right)_T \mathrm{d}P + \left(\frac{\partial V}{\partial T}\right)_P \mathrm{d}T \tag{2.10}$$

なので，これを式(2.4)に代入すると

$$\mathrm{d}U = \left(\frac{\partial U}{\partial V}\right)_T \left(\frac{\partial V}{\partial P}\right)_T \mathrm{d}P + \left\{\left(\frac{\partial U}{\partial V}\right)_T \left(\frac{\partial V}{\partial T}\right)_P + \left(\frac{\partial U}{\partial T}\right)_V\right\} \mathrm{d}T \tag{2.11}$$

であり，P一定であれば，

$$\left(\frac{\partial U}{\partial T}\right)_P = \left(\frac{\partial U}{\partial V}\right)_T \left(\frac{\partial V}{\partial T}\right)_P + \left(\frac{\partial U}{\partial T}\right)_V \tag{2.12}$$

の関係が得られる。式(2.12)を式(2.9)の第3辺に代入すると

$$C_P - C_V = \left\{P + \left(\frac{\partial U}{\partial V}\right)_T\right\} \left(\frac{\partial V}{\partial T}\right)_P \tag{2.13}$$

となる。この式は$(\partial V/\partial T)_P$が正であれば，$C_P$は体積膨張の分だけ$C_V$より大きく$C_P - C_V$は正であることを意味している。

1.3 ◆ 等温過程と断熱過程

熱に関するさまざまな変化を考えるときには，基本となる変化過程が2つある。1つは変化が起こっている間，温度が一定であるとするもので(**等温過程**：isothermal process)，もう1つは変化を通じて外界との熱のやりとりがないとするもの(**断熱過程**：adiabatic process)である。

この2つの過程の違いについても理想気体(nは1モルとする)の可逆変化*10を例に考えてみよう(**図2.2**)。

*10 ある系に変化が起こるとき，外界に変化を残さずに元の状態に戻ることができる変化を「可逆」という。理想上の変化であり，無限大の時間をかけて起こる変化でもある。

(1) **等温過程**($\mathrm{d}T = 0$)

等温過程では理想気体の内部エネルギーは体積によらない($(\partial U/\partial V)_T = 0$)ので，

$$\mathrm{d}U = \mathrm{d}q + \mathrm{d}w = \mathrm{d}q - P\mathrm{d}V = 0 \tag{2.14}$$

である。

$$\mathrm{d}q = P\mathrm{d}V = RT\frac{\mathrm{d}V}{V} \tag{2.15}$$

Memo

理想気体

ボイルの法則(Robert Boyle : 1627～1691，イギリス)が気体の体積と圧力の反比例関係を示し，シャルルの法則(Jacques A. C. Charles : 1746～1823，フランス)が気体の体積と絶対温度の比例関係を示すが，これらをあわせてボイル－シャルルの法則(理想気体の状態方程式)とし，この法則に従う(仮想的な)気体を「理想気体」(あるいは完全気体)とすることは，すでに学んでいるところであろう。

$$PV = nRT$$

この式を$V = nRT/P$とし，圧力一定下で温度(偏)微分すると$(\partial V/\partial T)_P = nR/P$が得られる。

気体の理想性を構成分子で表現すると，「分子の体積と粒子間の相互作用が無視できる気体」ということになる。分子の体積がないのでいくら圧縮しても無限に体積を縮めることができ，また相互作用がない(引力も斥力もない)ので，内部エネルギーは体積に影響されることはなく，温度にのみ依存する(ジュール－トムソンの法則)。

$(\partial V/\partial T)_P = nR/P$と$(\partial U/\partial V)_T = 0$を式(2.13)に代入すると

$$C_P - C_V = nR$$

が得られる。この式をマイヤーの関係式とよぶ。

物体の運動エネルギーは，質量mと運動速度vによって，$\frac{1}{2}mv^2$と表される。理想気体の単原子分子(Ar, Neなど)は，内部エネルギーとしてはこの並進する運動エネルギー(熱運動)しかもっていない。分子運動論的な解析から分子1モルの運動エネルギーは$\frac{3}{2}RT$と表され，C_Pは$\frac{5}{2}nR$となる。O_2, N_2などの二原子分子では，並進運動のほかに原子間結合まわりの2つの回転運動も加わってC_Vは$\frac{5}{2}nR$となるのでC_Pは$\frac{7}{2}nR$である。

なお，ジュールの初期(1845年)の実験では断熱状態で気体の体積を大きくしても(膨張)小さくしても(収縮)，温度の変化は観測されなかった。後に(1852年)，圧力を一定に保ちながら気体を膨張させた際に温度が変化することが見出された(ジュール－トムソン効果)。この効果は気体の液化などに使われており，液体ヘリウムの製造などもこの効果によって実現された。

Column

注射器で発火(ファイヤー・シリンジ)

断熱過程によって温度が変化することを実感するものとして，ファイヤー・シリンジ(fire syringe)がある。なかば空気の入った注射器の先端の穴を塞いで，強くピストンを引くと注射器の円筒部はひんやりし，逆に強く押して圧縮すると暖かくなるのを感じることができる。この圧縮をもっと速く強くして，注射筒の中の綿糸に火を着けるという実験もできる(細長い注射器の方がよい)。圧縮発火実験器として市販されているものもあり，これを道具にまで進化させた圧気発火器というものも存在する。断熱圧縮による高温化・発火はディーゼルエンジンの着火原理であり，またスペースシャトルが大気圏に再突入する際の高発熱の原因でもある。これらの操作をゆっくりと行っても，熱は円筒壁から外に逃げるが，急速に行えば，熱の放出が間に合わず，断熱過程に近い変化となる(図2.6参照)。

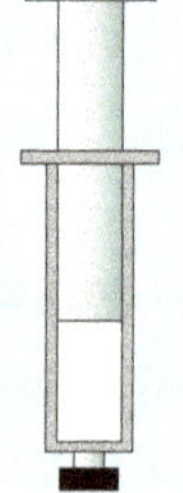

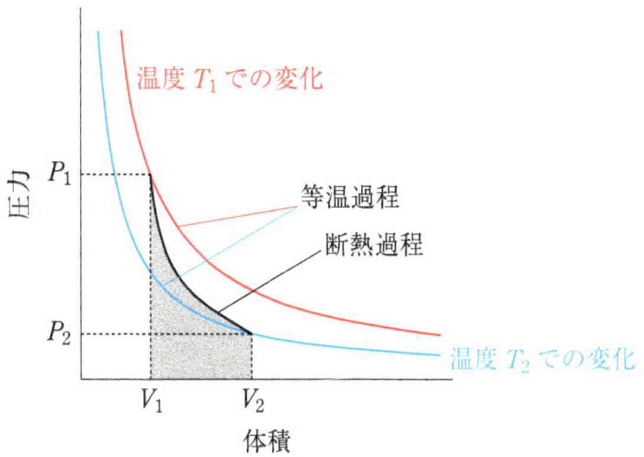

図2.2｜**等温過程と断熱過程**
グレーの部分が断熱過程での仕事 w に相当する。

の両辺を積分すると

$$q = -w = RT\ln\left(\frac{V_2}{V_1}\right) = -RT\ln\left(\frac{P_2}{P_1}\right) \tag{2.16}$$

となる。つまり，等温過程の間に出入りした熱は，V_2 と V_1 あるいは P_2 と P_1 の比によって決まる。また，熱 q はそのまま外界に対してなされる仕事 $-w$ となる。

(2) **断熱過程**（$\mathrm{d}q = 0$）

断熱過程では

$$\mathrm{d}U = -P\,\mathrm{d}V \tag{2.17}$$

であり，また式(2.6)より $\mathrm{d}U = C_V\mathrm{d}T$ なので，$-P\mathrm{d}V = C_V\mathrm{d}T$ あるいは $C_V\mathrm{d}T + P\mathrm{d}V = 0$ となる。これを $PV = RT$ より $C_V\mathrm{d}T + RT\,\mathrm{d}V/V = 0$ と書き直し，(T_1, V_1) から (T_2, V_2) まで積分すれば

$$C_V\ln\left(\frac{T_2}{T_1}\right) + R\ln\left(\frac{V_2}{V_1}\right) = 0 \tag{2.18}$$

となる。式(2.18)の R に $C_P - C_V = nR$ を代入し（「Memo 理想気体」参照），C_P/C_V を γ（熱容量の比）とおくと，

$$\frac{T_1}{T_2} = \left(\frac{V_2}{V_1}\right)^{\gamma-1} \tag{2.19}$$

が得られる。あるいは $P_1V_1/T_1 = P_2V_2/T_2$ より，

$$\frac{T_1}{T_2} = \frac{P_1V_1}{P_2V_2} = \left(\frac{V_2}{V_1}\right)^{\gamma-1} \tag{2.20a}$$

であり，

$$P_1V_1^{\gamma} = P_2V_2^{\gamma} \tag{2.20b}$$

が成り立つ。つまり，理想気体の断熱膨張では，PV^{γ} は一定となる。

$C_P > C_V$より$\gamma > 1$なので，例えば圧力Pが半分になっても体積Vは2倍にはならない。断熱膨張では圧力低下が起こっても系の温度が下がるために体積増加は等温膨張よりも少なく，なされる仕事も小さい。逆に断熱圧縮では，体積を縮小させるにはより多くの仕事が必要となり，系の温度は上昇する。

1.4 ◆ 物質の変化・生成にともなうエンタルピーの変化

本講1.2で述べたように，エンタルピーHの変化ΔHは，定圧の下で行われる過程にともなって出入りする熱量である($\Delta H = \mathrm{d}q_P$)。生体内における過程でも，例えば種々の反応や相の転移にともなう熱の出入りなどは通常，ΔHと結びつけて考えられる。これらについては後で詳しく見ることにするが，2, 3の基本的な事項を確認しておこう。

まず，氷が水になりさらに水蒸気になるといった物理的変化(**相変化**: phase change)を考えてみる。一定の圧力で熱を加えたとき，同じ相のままでの温度の上昇過程については上で述べたC_Pから知ることができる。氷/水，水/水蒸気の相変化の段階では，相変化にともなうエンタルピー変化(潜熱 : latent heat)がかかわってくる。したがって，**図2.3**のように，(水の)融点T_mと沸点T_vを越えて温度がT_1からT_2まで変化すると固体(s)/液体(l)/気体(g)の境界で不連続な変化が見られ，全過程のΔHは，ΔH_mを**融解熱**(heat of melting または fusion)，ΔH_vを**蒸発熱**(heat of vaporization)とすれば，水の定圧熱容量を$C_P(\mathrm{H_2O})$と表して s, l, gの区別を付けると

$$\Delta H = \int_{T_1}^{T_\mathrm{m}} C_P(\mathrm{H_2O, s})\mathrm{d}T + \Delta H_\mathrm{m} + \int_{T_\mathrm{m}}^{T_\mathrm{v}} C_P(\mathrm{H_2O, l})\mathrm{d}T + \Delta H_\mathrm{v} + \int_{T_\mathrm{v}}^{T_2} C_P(\mathrm{H_2O, g})\mathrm{d}T \tag{2.21}$$

となる[*11]。

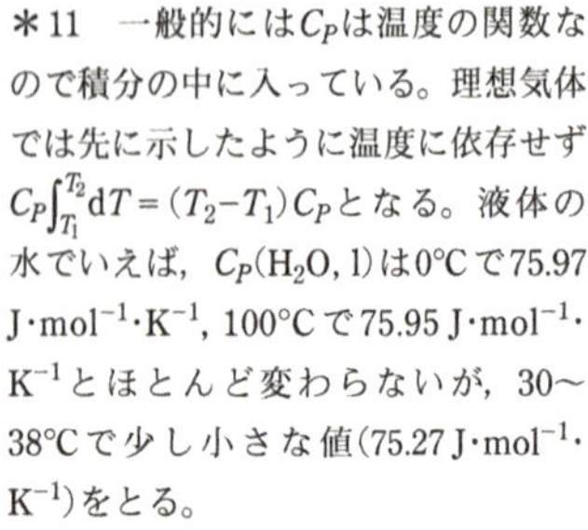

＊11　一般的にはC_Pは温度の関数なので積分の中に入っている。理想気体では先に示したように温度に依存せず$C_P\int_{T_1}^{T_2}\mathrm{d}T = (T_2 - T_1)C_P$となる。液体の水でいえば，$C_P(\mathrm{H_2O, l})$は0°Cで75.97 J·mol^{-1}·K^{-1}, 100°Cで75.95 J·mol^{-1}·K^{-1}とほとんど変わらないが，30～38°Cで少し小さな値(75.27 J·mol^{-1}·K^{-1})をとる。

化学反応(化学的変化)が起こるような場合のエンタルピーHの変化

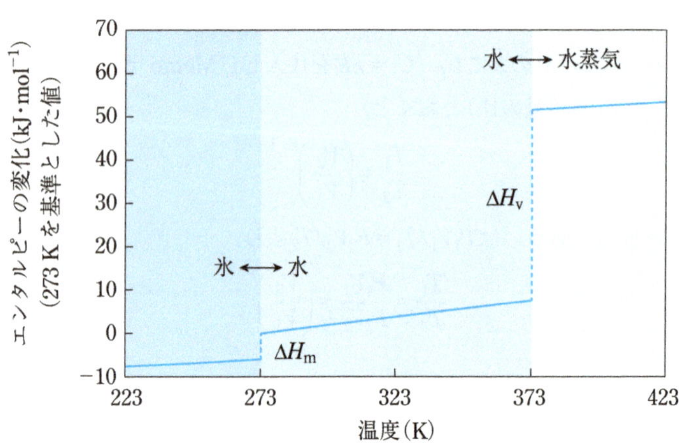

図2.3 | 水の相変化にともなうエンタルピー変化

ΔHについて，水素と酸素から水が生成する反応($H_2 + \frac{1}{2}O_2 \rightarrow H_2O$)を例に考える。温度と圧力が一定であれば，反応にともなうΔHは，反応物のHの総和を生成物のHの総和から差し引いたものになる。

$$\Delta H = H_{H_2O} - \left(H_{H_2} + \frac{1}{2} H_{O_2} \right) \tag{2.22}$$

Hも状態関数なので，このΔHの値は(物理変化でも化学反応でも)その経路によらずに始めの状態と終わりの状態だけで決まる。このことは，いわゆるヘスの法則[*12]と関連している。つまり，ある反応のΔHが直接求められないようなとき，別のいくつかの反応を組み合わせて結果としてその反応に等しい過程を組み立てることができれば，それらの反応のΔHから未知のΔHが計算できる。

＊12　Germain H. Hess：1802～1850（ロシア・スイス）

一例として黒鉛(graphite)からダイアモンド(diamond)ができる過程のΔHについては以下のように計算できる。

$$\begin{array}{llll} & \mathrm{C(graphite)} + \mathrm{O_2(gas)} \longrightarrow \mathrm{CO_2(gas)} & \Delta H^\circ_{298} = -393.4\ \mathrm{kJ \cdot mol^{-1}} \\ -) & \mathrm{C(diamond)} + \mathrm{O_2(gas)} \longrightarrow \mathrm{CO_2(gas)} & \Delta H^\circ_{298} = -395.3\ \mathrm{kJ \cdot mol^{-1}} \\ \hline & \mathrm{C(graphite)} \longrightarrow \mathrm{C(diamond)} & \Delta H^\circ_{298} = 1.9\ \mathrm{kJ \cdot mol^{-1}} \end{array}$$

すなわち，ダイアモンドは黒鉛より約2 $\mathrm{kJ \cdot mol^{-1}}$エンタルピーが大きく，熱の出入りでいえばダイアモンドは黒鉛から吸熱反応(endothermic reaction)で生成されることがわかる。

ただし，その反応の行われる温度や圧力，および物質の状態をきちんと指定しなければΔHの値は変わってしまう(25℃のH_2Oの気体と液体ではHは44 $\mathrm{kJ \cdot mol^{-1}}$も異なる)。このため**標準状態**(standard state)を取り決め，特筆しない限り298.15 K，1気圧＝101.32 kPaの状態の物質1モルを考えることにしている。

同様に，ΔHが経路によらない(Hが状態関数である)ことを活用すれば，元素(単体)からある化合物を得る過程のΔHを求めることができる。その化合物が元素から直接生成されなくても，回り道を仮定したり反応の組み合わせを考えたりすればよい。「標準状態にある1モルの化合物が標準状態にある元素(単体)から生成する際のエンタルピー」を**標準生成エンタルピー**(standard enthalpy of formation)という(ΔH°_f：°は標準圧を，fはformationを意味する)。例えば，298 K，1気圧で1モルのH_2O(液体：l)が1モルのH_2と$\frac{1}{2}$モルのO_2(ともに気体)とから生成する過程のΔHをH_2O(l)の標準生成エンタルピーと定める。この場合，それぞれの単体のエンタルピーHを0と考えることになっている[*13]。その値は多くの便覧や専門書に一覧表として載っているが，ごく一部を紹介すると**表2.1**のとおりである。

＊13　同素体があるような場合にはHの小さい方の状態(炭素Cならグラファイト，硫黄Sなら斜方晶(α))を0にとる。

ひとたびこのようなデータを決めると，出発反応物を単体にまでバラバラにしてから，望ましい生成物の形にまで組み上げる「反応」を仮想的に構築し，ΔH°_fの値を合算すれば知りたい反応のエンタルピー変化

表2.1 | いくつかの化合物の標準生成エンタルピー($\Delta H^\circ_{f(298)}$)

化合物	状態	$\Delta H^\circ_{f(298)}$ (kJ·mol^{-1})	化合物	状態	$\Delta H^\circ_{f(298)}$ (kJ·mol^{-1})
H_2O	g	−241.8	CH_4	g	−74.5
H_2O	l	−285.8	CH_3OH	l	−239.1
HCl	g	−92.3	ベンゼン	l	49.0
HBr	g	−36.4	ヘキサン	l	−198.6
NO_2	g	33.1	シクロヘキサン	l	−156.3
H_2S	g	−20.6	グリシン	s	−530.3
H_2SO_4	l	−814.0	L-ロイシン	s	−638.4
CO_2	g	−399.5	アデニン	s	96.0
NH_3	g	−46.1	α-D-グルコース	s	−273.3

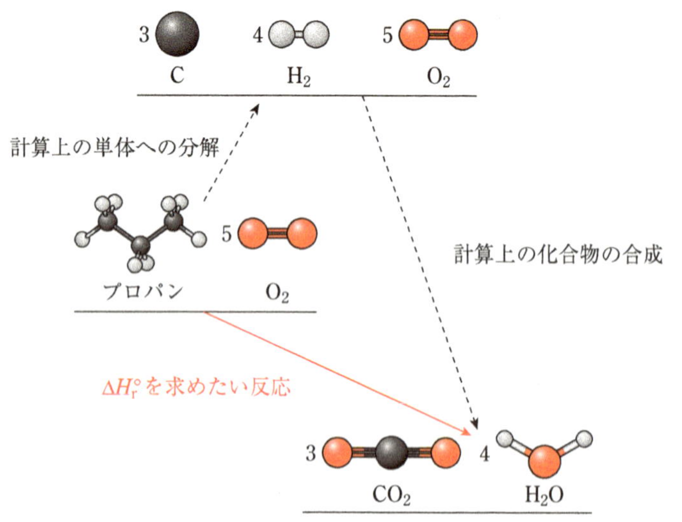

図2.4 | 標準生成量を考えるイメージ

ΔH°_r(rはreactionを意味する)を求めることができる。

計算の例

求めたい反応：$CH_2CH_2(gas) + H_2(gas) \rightarrow CH_3CH_3(gas)$

$CH_2CH_2(gas)$：$\Delta H^\circ_f = +52.26\ kJ\cdot mol^{-1}$

$H_2(gas)$：$\Delta H^\circ_f = 0\ kJ\cdot mol^{-1}$

$CH_3CH_3(gas)$：$\Delta H^\circ_f = -84.68\ kJ\cdot mol^{-1}$

$$\Delta H^\circ_r = \Delta H^\circ_f(CH_3CH_3) - (\Delta H^\circ_f(H_2) + \Delta H^\circ_f(CH_2CH_2))$$
$$= -84.68 - (0 + 52.26) = \underline{-136.94\ kJ\cdot mol^{-1}}$$

図2.4にはプロパン(気体)の燃焼($CH_3{-}CH_2{-}CH_3 + 5\,O_2 \rightarrow 3\,CO_2 + 4\,H_2O$)について計算のイメージを示す。

2 熱の流れ

2.1 ◆ 世界は無秩序へ進む?：熱力学第二法則

熱い湯を水でうめると良い湯加減になり，水に氷を入れれば氷の一部が融けて冷たい氷水ができる。またコーヒーに砂糖を入れたり，洗濯槽の水に洗剤を入れたりすれば溶けていくことも日常しばしば目にしている。これらの現象では,変化の過程が理想的であり,外部とのエネルギーの出入りがないとすれば，始めの状態と終わりの状態との間の系全体の内部エネルギー変化は基本的に0であると考えられるが，それでもおのずと(自発的に)変化は進んでいく。このような変化の方向を考えるためには，第一法則で扱わなかった別の性質を考えなければならない。

上の最初の2例は熱の流れに関するものであり，こうした熱の流れに方向性があることは，「熱が自ら低温の物体から高温の物体へ移動することはない」，あるいは「循環過程で熱を(高)熱源からとって仕事に変えようとするとき，(高熱源から)低熱源へ熱を移動させずに仕事に変えることはできない」などと表現される。これが**熱力学第二法則**とよばれるものである。この熱の流れの方向性を定量的に理解するためには，新たな概念を導入しなければならない。それが**エントロピー**(entropy)であり，Sで表す。Sは温度Tで起こる可逆過程で系に加えられた熱$\mathrm{d}q_{\mathrm{rev}}$に対して

$$\mathrm{d}S = \frac{\mathrm{d}q_{\mathrm{rev}}}{T} \tag{2.23}$$

と定義される。$\mathrm{d}S$は完全微分となる。

外界と熱や仕事のやりとりのない孤立系では，系全体のエントロピー変化は常に正もしくはゼロ(≥ 0)であり，自発的に進行する変化においては$\Delta S > 0$である。この「孤立系である」という前提は重要であり，熱の出入りのある閉鎖系や，熱に加え物質の出入りもある開放系ではΔSはさまざまな値をとりうる。

熱(q)自体は状態関数ではないが，エントロピーにすると状態関数となる。いま

- ・(T_1, V_1, P_1)から(T_1, V_2, P_2)に等温で可逆的に膨張させ，
- ・さらに断熱可逆膨張で(T_2, V_3, P_3)に，
- ・等温可逆圧縮で(T_2, V_4, P_4)に，
- ・断熱可逆圧縮で(T_1, V_1, P_1)に変化させる(元に戻す)

というサイクルを考える。

Column

生命とエントロピー

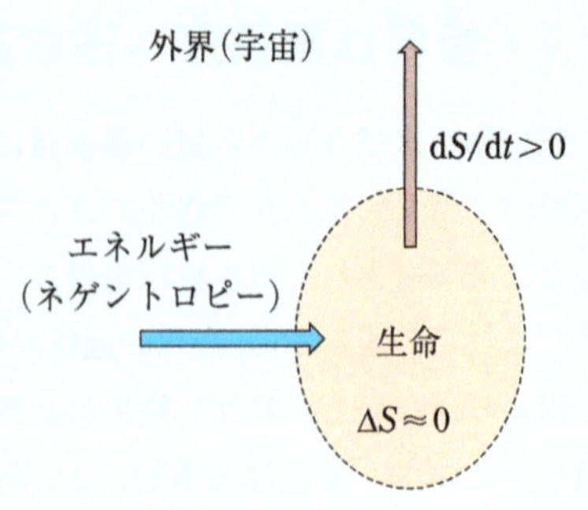

生命サイクルの一部の時間域で考えると，生体はΔSがほぼ0になるように制御されており，開放系の(準)定常状態であるとみなすことができる。よく「生物は負のエントロピーを取り込み，正のエントロピーを排出するシステム」だという表現が使われるのは，この定常性を意味する。具体的に負のエントロピー(ネゲントロピー：negentropy)が定義されるわけではないが，食物などの形でエントロピーの低い物質とエネルギー源を取り込み，体内の秩序だった代謝過程を経てエントロピーレベルの高い物質などとして体外に排出するのである。

生命体の内部で起こっているさまざまな化学変化は，それ自体は物理的法則に従って起こっている。局所的に見ても短時間で見てもエントロピーは増大する。生命が生命たる理由は，細胞レベルや生物体全体として増大したエントロピーを排出するシステムをもっているという点にある。「老化」とはこのシステムの低下であり，それが停止すると(細胞体でも個体でも)「命」の終焉を迎える。

生命の誕生において，物質的な背景はともかく，どのようにしてこのエントロピーが低い状態が創出され，それが維持できるシステムとなったかについては，諸説ある。

1モルの理想気体に対して等温過程では

$$q_1 = RT_1 \ln\left(\frac{V_2}{V_1}\right), \quad q_3 = RT_2 \ln\left(\frac{V_4}{V_3}\right) \qquad (2.24), (2.25)$$

であり，また断熱過程では

$$q_2 = q_4 = 0$$

なので，式(2.19)より，

$$\frac{T_2}{T_1} = \left(\frac{V_2}{V_3}\right)^{\gamma-1}, \quad \frac{T_1}{T_2} = \left(\frac{V_4}{V_1}\right)^{\gamma-1} \qquad (2.26), (2.27)$$

である。これらの式より

$$\frac{V_2}{V_3} = \frac{V_1}{V_4}, \quad \frac{V_2}{V_1} = \frac{V_3}{V_4} \qquad (2.28), (2.29)$$

となり

$$\frac{q_1}{q_3} = \frac{T_1}{T_2}, \quad \frac{q_1}{T_1} = \frac{q_3}{T_2} \qquad (2.30), (2.31)$$

が得られる[*14]。したがって，全過程のエントロピー変化ΔS_{total}は

$$\Delta S_{total} = \frac{q_1}{T_1} - \frac{q_3}{T_2} = 0 \qquad (2.32)$$

となり，Sが経路によらない状態関数であることがわかる。

氷水の例に戻る。T(K)の水h(g)と0°Cでの氷i(g)から，i'(g)の氷を含む氷水(0°C)が生じたとする。氷の融解熱(335 J·g^{-1})，水の熱容量

＊14　ここでは，q_1は外部からもらった熱，q_3は外部に与えた熱を示し，いずれも正の値で考えている。

$(4.18\ \mathrm{J \cdot g^{-1}} = 1\ \mathrm{cal \cdot g^{-1}})$から氷・水それぞれのエントロピー変化は

$$\Delta S_{氷} = (i - i') \times \frac{335}{273} \tag{2.33}$$

$$\Delta S_{水} = \int_T^{273} (4.18 \times h) \frac{\mathrm{d}q}{T} = -(4.18 \times h) \cdot \ln\left(\frac{T}{273}\right) \tag{2.34}$$

と計算できる。$i = 10$, $T = 293$ K, $h = 20$であれば，i'は約5であり，系全体のエントロピー変化$\Delta S_{\mathrm{total}}$は$\Delta S_{氷} + \Delta S_{水} = 6.130 - 5.916 = 0.214\ \mathrm{J \cdot K^{-1}}$となる。この値は0より大きいので，この変化は自発的に進行することがわかる。一方，仮に「20 gの0°Cの水の中に入れた10 gの氷が，5 gの氷と20 gの−20°Cの水になった」という変化を考えてみると，$\Delta S_{氷}$は同じでも$\Delta S_{水}$が$-83.68 \ln(273/253) = -6.364\ \mathrm{J \cdot K^{-1}}$となるので$\Delta S_{\mathrm{total}} = -0.234\ \mathrm{J \cdot K^{-1}} < 0$と負になってしまう。したがって，このような変化は(自発的には)起こらない。このように，複数の成分からなる系では，各成分の変化を計算すれば全体の変化の方向を知ることができる。

2.2 ◆ 熱エンジン

熱力学の進展が蒸気機関などの熱エンジンに端を発することは紹介したが，エントロピーの概念は，熱エンジンの効率についての考察から生まれた。熱エンジンは簡略化すると**図2.5**(a)のように考えることができる。エンジンは高温熱源(温度T_1)から熱q_1を得て仕事wをし，熱q_2を温度T_2の熱源に移して(捨てて)元に戻る[*15]。この1周の間の内部エネルギー変化は第一法則(経路によらない)から

$$\Delta U = q_1 + q_2 + w = 0 \tag{2.35}$$

である。また，このエンジンが可逆的であるとすると

$$\Delta S = \frac{q_1}{T_1} + \frac{q_2}{T_2} = 0 \tag{2.36}$$

である。エンジンの「効率(η)」は，高温で得た熱q_1がどれだけの仕事$-w$に変えられたかという割合であると考えられ，式(2.35)より

$$\eta = -\frac{w}{q_1} = \frac{q_1 + q_2}{q_1} = 1 + \frac{q_2}{q_1} \tag{2.37}$$

となり，式(2.36)より

$$\eta = 1 - \frac{T_2}{T_1} \tag{2.38}$$

となる。現実にはエンジンは不可逆的なので，式(2.36)で$\Delta S > 0$であり，したがって

$$\eta < 1 - \frac{T_2}{T_1} \tag{2.39}$$

である。つまり，どんなに効率の良いエンジンも式(2.38)の効率を超えることはできず，効率100%($\eta = 1$)のエンジンを得るには低温熱源(T_2:

＊15　このような場合，qやwはエンジンに入る場合を+，エンジンから出る場合を−と考えるので，図2.5(a)で高熱源からの熱はq_1，低熱源への熱は$-q_2$，外部への仕事は$-w$と書く。

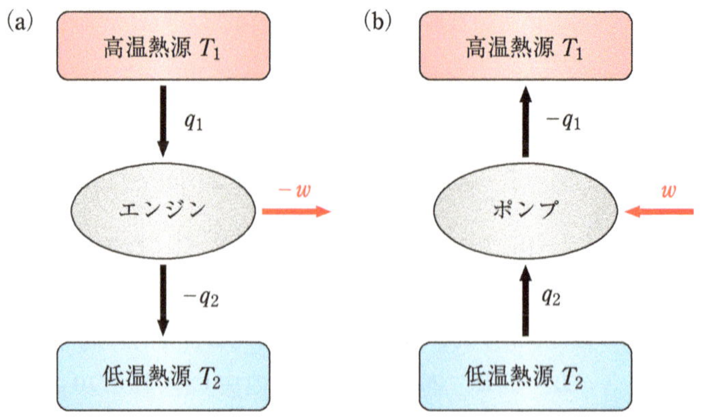

図2.5 | 熱エンジン(a)とヒートポンプ(b)の基本概念

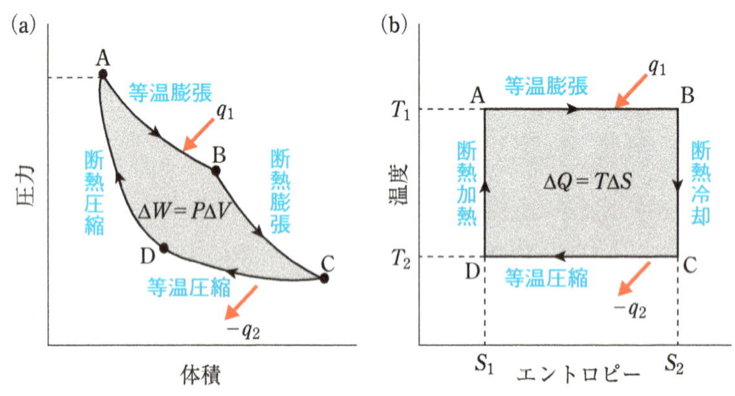

図2.6 | カルノーサイクル

(a)は体積vs圧力の関係，(b)はエントロピー vs温度の関係。q_1, q_2はそれぞれ流入および流出する熱量を表す。

熱の捨て先)を絶対零度にしなくてはならないことになる。

熱エンジンを逆に廻すと，いわゆるヒートポンプとなる(**図2.5**(b))。この場合はエンジンに仕事wを与えることによって，温度T_2の低温熱源から熱q_2を取り込み，温度T_1の高温熱源に熱q_1を移動させる。低温側から高温側へ熱を汲み上げることが「ポンプ」とよばれる理由である。熱エンジンが(火力や原子力によって動く)蒸気機関のモデルであるのに対し，ヒートポンプはクーラーや冷蔵庫のモデルである。ヒートポンプの効率η'は与えた仕事によってどれだけの熱が低温熱源から汲み上げられるかという割合で，

$$\eta' = \frac{q_2}{w} = \frac{q_2}{-(q_1+q_2)} = \frac{T_2}{T_1 - T_2} \tag{2.40}$$

と表現できる。したがって，高温側(T_1)と低温側(T_2)の温度が近いほどη'は大きくなるが，T_1とT_2が近ければ，「冷やす装置」としてはあまり役に立たないだろう。

本講2.1で検討したサイクル(**図2.6**(a))はカルノーが1824年に理論的

な熱サイクルとして考えたものである。このカルノーサイクルの効率は高温側と低温側の温度差で定まり，エントロピーvs温度の図(**図2.6**(b))は長方形となるときに最大の面積が得られ，熱エネルギーを機械的仕事に変換する「最善」のプロセスとなり，このサイクルより高い効率を示す外燃機関は原理的に作れない。発表直後は注目されなかったが，後年クラウジウス*16やトムソン*17らにより再発見され，熱力学法則の基礎となった。

*16 Rudolf Clausius : 1822〜1888（ドイツ）

*17 William Thomson, Baron Kelvin : 1824〜1907（イギリス）

2.3 ◆ 混合とエントロピーの変化

本講2.1の冒頭で述べた砂糖や洗剤の例は溶解プロセスだが，これらを含む各種の「混合」もエントロピーに関連する自発的変化の典型である。話を簡単にするため，まず理想気体の混合を対象に考えてみる。

いま同温・同圧の気体iが体積V_iずつ混合され，同温・同圧に保たれるとすると，全体の体積V_{total}はそれぞれの気体の体積の和であり

$$V_{\mathrm{total}} = \sum_i V_i = \frac{RT}{P}\sum_i n_i \tag{2.41}$$

と表される。ここで，**モル分率**(molar fraction)X_iはn_iを用いて$X_i = n_i/\sum_i n_i$，V_iを用いて$X_i = V_i/\sum_i V_i = V_i/V_{\mathrm{total}}$と表されることを利用した。

可逆変化については$\mathrm{d}S = \mathrm{d}q_{\mathrm{rev}}/T$と$\mathrm{d}w_{\mathrm{rev}} = -P\mathrm{d}V$であることを用いると，$\mathrm{d}U = \mathrm{d}q + \mathrm{d}w$は

$$\mathrm{d}U = T\mathrm{d}S - P\mathrm{d}V \tag{2.42}$$

となり，

$$\mathrm{d}S = \frac{\mathrm{d}U + P\mathrm{d}V}{T} \tag{2.43}$$

あるいは

$$\mathrm{d}H = \mathrm{d}U + \mathrm{d}(PV) = \mathrm{d}U + V\mathrm{d}P + P\mathrm{d}V = T\mathrm{d}S + V\mathrm{d}P \tag{2.44}$$

より，

$$\mathrm{d}S = \frac{\mathrm{d}H - V\mathrm{d}P}{T} \tag{2.45}$$

が得られる。

一方，

$$\mathrm{d}U = \left(\frac{\partial U}{\partial T}\right)_V \mathrm{d}T + \left(\frac{\partial U}{\partial V}\right)_T \mathrm{d}V = C_V \mathrm{d}T + \left(\frac{\partial U}{\partial V}\right)_T \mathrm{d}V \tag{2.46}$$

であり，これが式(2.42)と等しいとおけば

$$\mathrm{d}S = C_V \frac{\mathrm{d}T}{T} + \frac{1}{T}\left[\left(\frac{\partial U}{\partial V}\right)_T + P\right]\mathrm{d}V \tag{2.47}$$

と書ける。

理想気体であれば$(\partial U/\partial V)_T = 0$，$P = (nRT)/V$なので

$$dS = C_V \frac{dT}{T} + \frac{nR dV}{V} \tag{2.48}$$

となる。したがって，$(T_1, V_1) \to (T_2, V_2)$の変化にともなう$\Delta S$は

$$\Delta S = C_V \ln\left(\frac{T_2}{T_1}\right) + nR \ln\left(\frac{V_2}{V_1}\right) \tag{2.49}$$

であるが，ここでは等温変化を考えているので右辺の第1項は0であり，各々の気体成分に対して

$$\Delta S_i = n_i R \ln\left(\frac{V_{total}}{V_i}\right) = -n_i R \ln X_i \tag{2.50}$$

という式が得られる。これを全成分について足せば$(\sum_i n_i = n,\ n_i = X_i n)$

$$\Delta S_{mix} = -\sum_i n_i R \ln X_i = -nR \sum_i X_i \ln X_i \tag{2.51}$$

が成立する。混合物であればモル分率X_iは常に1より小さいため，$\ln X_i$は負の値となり，したがってΔS_{mix}は正の値になる。つまり，混合によって気体の全エントロピーは増加する。別の見方をすれば，等圧で混合することによって各成分の気体分子が動ける範囲(容積)が増え，より無秩序な状況に至ると理解することができる。

2.4 ◆ エントロピーと確率

上記の気体の混合の問題は，例えば1気圧でのN_2, O_2の二成分を考えると模式的に**図2.7**のように描ける。それぞれの気体を分離していた2つの部屋の隔壁をとると，N_2とO_2は混じり合い，左右で均等になる。

式(2.51)より混合によるエントロピー変化は

$$\Delta S_{mix} = -nR(X_{N_2} \ln X_{N_2} + X_{O_2} \ln X_{O_2}) \tag{2.52}$$

である。壁を取り去った後，それぞれの気体にとって空間の体積は2倍になるので，個々の圧力は1/2になり，N_2とO_2をあわせて1気圧を保っているのである。つまり，PとVの積は両気体とも変化しない。このような個々の成分が寄与している圧力を**分圧**(partial pressure)という。理想気体であれば内部エネルギーは体積によらないので，この現象の自発性は$\Delta S_{mix} > 0$のみによって起こっていると理解できる。

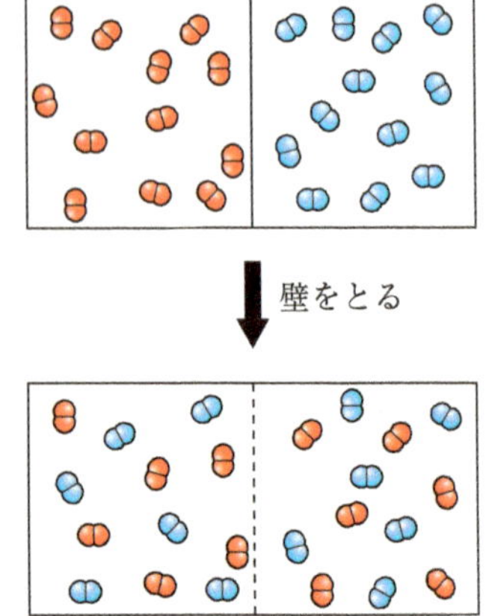

図2.7 | 気体の混合のイメージ

例えば，境界で隔てられている左右の空間に赤玉と青玉を収める場合を考えてみよう。赤玉と青玉は同数かつ左右の空間には同じ数の玉を入れるとする。この場合，1つ1つの玉を左の空間に入れる確率と右の空間に入れる確率はどちらも1/2であり，左右に赤玉と青玉が分かれて収められる状態(場合)は(どちらを赤にするかの問題は別にして)1つである。これに対し，赤玉と青玉を混ぜて入れる方が「とることのできる状態の数」は圧倒的に多い。ある特定の玉の配り方の確率p_iは玉の総数を$2N$とすると$p_i = (1/2)^N$であり，左にN_R個の赤玉とN_B個の青玉が入っている組み合わせの数g_iは

$$g_i = \frac{N!}{N_R! \cdot N_B!} = \frac{N!}{N_R! \cdot (N - N_R)!} \tag{2.53}$$

である。したがって，$p_i \times g_i$がこのような組み合わせが実現する確率である。$N=10$で$N_R=10$, $N_B=0$であればg_iは1であるが，$N_R=N_B=5$であれば$g_i=252$となり，赤青が左右に分かれている状態は混じっている状態より1/252も実現しにくいことになる。Nが大きくなればこの違いはどんどん大きくなり，例えば玉の数を6×10^{23}(＝アボガドロ数N_A, 後述)という数字にまで大きくするとg_iは2^{N_A}などというとてつもない大きな数になってしまう。

ボルツマン[*18]は熱力学第二法則の物理学的証明に際して，エントロピーと確率とを関係づけて

$$S = -k_B \sum_i p_i \ln p_i \tag{2.54}$$

を得た。k_B(＝1.38065×10^{-23} J・K^{-1})はボルツマン定数といわれ，アボガドロ数N_A(＝6.02214×10^{23} mol^{-1})[*19]を乗じると気体定数R(＝8.31446 J・mol^{-1}・K^{-1})になる。上の赤青の玉でいうと$1/p_i$は起こりうる状態の総数なので，これをWとおくと

$$S = -k_B \sum p_i \ln p_i = -k_B \sum \frac{1}{W} \ln\left(\frac{1}{W}\right) = -k_B \ln\left(\frac{1}{W}\right) = k_B \ln W \tag{2.54'}$$

となる。つまり，エントロピーは起こりうる状態の数が多ければ多いほど大きくなる。図2.7に戻れば，上の状態では$W=2^{N_A}$であり下の状態($W=1$)とのSの差は$\Delta S = N_A k_B \ln 2$となる。式(2.51)で$X_{N_2}=X_{O_2}=1/2$, $n=1$とすると$\Delta S_{mix}=R\ln 2$となるが，$N_A k_B = R$なので同じ結果となる。

*18　Ludwig E. Boltzmann：1844～1906（オーストリア）

Boltzmann

*19　Amedeo Avogadro：1776～1856（イタリア）

2.5 ◆ エントロピーの値

これまでは，エントロピーSの変化(ΔS)についてのみ説明してきたが，ある物質のある状態におけるエントロピーの値は定められるのであろうか？　エントロピーの値を定めるためには，エンタルピーについて単体を基準にしたように，どこかにエントロピー「ゼロ」の状態を定める必要がある。エントロピーを無秩序の尺度とすると，$S=0$は完全な秩序をもつ状態と考えられる。完全に秩序だった物質の絶対零度におけるエントロピーを0と仮定し，ある温度までdSを積分して求められたエントロピーを**第三法則エントロピー**とよぶ。絶対零度にきわめて近いところでの熱データが実測できない場合には，理論などに基づいて補正を行って求める。

計算の際には式(2.45)でPを一定とした$dS=dH/T$および$(\partial H/\partial T)_P = C_P$を用いる。例として$H_2O$で考えれば，$H$に不連続性がある部分については転移の$\Delta S=\Delta H/T$を加えて，気体状態の温度$T_2$では

表2.2 | いくつかの化合物の第三法則エントロピー($S^\circ_{(298)}$)

化合物	状態*	$S^\circ_{(298)}$ (J·K^{-1}·mol^{-1})	化合物	状態	$S^\circ_{(298)}$ (J·K^{-1}·mol^{-1})
H_2	g	130.6	CO_2	g	213.7
N_2	g	191.5	NH_3	g	192.5
O_2	g	205.1	C(ダイアモンド)	s	2.44
H_2O	g	188.7	C(グラファイト)	s	5.69
H_2O	l	70.0	CH_4	g	186.2
HCl	g	186.6	CH_3OH	l	127.2
NO_2	g	240.0	ベンゼン	l	173.3
H_2S	g	205.7	ヘキサン	l	296.1
H_2SO_4	l	156.9	シクロヘキサン	l	204.4

*標準温度(298 K)での状態

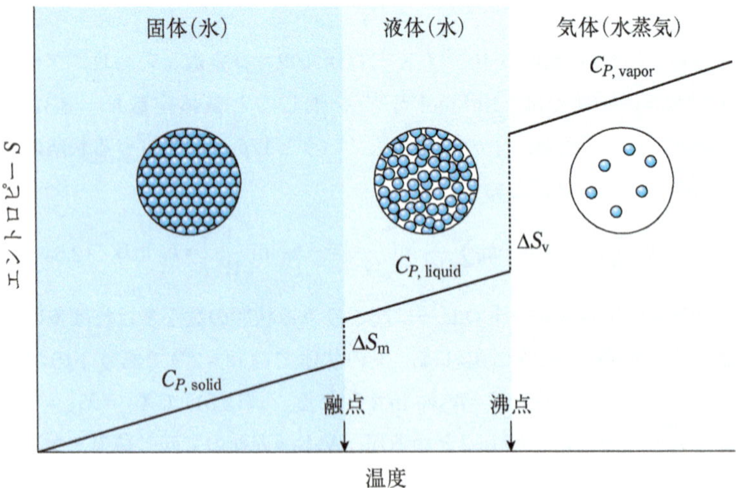

図2.8 | 水の(第三法則)エントロピー S の温度による変化

$$S^\circ = 0 + \int_0^{T_m} \frac{C_P(\mathrm{H_2O,s})}{T}\,\mathrm{d}T + \frac{\Delta H_m}{T_m} + \int_{T_m}^{T_v} \frac{C_P(\mathrm{H_2O,l})}{T}\,\mathrm{d}T + \frac{\Delta H_v}{T_v} + \int_{T_v}^{T_2} \frac{C_P(\mathrm{H_2O,g})}{T}\,\mathrm{d}T \tag{2.55}$$

となる。25°C(298.15 K)で標準状態にあるH_2O(気体)のS°_{298}は188.7 J·K^{-1}·mol^{-1}であり，液体であれば70.00 J·K^{-1}·mol^{-1}である。この変化を図示すると**図2.8**のようになる。標準状態で水が気体の状態にある場合には，上式の最終項でT_vから298 Kまでの降温過程が加味されるために液体状態よりかなり大きくなっている。同じ元素の単体でも，絶対零度でのエントロピーがゼロにならないものがある。これを残余(残留)エントロピーという。

演習問題

【1】二原子分子の理想気体において，断熱過程で体積を2倍にすると，気体の温度は元の温度の何%になるか計算しなさい。

【2】アンモニアのC_P(s), C_P(l), C_P(g), $\Delta H^\circ_{\mathrm{v}}$, $\Delta H^\circ_{\mathrm{m}}$はそれぞれ75.4 J･mol^{-1}･K^{-1}, 80.8 J･mol^{-1}･K^{-1}, 35.1 J･mol^{-1}･K^{-1}, 23.5 kJ･mol^{-1}, 5.65 kJ･mol^{-1}である。C_Pは温度に依存しないと仮定したとき，1 molのアンモニアの温度を1気圧において−100℃から0℃に変化させた場合のエンタルピー変化を，式(2.21)を使って計算しなさい。また，水を−50℃から150℃に変化させた場合について，熱力学パラメータを調べて，同様に計算しなさい。なお，アンモニアの融点と沸点は1気圧でそれぞれ−77.7℃，−33.3℃であるとする。水の場合もC_Pは温度に依存しないと仮定しなさい。

【3】メタノールを燃料として自動車エンジンなどを動かすとメタノールが酸化されて二酸化炭素と水が生成する($CH_3OH+\frac{3}{2}O_2 \rightarrow CO_2+2\,H_2O$)。表2.1の値と液体状態のメタノールの標準生成エンタルピーの値−238.42 kJ･mol^{-1}を使って，標準状態におけるこの反応(酸素と二酸化炭素は気体，メタノールと水は液体とする)のエンタルピー変化$\Delta H^\circ_{\mathrm{r}}$を，図2.4を参照して計算しなさい。

【4】エアーコンディショナーを使って外気温が35℃のときに室内気温を25℃にする場合と外気温が10℃で室内気温を20℃にする場合の理想効率η'を計算しなさい。ただしここでは，冷房と暖房を単純に熱の逆方向への汲み上げ(ヒートポンプ)と考えることにする。

【5】問題【3】の反応のエントロピー変化$\Delta S^\circ_{\mathrm{r}}$を計算しなさい。

【6】0℃の氷を温度の上昇によって融解し沸騰させて水蒸気(100℃)にする過程を考えてみよう。気圧は1気圧で，熱容量は一定と仮定すると，この過程によって水のエントロピーはどの程度増えるか。

【7】実際にはC_Pは温度に依存する。これを考慮するためにC_Pを温度の多項式で近似することが行われている。いまある物質のC_Pが温度の関数$C_P=A+B\cdot T+C\cdot T^2$で近似できるとすると，式(2.55)の積分項(第2, 4, 6項)はどのように書けるかを示しなさい。

第3講

エネルギーと熱力学関数

1 利用できるエネルギー

1.1 ◆ 仕事に使えるエネルギー：自由エネルギー

自由エネルギー(free energy)は，系の変化の方向性をより一般的に示すことができる関数として考え出されたエネルギーとエントロピーの両方を組み合わせた量である*1。エントロピーを考えに入れることによって，熱と仕事だけでは決まらない変化の自発性を議論できるようになったことで考え出された概念である。

温度T，体積V一定の系では，内部エネルギーUから温度とエントロピーの積(TS)を差し引いた量が自由エネルギーである。この概念は，それまでの「化学親和力(chemical affinity)」*2という考えに代わるものとして提唱されたもので，A(またはF)の記号を使い，

$$A = U - TS \tag{3.1}$$

と書かれる。Aもまた状態関数であり，その全微分は

$$dA = dU - TdS - SdT \tag{3.2}$$

となるが，TとVが一定なので第一法則($dU = dq - PdV$)より

$$dA = dq - TdS \tag{3.3}$$

となる。自発的変化においては$dq/T \leq dS$なので($T > 0$)，

$$dA \leq 0 \tag{3.4}$$

が導かれ，自発的変化においてAは減少することになる。

さらに，式(3.2)に式(2.43)($TdS = dU + PdV$)を代入すると

$$dA = -PdV - SdT \tag{3.5}$$

となる。

一方，温度T，圧力P一定の系では，Uの代わりにエンタルピーHを使う自由エネルギーGを考える。

$$G = H - TS\ (= U + PV - TS) \tag{3.6}$$

Gは1870年代にギブズ*3が提唱したもので，Aとは$G = A + PV$の関係に

*1 自由エネルギーの語は，物質のもつエネルギーのうち，外部に仕事のできる分を示すものとして，1882年にヘルムホルツによって使われた。仕事のできない分を示す「束縛エネルギー(bound energy)」の対義語である。それ以前(1876年)にギブズは「利用できるエネルギー(available energy)」と表現したが，後年「自由エネルギー」の方が定着した。

*2 化学親和力とは，それぞれの原子の間にある結びつきやすさ(親和力)の違いが化学反応の起こりやすさを決めるという古典的な考えをもとに，反応熱などを尺度に評価された「力」のこと。背景には，古代ギリシャ哲学以来の考えがある。

*3 Josiah W. Gibbs : 1839～1903(アメリカ)

Gibbs

ある。

Gの全微分は

$$\begin{aligned} \mathrm{d}G &= \mathrm{d}H - T\mathrm{d}S - S\mathrm{d}T \\ &= \mathrm{d}U + P\mathrm{d}V + V\mathrm{d}P - T\mathrm{d}S - S\mathrm{d}T = \cancel{T\mathrm{d}S} - \cancel{P\mathrm{d}V} + \cancel{P\mathrm{d}V} + V\mathrm{d}P - \cancel{T\mathrm{d}S} - S\mathrm{d}T \\ &= V\mathrm{d}P - S\mathrm{d}T \end{aligned} \tag{3.7}$$

である。温度T一定であれば$\mathrm{d}G = V\mathrm{d}P$であり，圧力$P$一定であれば$\mathrm{d}G = -S\mathrm{d}T$であるので

$$\left(\frac{\partial G}{\partial P}\right)_T = V \tag{3.8a}$$

$$\left(\frac{\partial G}{\partial T}\right)_P = -S \tag{3.8b}$$

が得られ，V, $-S$がそれぞれ圧力変化，温度変化に対するGの変化の比例係数であることがわかる。

温度・圧力一定で体積膨張以外の仕事がない場合，熱の出入りはエンタルピー変化だけになるので，$\mathrm{d}G = \mathrm{d}H - T\mathrm{d}S$より

$$\mathrm{d}G = \mathrm{d}q - T\mathrm{d}S \tag{3.9}$$

で，式(3.3)と同様に系の自発的な変化に対して

$$\mathrm{d}G \leq 0 \tag{3.10}$$

であることがわかる。

生体内で起こる諸プロセスはほぼすべてT, P一定の下で行われるので，その変化の様子を議論するにはGを用いることが多い。AとGはそれぞれ**ヘルムホルツ自由エネルギー**，**ギブズ自由エネルギー**とよばれるが，IUPAC（International Union of Pure and Applied Chemistry：国際純正・応用化学連合）はいずれも「自由」を取ってヘルムホルツエネルギー，ギブズエネルギーとよぶことを推奨している。またGを自由エンタルピーとよぶ向きもある。

1.2 ◆ 化学ポテンシャル

今までに登場した熱力学の状態関数を**表3.1**に示すが，これらは大きく2つに分けることができる。TやPは物質の量によらないため，一般に示強性（intensive）状態関数とよばれるが，その他は物質の量によるので示量性（extensive）状態関数とよばれる。自由エネルギーG, Aなども，系に存在する物質のモル数によって変化するので示量性状態関数である。（生）化学反応などを対象とする場合，反応によって対象成分の量（モル数）も変化するので，これらの示量性状態関数と物質量との関係を明らかにしておくことが必要である。

成分iのモル数をn_iとするとGのT, P, n_iについての全微分は

表3.1 | これまでに登場した熱力学状態関数

記号	名　称	定　義	単位・次元
U	内部エネルギー	系の総エネルギーから，系全体がもつ運動エネルギー・位置エネルギーを引いた残りのエネルギー	J（ジュール）＝N·m
T	（絶対）温度	シャルルの法則を基礎とし，原子・分子が熱運動を止める温度を0として定められた温度	K（ケルビン）
V	体積（容積）	物体が3次元空間で占める領域	[m^3]
P	圧　力	物体の表面や内部の任意の面に向かって垂直に押す力	Pa（パスカル）＝N·m^{-2}
H	エンタルピー	$H=U+PV$	J＝N·m
S	エントロピー	$dS=dq_{rev}/T$	J·K^{-1}＝N·m·K^{-1}
A	ヘルムホルツ自由エネルギー	等温過程で仕事として取り出せるエネルギー	J＝N·m
G	ギブズ自由エネルギー	等圧過程で仕事として取り出せるエネルギー	J＝N·m

$$dG=\left(\frac{\partial G}{\partial T}\right)_{P,n_i}dT+\left(\frac{\partial G}{\partial P}\right)_{T,n_i}dP+\sum_i\left(\frac{\partial G}{\partial n_i}\right)_{T,P,n_j\neq n_i}dn_i \quad (3.11)$$

と書ける。右辺前2項の偏微分はそれぞれ$-S$とVである。第3項の偏微分$(\partial G/\partial n_i)_{T,P,n_j\neq n_i}$は「成分$i$のモル数だけを微少量変化させたときの$G$の変化量」をモルあたりで表したものである。これを**化学ポテンシャル**（chemical potential）とよび，一般的にμ_iという記号を使って表現する。なお化学ポテンシャルは物質量あたりで考えているので示強性状態関数である。

$$\mu_i=\left(\frac{\partial G}{\partial n_i}\right)_{T,P,n_j\neq n_i} \quad (3.12)$$

$(\partial G/\partial T)_{P,n_i}$は$-S$，$(\partial G/\partial P)_{T,n_i}$は$V$なので，式(3.11)は$dG=VdP-SdT+\sum_i\mu_i dn_i$となる。温度$T$・圧力$P$一定の下では

$$dG=\sum_i\mu_i dn_i \quad (3.13)$$

である。この式を積分すると，系のギブズ自由エネルギーGは$G=\sum_i n_i\mu_i$と表すことができるが，再びこれを全微分すると

$$dG=\sum_i\mu_i dn_i+\sum_i n_i d\mu_i \quad (3.14)$$

となり，式(3.13)と式(3.14)を比較すると$\sum_i n_i d\mu_i=0$が得られる。AとBの2成分系についてこの式の意味を具体的に考えてみると，

$$n_A d\mu_A+n_B d\mu_B=0 \quad (3.15)$$

であり，変形すると

$$d\mu_A=-\left(\frac{n_B}{n_A}\right)d\mu_B \quad (3.16)$$

となる。

一般に示量性状態関数Xのモル数偏微分$(\partial X/\partial n_i)_{n_j\neq n_i}$は**部分モル量**（partial molar quantity）とよび，G以外の示量性状態変数についても定義できる。例えば，後に出てくる$(\partial V/\partial n_i)_{n_j\neq n_i}$は**部分モル体積**（partial molar volume）であり，$(\partial S/\partial n_i)_{n_j \neq n_i}$は**部分モルエントロピー**(partial molar entropy)である。これらは簡略化して$\bar{V}_i$, $\bar{S}_i$などと表記されることが多い*4。

式(3.16)は，他の部分モル量$\bar{X}_i$についても適用でき，2成分系で片方の部分モル量$\bar{X}_B$を知ることができれば，他方の部分モル量$\bar{X}_A$を

$$d\bar{X}_A = -\left(\frac{n_B}{n_A}\right)d\bar{X}_B \tag{3.17}$$

から計算することができる。この関係を**ギブズ−デュエムの式**とよぶ*5。例えば，**図3.1**に示すように濃度と化学ポテンシャル($\mu = \bar{G}$)の関係がすでに知られている物質Aの水溶液と，未知の物質Bの水溶液(A, Bはいずれも不揮発性)を，水蒸気を介して一定温度で平衡状態に到達させ，平衡状態での両物質の濃度を調べることを種々の濃度で繰り返せば，式(3.17)から物質Bの化学ポテンシャルを知ることができる。なお，この方法は等圧法(isopiestic method)といわれる。

*4　同様に，化学ポテンシャルは部分モルギブズ自由エネルギーの別名であり，$\bar{G}_i$とも書く。

*5　Pierre M. M. Duhem：1861〜1916（フランス）

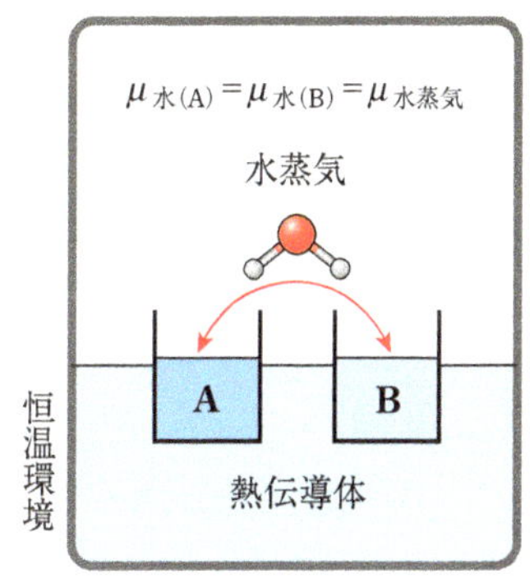

図3.1｜等圧法の概略

1.3 ◆ 物質のもつ自由エネルギー：標準生成自由エネルギー ΔG_f°

標準生成エンタルピーΔH_f°を定めたときと同じように，標準生成ギブズ自由エネルギーΔG_f°を定めることができる。エンタルピーについては先の議論と同じ標準状態をとり，エントロピーについては絶対零度で$S_0 = 0$という基準値をおいた第三法則エントロピーを使う。ΔG_f°は$G = H - TS$に従って計算すれば求めることができる。

多くの化合物についてΔG_f°が求められているが，ここではごく一部について紹介する(**表3.2**)。いったんΔG_f°が得られれば，エンタルピーのときと同じように，ある反応についてのギブズ自由エネルギー変化ΔG_r°を知りたい場合には反応物側と生成物側を「バラバラ」にして，再度組み立てれば計算により求められる。なお，ΔH_f°の場合と同じく，元素(単体)のGは0とする。

表3.2｜いくつかの化合物の標準生成ギブズ自由エネルギー($\Delta G_{f(298)}^\circ$)

化合物	状態	$\Delta G_{f(298)}^\circ$ (kJ·mol^{-1})	化合物	状態	$\Delta G_{f(298)}^\circ$ (kJ·mol^{-1})
H_2O	g	−228.6	CH_4	g	−50.7
H_2O	l	−237.2	CH_3OH	l	−166.4
HCl	g	−95.3	ヘキサン	l	−4.2
H_2S	g	−33.6	シクロヘキサン	l	26.6
H_2SO_4	l	−690.1	ベンゼン	l	124.5
CO	g	−137.2	グリシン	s	−370.8
CO_2	g	−394.4	L-フェニルアラニン	s	−211.5
NH_3	g	−16.5	グルコース	s	−909.4
NO	g	86.6	アデニン	s	299.5
NO_2	g	51.3	尿　素	s	−197.7

$$\Delta G_r^\circ = \sum(係数) \times \Delta G_f^\circ(\text{product}) - \sum(係数) \times \Delta G_f^\circ(\text{reactant}) \qquad (3.18)$$

例としてメタノールCH_3OHを酸化して二酸化炭素CO_2と水H_2Oが生成する反応を考えてみる。酸素O_2以外の成分についてもΔG_f°がすでにわかっているとすれば，

$$CH_3OH(\text{liquid}) + \frac{3}{2}O_2(\text{gas}) \longrightarrow CO_2(\text{gas}) + 2H_2O(\text{liquid})$$

CO_2(gas) ：$\Delta G_f^\circ = -394.4\ \text{kJ}\cdot\text{mol}^{-1}$
H_2O(liquid) ：$\Delta G_f^\circ = -237.2\ \text{kJ}\cdot\text{mol}^{-1}$
CH_3OH(liquid) ：$\Delta G_f^\circ = -166.4\ \text{kJ}\cdot\text{mol}^{-1}$
O_2(gas) ：$\Delta G_f^\circ = 0\ \text{kJ}\cdot\text{mol}^{-1}$

から

$$\begin{aligned}\Delta G_r^\circ &= \Delta G_f^\circ(CO_2) + 2\Delta G_f^\circ(H_2O) - \left(\Delta G_f^\circ(CH_3OH) + \frac{3}{2}\Delta G_f^\circ(O_2)\right)\\ &= -394.4 + 2\times(-237.2) - \left(-166.4 + \frac{3}{2}\times 0\right)\\ &= \underline{-702.4\ \text{kJ}\cdot\text{mol}^{-1}}\end{aligned}$$

と求まる。この値はメタノールを使った燃料電池の基礎数値となる。

2 熱力学関数のさまざまな局面での現れ方

2.1 ◆ 相変化・相平衡

融点や沸点では，2つの相(態)が平衡になっている。成分数iからなる系がp種類の相をもつとき，その系で変化させることのできる変数の数(自由度)は$i-p+2$で与えられる。これを**相律**(phase rule)という。例えば水を考えると，2つの相(氷/水，水/水蒸気あるいは氷/水蒸気)が共存できる状態の変数は1つであり，圧力が決まれば温度は決まり，温度Tと圧力Pの関係は**図3.2**のような曲線(平衡曲線)を描く。このときの第1相(例えば氷)と第2相(例えば水)の化学ポテンシャルの間には$\mu_{(1)} = \mu_{(2)}$の関係が成り立つ。圧力と温度の微小変化にともなうμの微小変化を考え，式(3.7)の関係($\mathrm{d}G = V\mathrm{d}P - S\mathrm{d}T$)を考慮すると，

$$\bar{V}_{(1)}\mathrm{d}P - \bar{S}_{(1)}\mathrm{d}T = \bar{V}_{(2)}\mathrm{d}P - \bar{S}_{(2)}\mathrm{d}T \qquad (3.19)$$

が導出できる。この式を整理すると

$$\frac{\mathrm{d}P}{\mathrm{d}T} = \frac{\bar{S}_{(2)} - \bar{S}_{(1)}}{\bar{V}_{(2)} - \bar{V}_{(1)}} = \frac{\Delta\bar{S}}{\Delta\bar{V}} \qquad (3.20)$$

となる。$\Delta\bar{S}$，$\Delta\bar{V}$は相変化にともなう$\bar{S}$および$\bar{V}$の変化量である。$\Delta\bar{G} =$

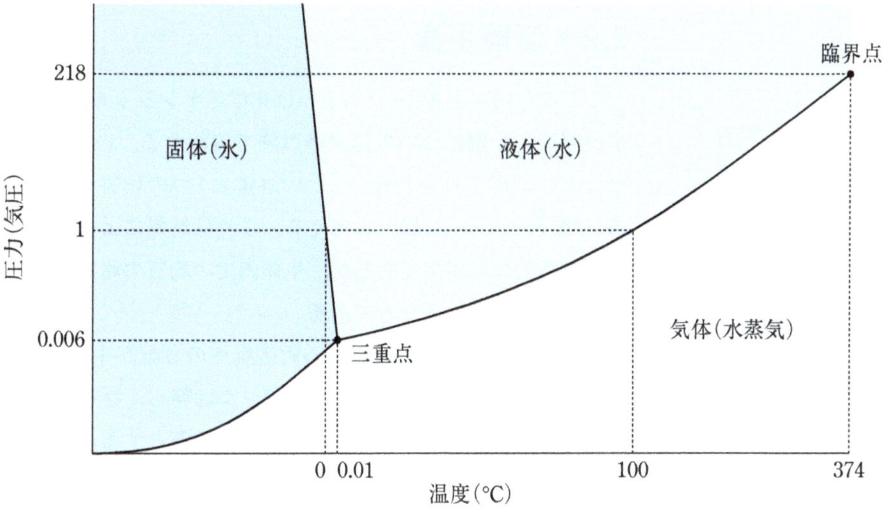

| 図3.2 | 水の相図

三重点から臨界点までを蒸気圧曲線という。

$\Delta\bar{H}-T\Delta\bar{S}$であり，平衡状態では$\Delta\bar{G}=\Delta\mu=0$なので$\Delta\bar{H}=T\Delta\bar{S}$，$\Delta\bar{H}/T=\Delta\bar{S}$となり，

$$\frac{\mathrm{d}P}{\mathrm{d}T}=\frac{\Delta\bar{H}}{T\Delta\bar{V}} \tag{3.21}$$

が得られる。つまり，平衡曲線の勾配は各点での相変化にともなうエンタルピーと体積の変化(と温度)によって決まる。この関係は**クラウジウス–クラペイロンの式**[*6]とよばれる。

*6 Rudolf J. E. Clausius : 1822〜1888(ドイツ)，Benoît P. É. Clapeyron : 1799〜1864(フランス)

水⇌水蒸気のように液相/気相間の変化であれば，気体のモル体積に比べて液体のモル体積は非常に小さいので，気体を理想気体と仮定すると，式(3.21)は

$$\frac{\mathrm{d}P}{\mathrm{d}T}=\frac{P\Delta H}{RT^2} \tag{3.22}$$

または

$$\frac{\mathrm{d}P}{P}=\frac{\Delta H}{RT^2}\mathrm{d}T \tag{3.23}$$

となり，さらに気化のエンタルピー変化ΔHが温度Tによらないと考えられる範囲では，この式を積分して

$$\ln P=-\frac{\Delta H}{RT}+\text{定数} \tag{3.24}$$

のように簡略化できる。つまり，ある1点の蒸気圧と気化のエンタルピー変化を知れば蒸気圧曲線を描くことが可能である。

2.2 ◆ 溶解平衡

ここで自由エネルギー(あるいは化学ポテンシャル)の考え方の例を示す。溶液での例については次講以降で説明する。いま，**図3.3**に示すような互いに混じり合わない2つの溶媒に1つの物質(溶質A)が溶けている(分配されている)場合を考える。これは溶媒による目的物質の抽出などが典型的な応用例であるが，生体内での物質の移行を考えるときにも基礎となる重要な考え方である。

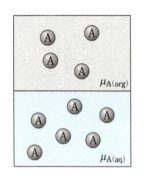

図3.3 | **溶媒間での溶質の分配**

溶液の調製後十分時間が経ち両溶媒への分配が平衡状態に達すると，両溶液(相)中でのAの化学ポテンシャルは等しくなる。仮に水(aq)と(水とは混じり合わない)有機溶媒(org)を考えるとすると，

$$\mu_{A(aq)} = \mu_{A(org)} \tag{3.25}$$

となっている。両溶液中でのAの濃度をそれぞれ$c_{A(aq)}$, $c_{A(org)}$，両溶液中での標準状態における化学ポテンシャルを$\mu^{\circ}_{A(aq)}$, $\mu^{\circ}_{A(org)}$とし，μ_Aをc_Aを使って表すと

$$\mu^{\circ}_{A(aq)} + RT\ln c_{A(aq)} = \mu^{\circ}_{A(org)} + RT\ln c_{A(org)} \tag{3.26}$$

となるので，

$$\frac{c_{A(aq)}}{c_{A(org)}} = \exp\left(-\frac{\mu^{\circ}_{A(aq)} - \mu^{\circ}_{A(org)}}{RT}\right) \tag{3.27}$$

が得られる。μ°_Aは溶媒が決まればある温度と圧力の下では一定なので，水相と有機相に溶けている物質Aの濃度比は，溶液の体積にかかわらず一定になる。この濃度比は**分配係数**(partition coefficient)とよばれ，K_Pもしくは単にPと書く＊7。

＊7 K_Pはほかにもよく使われるので，Pあるいはその常用対数$\log P$(ログピー)がよく使われる。

多くの有機化合物について，特に*n*-オクタノールと水との間の分配係数P_{ow}が，その化合物の親油/親水性を表す指標として使われている(**表3.3**)。P_{ow}は水への分配を分母とするので，$\log P_{ow}$は負の値が親水的であることを表している。

この$\log P_{ow}$は薬物などの生物学的活性と分子構造との関係(構造活性相関)を親油性/親水性から議論するときによく現れる。**図3.4**には例と

表3.3 | **いくつかの化合物の*n*-オクタノール/水間分配係数**

化合物	$\log P_{ow}$	化合物	$\log P_{ow}$
ジメチルスルホキシド	−1.35	アニリン	0.90
ジメチルホルムアミド	−1.01	フェノール	1.50
CH_3OH	−0.74	ベンゼン	2.13
CH_3CN	−0.34	グリシン	−3.21
アセトン	−0.24	グルコース	−3.10
酢　酸	−0.17	アデニン	−0.09

水への分配量を分母とするので負の値が親水的。

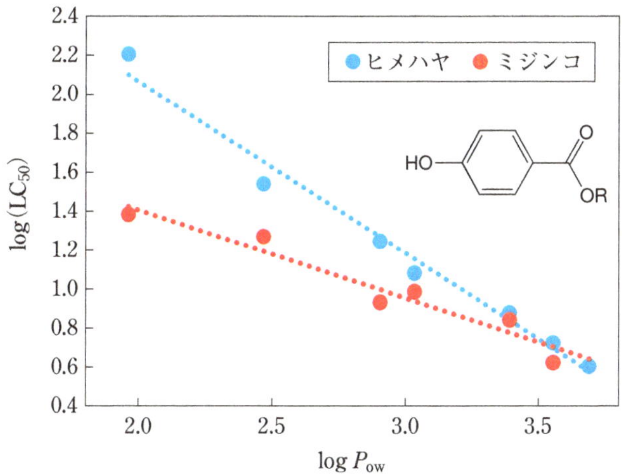

｜図3.4｜**パラベンの毒性試験における半数致死濃度LC_{50}と$\log P_{ow}$との相関関係**
それぞれのプロットは左から$R=CH_3$, CH_2CH_3, $CH(CH_3)_2$, $CH_2CH_2CH_3$, $CH_2CH(CH_3)_2$, $CH_2CH_2CH_2CH_3$, $CH_2C_6H_5$の順。
[L. L. Dobbins *et al.*, *Environ. Toxicol. Chem.*, **28**, 2744(2009)より作図]

して食品・医薬品や化粧品の防腐剤として使われているパラベン(paraben：*p*-オキシ安息香酸エステル)の，魚類(ヒメハヤ)・ミジンコに対する急性毒性試験における半数致死濃度(LC_{50}：48時間後)と$\log P_{ow}$との相関関係を示す。どちらも非常に高い相関性を示している。この場合，対数相関なので$\log P_{ow}$とLC_{50}(M)の関係は

$$-\log(LC_{50}) = a \log P_{ow} + b \qquad (3.28)$$

という式になり，それぞれ$a=0.88, 0.46$, $b=3.83, 2.33$と近似される。

2.3 ◆ 疎水性相互作用

疎水性相互作用(hydrophobic interaction)*8は水などの極性溶媒中での非極性物質(疎水性物質)が極性溶媒との接触を減らす(極性溶媒から排除される)ために集合することであり，イオン間の相互作用のようにエンタルピー変化によって起こるものではない。水とはよく混ざらない分子を2層に分かれない程度水中に溶かすと，**図3.5**(a)のように分子(疎

*8　水分子を「疎んじる」という意味合いからこの名となっているが，「-phobe」というのは「恐れる」ことであり，hydrophobeは恐水病(狂犬病)の意味ももっている。

(a)

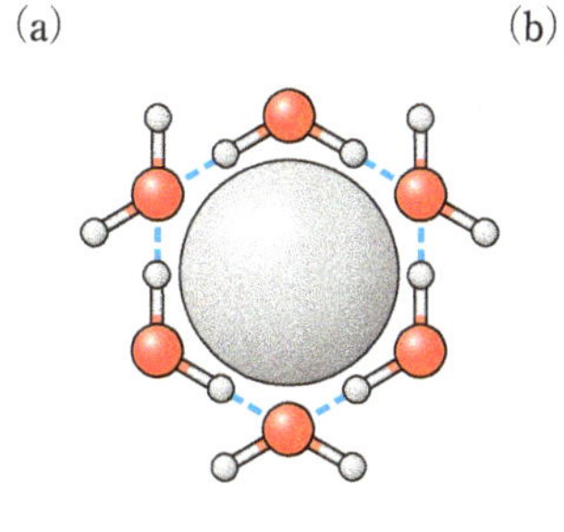

(b)

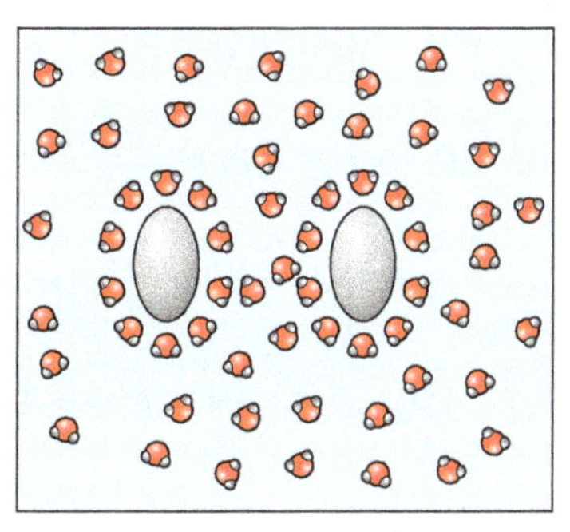

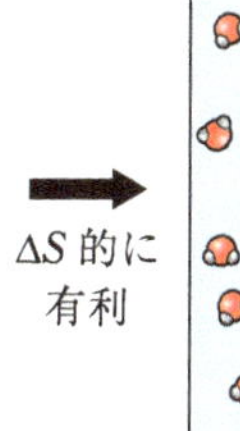

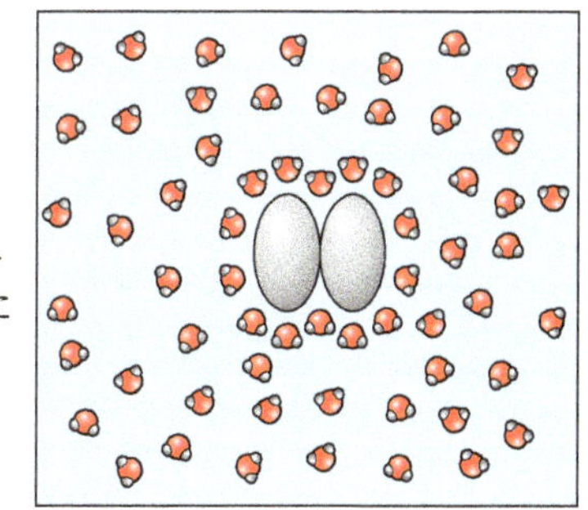

｜図3.5｜**包接体と疎水性相互作用のイメージ**

水性分子)は水分子の水素結合によって形成される大きなカゴ(cage:これを包接体(clathrate)という)の中に取り込まれたようになる。各分子が1つ1つ独立に存在しているとその分子数だけカゴが作られる。これを疎水水和とよぶ場合もあるが，イオンの水和のように水と分子とが強い相互作用をしているわけではない。もし疎水性分子をいくつかまとめて「包接」すれば，水素結合のカゴからかなりの水分子が解放される。このときのエネルギー変化(減少)は水素結合の破壊などによる吸熱で補填する必要があるので，エンタルピー変化ΔHは正になるが，それよりも水分子の自由度が高くなったことによる正のエントロピー変化ΔS(正確には温度×エントロピー変化$T\Delta S$)の方が大きく，自由エネルギー変化は負となり，相互作用が(自発的に)生じる(**図3.5**(b))*9。

*9 図3.5でいえば疎水性分子を囲んでいる水分子は10×2=20から14分子に減っている。

疎水性相互作用の強弱は分子の形や性質によるが，脂肪族系分子の方が芳香族系分子よりも強い。また，温度上昇とともに強さが増すことが知られており，イオン間相互作用が分子運動の増加のために温度の上昇によって弱くなるのとは異なる。

疎水性相互作用は生体内の多くの過程で現れる。例えば第6講で紹介するミセルや第14講で紹介する脂質二重膜は脂肪鎖間の疎水性相互作用による会合(凝集)体であり，またタンパク質の構造形成においては，疎水性の高い側鎖をもつアミノ酸残基が分子内部に集まる(疎水コア)ことが大きな駆動力となっている(**図3.6**)。

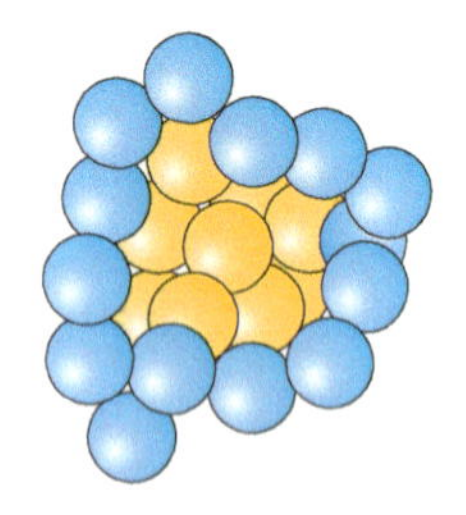

図3.6 タンパク質の疎水コアのイメージ
○疎水性アミノ酸，○親水性アミノ酸

2.4 ◆ 化学平衡

ある化学反応について標準ギブズ自由エネルギーの変化量が求まると，その反応がどちらの方向に変化するかを知ることができる。自発的変化に対して$\Delta G<0$である原則は，化学反応にもあてはまる。

ある理想気体の反応$\alpha\mathrm{A}+\beta\mathrm{B} \rightleftharpoons \gamma\mathrm{C}+\delta\mathrm{D}$を考える。$\mathrm{d}G=V\mathrm{d}P=nRT\,\mathrm{d}(\ln P)$より，標準状態の圧力を$P^\circ$とすると$G-G^\circ=nRT\ln(P/P^\circ)$と書けるので，各物質の分圧を$P_i$，各物質の標準ギブズ自由エネルギーを$G_i^\circ$とすると

$$G_i-G_i^\circ=n_iRT\ln\left(\frac{P_i}{P^\circ}\right) \tag{3.29}$$

となる。よって，上の反応の自由エネルギー変化ΔG_rは

$$\begin{aligned}\Delta G_\mathrm{r}=&\gamma\left\{G_\mathrm{C}^\circ+RT\ln\left(\frac{P_\mathrm{C}}{P^\circ}\right)\right\}+\delta\left\{G_\mathrm{D}^\circ+RT\ln\left(\frac{P_\mathrm{D}}{P^\circ}\right)\right\}\\&-\alpha\left\{G_\mathrm{A}^\circ+RT\ln\left(\frac{P_\mathrm{A}}{P^\circ}\right)\right\}-\beta\left\{G_\mathrm{B}^\circ+RT\ln\left(\frac{P_\mathrm{B}}{P^\circ}\right)\right\}\end{aligned} \tag{3.30}$$

と表される。$\gamma G_\mathrm{C}^\circ+\delta G_\mathrm{D}^\circ-\alpha G_\mathrm{A}^\circ-\beta G_\mathrm{B}^\circ$は$\Delta G^\circ$と置き換えられるので，

$$\Delta G_\mathrm{r}=\Delta G^\circ+RT\ln\left[\frac{(P_\mathrm{C}/P^\circ)^\gamma(P_\mathrm{D}/P^\circ)^\delta}{(P_\mathrm{A}/P^\circ)^\alpha(P_\mathrm{B}/P^\circ)^\beta}\right] \tag{3.31}$$

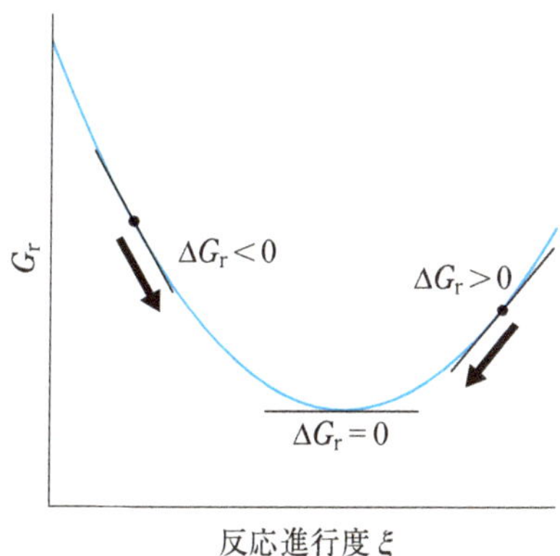

図3.7 | 反応進行度ξと反応の自由エネルギー G_r の関係

が得られる。$\Delta G_r=0$になればこの反応はそれ以上進行しない(つまり平衡状態に達した)ことを意味する。その時点では

$$\Delta G^\circ=-RT\ln\left[\frac{(P_C/P^\circ)^\gamma(P_D/P^\circ)^\delta}{(P_A/P^\circ)^\alpha(P_B/P^\circ)^\beta}\right] \tag{3.32}$$

が成立する。ΔG°は各物質の標準生成自由エネルギーと反応係数だけを含んでいるので，1つの反応についてはTの関数として決定でき，一定の条件では「定数」となる。このことは式(3.32)右辺のlnの中も「一定」になることを意味している。これを**平衡定数**(equilibrium constant)といい[*10]，通常K_Pと書く($\Delta\nu=\gamma+\delta-\alpha-\beta$)。

*10 正確には「分圧で表示した平衡定数」である。

$$K_P=\frac{(P_C/P^\circ)^\gamma(P_D/P^\circ)^\delta}{(P_A/P^\circ)^\alpha(P_B/P^\circ)^\beta}=\frac{{P_C}^\gamma {P_D}^\delta}{{P_A}^\alpha {P_B}^\beta}(P^\circ)^{\Delta\nu} \tag{3.33}$$

化学反応に平衡「定数」が存在することは経験的に知られていたが(第8講「Column 質量作用の法則」参照)，上の取り扱いはその熱力学的基盤を示したものである。

反応の進み具合(**反応進行度**：extent of reaction，ξで表す)と反応の自由エネルギーG_rとの関係を示すと**図3.7**のようになる。反応が進みすぎてΔG_rが正になると反応が「戻る」ことで，$\Delta G_r=0$になる地点で平衡状態に達する。

生体反応はほとんど液相反応なので，分圧で表示した平衡定数は不便である。詳しくは次講で溶液の話をしてから述べるが，液相でも濃度で表示した平衡定数を考えることができる。理想気体では$P_i=(n_i/V)RT$と書けるので，n_i/V(体積あたりのモル数)を濃度c_iで表すと$P_i=c_iRT$であり，

$$K_P=\frac{(P_C/P^\circ)^\gamma(P_D/P^\circ)^\delta}{(P_A/P^\circ)^\alpha(P_B/P^\circ)^\beta}=\frac{{c_C}^\gamma {c_D}^\delta}{{c_A}^\alpha {c_B}^\beta}\left(\frac{RT}{P^\circ}\right)^{\Delta\nu}=K_c\left(\frac{RT}{P^\circ}\right)^{\Delta\nu} \tag{3.34}$$

となり，K_P/K_cはRT/P°の反応係数の差$\Delta\nu$乗だけの違いとなる。さらに，

モル分率X_iで議論したい場合には，分圧の法則$P_i = X_i P_{\mathrm{total}}$（$P_{\mathrm{total}}$は全圧）より

$$K_X = K_P \left(\frac{P_{\mathrm{total}}}{P^\circ} \right)^{-\Delta \nu} \qquad (3.35)$$

となり，反応の前後で分子数に変化がなければ($\Delta \nu = 0$)，$K_P = K_c = K_X$である。

2.5 ◆ 平衡定数の温度依存性

式(3.32)，(3.33)から$\ln K_P = -\Delta G^\circ / RT$なので，$K_P$の温度依存性は$G$の温度$T$による微分から導かれる。$G/T$の$T$による偏微分は，式(3.8b)が$G = H - TS$から$(\partial G / \partial T)_P = (G - H)/T$となることを利用して

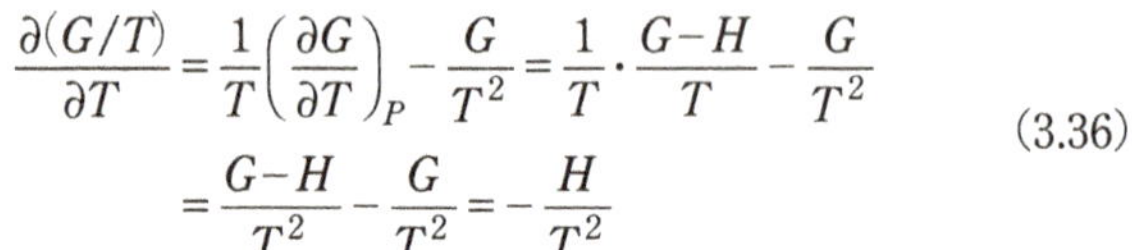

$$\frac{\partial (G/T)}{\partial T} = \frac{1}{T} \left(\frac{\partial G}{\partial T} \right)_P - \frac{G}{T^2} = \frac{1}{T} \cdot \frac{G - H}{T} - \frac{G}{T^2} = \frac{G - H}{T^2} - \frac{G}{T^2} = -\frac{H}{T^2} \qquad (3.36)$$

となる。よって，$\ln K_P$をTあるいは$1/T$で微分したものは

$$\left(\frac{\partial (\ln K_P)}{\partial T} \right)_P = \frac{\Delta H^\circ}{RT^2} \qquad (3.37a)$$

あるいは

$$\left(\frac{\partial (\ln K_P)}{\partial (1/T)} \right)_P = -\frac{\Delta H^\circ}{R} \qquad (3.37b)$$

となる。この式は**ファント・ホッフの式**とよばれ*11，ΔH°の正負によってK_Pの温度依存性が定まることを示している。ΔHは熱の出入りと逆符号になるので，$\Delta H^\circ > 0$の反応は吸熱(endothermic)反応であり，その場合K_Pは温度上昇とともに大きくなる。このことはいわゆるル・シャトリエ*12の法則にあてはめれば，熱が吸収されると温度の上昇が緩和される方向に平衡がシフトすると理解できる。

式(3.37b)をΔH°とΔS°が一定であるとして積分すれば

$$\ln K_P = -\frac{\Delta H^\circ}{RT} + \frac{\Delta S^\circ}{R} \qquad (3.37c)$$

となるので，Tの逆数$1/T$に対して$\ln K_P$をプロットすると，その傾きからΔH°が求められる。これをファント・ホッフ・プロットという(**図3.8**(a))。

*11　Jacobus H. van't Hoff, Jr.：1852～1911（オランダ）。1901年第1回ノーベル化学賞受賞。

van't Hoff

*12　Henry L. Le Châtelier：1850～1936（フランス）

Le Châtelier

Column

果物は冷やした方が甘い

第1講で単糖の直鎖状構造と環状構造のことを紹介した。そこでは単純に固体結晶の構造から記述したが，水溶液中のヘキソースは合計で5つの構造をとる。グルコース(ブドウ糖)ではβ-ピラノースが一番安定なので(平衡時には)63％存在し，α-ピラノースは37％，直鎖状，α-，β-フラノースはあわせて1％未満の割合となっている。β-ピラノースが安定なのはシクロヘキサンのいす型構造においては，側鎖の立体障害が小さいからだと説明できる。

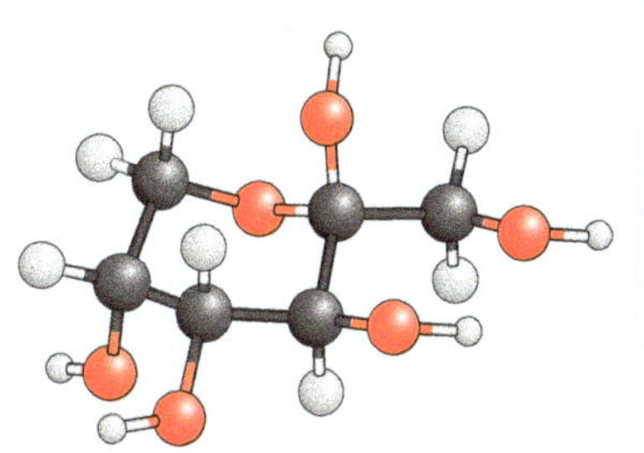

β-D-フルクトピラノース

ケトースであるフルクトース(果糖)では，β-ピラノースが70％，β-フラノースが23％，α-フラノースが5％存在し，α-ピラノースと直鎖状はそれぞれ1％程度である。この場合もβ型の方が安定である。

「甘さ」というのは官能によるものであり，一般に砂糖を基準として官能テストの相対値で測られる。上に述べた中でもっとも甘味度が高いのはβ-D-フルクトピラノースであり，砂糖の1.8倍程度といわれる。その存在割合は，体温程度の環境で70％であるが，60℃に温度が上がると57％，20℃になると77％と温度に依存し，温度が下がるほど高くなる。これはβ-ピラノース生成反応のエンタルピー変化が負(発熱反応)であることを示している($\Delta H \approx -12\ \mathrm{kJ \cdot mol^{-1}}$)。舌による味覚の感知は低温の方が鈍いらしいが，フルクトースでは低温の方が甘味度の高いアノマーが増えるので，果物は冷やした方が甘くなるというわけである。

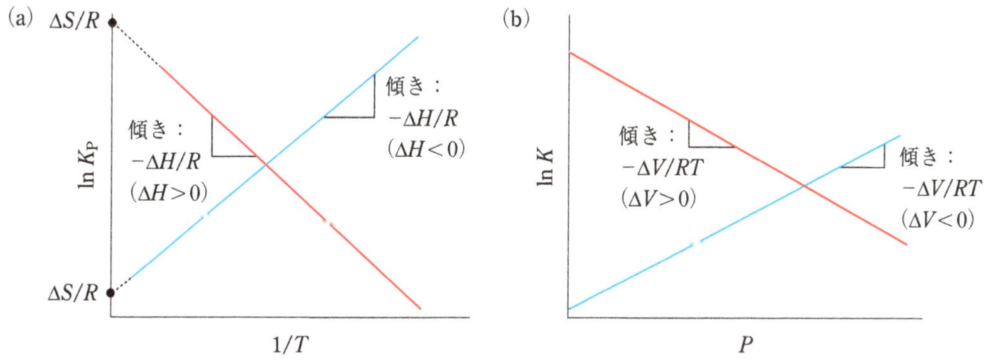

図3.8 ファント・ホッフ・プロット(a)および圧力依存性の解析(b)の例

2.6 ◆ 平衡定数の圧力依存性

＊13　$P°$は標準状態の圧力なので，その単位が変わってもP_iの単位も変わるため，相殺される。

理想気体の反応のK_P, K_cには圧力の項が含まれないので＊13，これらは圧力に依存しないが，K_Xは$\Delta\nu \neq 0$のときには全圧P_{total}を含むので，理想気体でも圧力に依存することになる。

液相反応では別の因子が入り，圧力依存性はより複雑になる。式(3.7)，(3.8a)より，生成物と反応物の間の体積変化をΔV_r°とすれば

$$\left(\frac{\partial(\ln K)}{\partial P}\right)_T = -\frac{\Delta V_r^\circ}{RT} \tag{3.38}$$

となり，平衡定数の圧力による変化を知ることができる。例えばイオンを含む場合，水溶液中で多くのイオンは水和されており，その多寡が反応によって変わると圧力変化に感応するようになる。

正イオンと負イオンが相互作用して正味のイオン電荷が減少する場合には，イオンの周辺にあった水和水が解放されて体積の増加が起きる。したがって，圧力を高くするとイオンの中和が抑えられ，反応は進みにくくなり，(会合)平衡定数は小さくなる。また，電荷に変化がなくても，反応物と生成物の(溶媒和を含めた)大きさ(体積)が変化するとΔV_r°は0でなくなり，平衡定数は変化する。いずれの場合も平衡定数Kの対数を圧力に対してプロットすることによって，傾きからΔV_r°を求めることができる(**図3.8**(b))。

2.7 ◆ 生体高分子の変性

ある生体高分子が機能を発揮できる構造(機能構造：functional structure)を失ってしまうことを**変性**(denaturation)という。元の天然状態(native state：N状態)と天然構造を喪失した状態(denatured state：D状態)の2つ以外に状態がないとすると，この2つの状態間の平衡は

$$\mathrm{N} \underset{}{\overset{K}{\rightleftharpoons}} \mathrm{D} \tag{3.39}$$

と書ける。この反応の自由エネルギー変化は$\Delta G = G_D - G_N = -RT \ln K$であり，$\Delta H$はファント・ホッフの式(式(3.37b))から

$$\Delta H = H_D - H_N = R\left(\frac{\partial(\ln K)}{\partial(1/T)}\right) \tag{3.40}$$

となる。ここで，ΔHの温度変化としてΔC_Pを導入すると，ΔC_Pは$(\partial\Delta H(T)/\partial T)_P$なので，変性する温度を$T_m$として，$\Delta H$は

$$\Delta H(T) = \Delta H(T_m) + \int_{T_m}^{T} \Delta C_P(T)\mathrm{d}T \tag{3.41}$$

と表される。簡単のためΔC_Pは温度に依存しないと仮定すると，$\Delta H(T) = \Delta H(T_m) + (T - T_m)\Delta C_P$とできるので(詳細省略)，

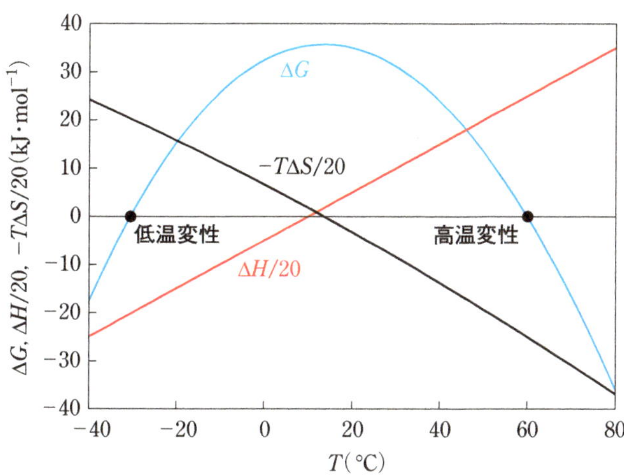

| 図3.9 | **仮想的なタンパク質の熱変性における ΔH, ΔS, ΔG の温度変化**

ΔGが正であれば，変性は起こりにくい。

$$\Delta S(T) = \Delta S(T_{\mathrm{m}}) + \int_{T_{\mathrm{m}}}^{T} \left(\frac{\partial \Delta S(T)}{\partial T} \right) \mathrm{d}T = \frac{\Delta H(T_{\mathrm{m}})}{T_{\mathrm{m}}} + \Delta C_P \ln\left(\frac{T}{T_{\mathrm{m}}} \right) \quad (3.42)$$

が得られる。以上から$\Delta G(T)$は

$$\Delta G(T) = \Delta H(T) - T\Delta S(T) = \left(\frac{T_{\mathrm{m}} - T}{T_{\mathrm{m}}} \right) \Delta H(T_{\mathrm{m}}) + (T_{\mathrm{m}} - T)\Delta C_P - T\Delta C_P \ln\left(\frac{T}{T_{\mathrm{m}}} \right) \quad (3.43)$$

と表され，その二次微分は

$$\frac{\partial^2 \Delta G(T)}{\partial T^2} = \partial \left\{ \frac{\Delta H(T_{\mathrm{m}})}{T_{\mathrm{m}}} - \Delta C_P \ln\left(\frac{T}{T_{\mathrm{m}}} \right) \right\} \Big/ \partial T = -\frac{\Delta C_P}{T} \quad (3.44)$$

となる。つまり，ΔC_Pが正であれば$\partial^2(\Delta G(T))/\partial T^2$は負となり，$\Delta G(T)$の温度に対する曲線は上に凸となり，$\Delta G(T) = 0$と交差する温度が2つ現れる。高温側が普通の「熱変性温度＝融点」であり，低温側は「低温変性温度」と考えられる。

タンパク質の熱変性について，$T_{\mathrm{m}} = 60$℃，$\Delta H(T_{\mathrm{m}}) = 500\ \mathrm{kJ \cdot mol^{-1}}$，$\Delta C_P = 10\ \mathrm{kJ \cdot mol^{-1} \cdot K^{-1}}$という値を仮定して具体的に計算してみると**図3.9**のようなグラフが描ける。この場合，もっともタンパク質が安定なのは14℃付近であり，−30℃付近に低温変性温度があると示される。つまり，変性の自由エネルギー変化は機能構造を安定化させているエンタルピーをエントロピーの増加($T\Delta S$として)が超えたときに起こる。しかしグラフのΔHと$-T\Delta S$の値が1/20尺度になっていることからもわかるように，ΔGはエンタルピーとエントロピーの非常に微妙なバランスの上にある。

Column

フォールディング・ファネル

式(3.39)のD→Nの方向は，機能構造を失ったタンパク質が構造を取り戻すという過程であり，再生(renaturation)などとよばれる。変性したタンパク質がさらに凝集などを起こすので簡単ではないが，可逆的であると仮定すれば，変化の方向に沿って(符号を変えて)考えるという作業になる。この問題は細胞内で新たに作られたタンパク質がどのようにして機能をもつ構造を形成する(新生)かという大きな問題につながる。

細胞内には種々の巧妙なしくみがあるが，単純に計算すれば10の何十乗にもなる形態(コンフォメーション)から1つの定まった構造をもつ「機能分子」に辿り着く経路は，単にトライアル&エラーあるいはランダムウォークで片付くものではない。再生あるいは新生の過程は，たった1つの形態になるというエントロピーの減少をエンタルピーで補う原理によって進められており，この様子を位置座標で二次元，エネルギーで一次元を使って模式化したものが**下図**(a)である。これはフォールディング・ファネル(folding-funnel：折り畳み漏斗)やエネルギー・ファネルと名づけられているが，縦軸はエネルギーで横軸はコンフォメーションのうちの任意の2変数である(実際には膨大な変数があるが，2つで代表して描いている)。アンフォールド(unfold：広げられた，まだ折り畳まれていない)状態ではあらゆる可能性があり，それがエネルギー最小の天然状態になると1点(揺らぎを含む)に落ち込む。ファネル表面は**下図**(b)の断面図のようにいくつもの極小値や極大値がありもっと凸凹しているが，その中のいくつかを通って徐々に三次元的な構造が形成されていき天然状態に辿り着く。その途上で構造が一部形成された状態は，いまだ完全には固まっていない鋳物に例えて「モルテングロビュール(molten-globule)」とよばれる。

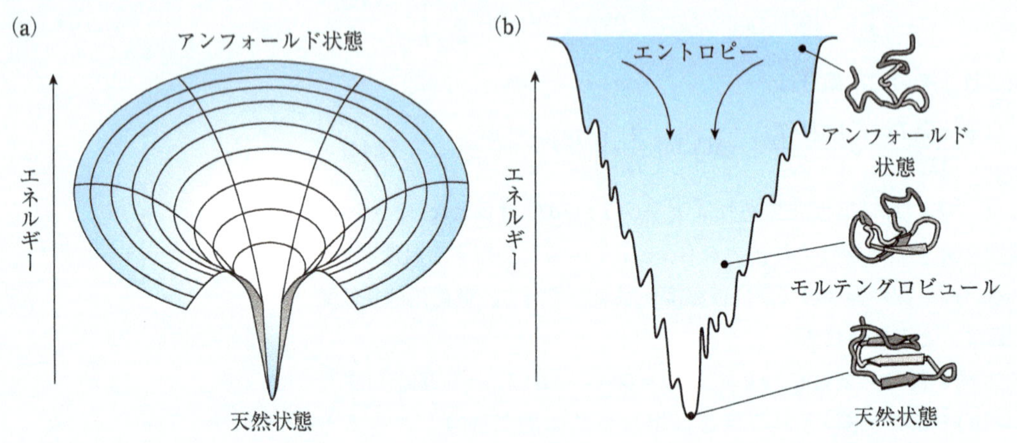

図 | タンパク質の高次構造形成におけるフォールディング・ファネル

❖ 演習問題

【1】表3.2の値を使って，一酸化窒素と一酸化炭素が反応して二酸化炭素と窒素が生成する反応$NO(gas) + CO(gas) \rightarrow CO_2(gas) + \frac{1}{2}N_2(gas)$の$\Delta G_r^\circ$を計算しなさい。

【2】ある温度T_1である液体の蒸気圧がP_1であることがわかっているとき，任意の温度T_2における蒸気圧P_2は式(3.24)から

$$P_2 = P_1 \exp\left[-\frac{\Delta H_v}{R}\left(\frac{1}{T_2} - \frac{1}{T_1}\right)\right]$$

と表されることを示し，水の1気圧における沸点が100℃であることから，5～95℃における蒸気圧を5℃刻みで計算し，大まかな蒸気圧曲線を描きなさい。ただしこの温度範囲で水のΔH_vは44.0 kJ・mol^{-1}で一定と仮定する。

また，富士山頂では大気圧が630 hPaに下がっているが，水は何℃で沸騰するかを計算しなさい。ただし，ΔH_vについては上記と同様で，気温の低下，大気中の蒸気圧などの影響は考えないことにする。

【3】分液漏斗という器具がある(右図)。ある溶媒1に溶けている物質を，よりよく溶ける溶媒2に取り出そうとするときに使われるものであり，この作業を抽出という。いま溶媒1を水，溶媒2を*n*-オクタノールとし，メチルパラベン($\log P_{ow} = 1.96$)を1 g含む水溶液からメチルパラベンを抽出しようとして水溶液と同体積の*n*-オクタノールを加え，漏斗をよく振って平衡状態にさせた。このとき，溶媒2に溶けているは何グラムになるか示しなさい。

また，一般には同様の操作を，溶媒2を取り換えつつ何度か繰り返して目的物質の抽出量を増やす。$\log P_{ow}$が0.5である物質について何回この作業を繰り返せば98%以上の目的物質が抽出できるかを計算しなさい。

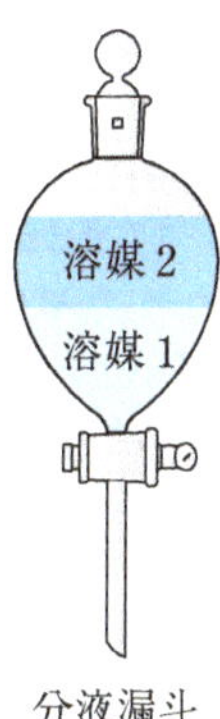

分液漏斗

【4】あるタンパク質と低分子化合物との結合平衡定数を異なる温度で測定したところ，次表のような結果が得られた。このデータからファント・ホッフ・プロットを作成し，この結合反応のエンタルピー変化ΔH_rを求めなさい。

温度(℃)	5.0	10.0	20.0	30.5	44.5	50.0
結合平衡定数 (M^{-1})	1630	1227	860	585	353	302

【5】あるタンパク質と低分子化合物との結合平衡定数Kを25℃で異なる圧力で測定したところ，次表のような結果が得られた。このデータから式(3.38)によって圧力P vs $\ln K$のグラフを作成し，この結合反応の体積変化を求めなさい。

圧力(MPa)	0.1	25	50	75	100
結合平衡定数 (M^{-1})	1050	1385	1790	2235	2860

第4講

溶液：生命の源

生命は地球上のまず海中で生まれたといわれる。生命体の物理化学的な取り扱いにおいても溶液(solution)は重要である。溶液は溶質(solute)が溶媒(solvent)に溶けたものであり，少なくとも2つの成分を含んでいる。2つの成分の存在比，つまり溶液の濃度の表し方には以下のようにいろいろある。

・モル分率(X_iで表す)：すでに前講で示したが，全体の中である成分が占めるモル数の比率。相を問わず定義できる。

・容量モル濃度(molarity, c_iで表す)：全体の体積あたりのモル数。溶液では，溶液の単位体積(1 dm^3)*1あたりに溶けているモル数で記述*2。

・重量モル濃度(molality, m_iで表す)：溶媒の重量(1 kg)あたりに含む溶質のモル数で定義。常にモル分率に変換することが可能。

*1　L(リットル)は日常的によく使われる体積の単位であり10^{-3} m^3であるが，現在の単位系(SI単位系)には含まれない(併用単位ではある)。Lと数字が同じになる書き方としては，1/10 mであるdm(デシメートル)を用いて，dm^3が使われる。この本ではdm^3とM(=mol/L=mol·L^{-1}=mol·dm^{-3}，モーラー：molar)を使い，Lは原則的に使用しない。

*2　容量モル濃度は，溶液の密度がわかっているか希薄であるという仮定をおかなければモル分率に結びつけることはできない。

また，溶質としては電荷をもっているもの(イオン)も数多くある。イオンは生体では特に重要であり，これらも含めてこの講では溶液の性質を理解するための基本的な事柄について述べる。

1 理想溶液と希薄溶液

1.1 ◆ 溶液の理想性：ラウールの法則

気体については理想気体の式に従う理想気体と，これに従わない実在気体に区別して考えるが，溶液の理想性を考えるときにも，溶液と平衡状態にある気相の気体を考えることから始まる。

理想気体では「粒子(分子)間に相互作用がなく，大きさもない」ことを想定しているが，液相そのものは分子間の凝集力によって液体となっているので，相互作用がなければ存在できない。もちろん凝集体である液相では分子に大きさがあることは必須である。

理想的な溶液(理想溶液：ideal solution)では「溶媒と溶質の相互作用に本質的な差がない」と考える。このことは数式的には溶液と平衡にある気体の中の溶媒成分A，溶質成分Bのそれぞれの分圧(P_A, P_B)が，A, Bそれぞれの純物質の蒸気圧($P_A^\bullet$, $P_B^\bullet$：「$^\bullet$」は純物質を意味する)と溶液中のモル分率Xを使って

$$P_A = X_A P_A^\bullet \tag{4.1a}$$

$$P_B = X_B P_B^\bullet \tag{4.1b}$$

と単純に書けることを意味している。これを**ラウールの法則**という[*3]。その意味するところは，液相におけるA/Bの区別と気相におけるA/Bの区別に差がないということで，A本来，B本来の気化のしやすさ($P_A^\bullet$, $P_B^\bullet$)はそのままだと考える。

＊3　François-M. Raoult : 1830～1901（フランス）

Raoult

気相中の両成分の化学ポテンシャルは

$$\mu_A - \mu_A^\circ = RT\ln\left(\frac{P_A}{P^\circ}\right) \tag{4.2a}$$

$$\mu_B - \mu_B^\circ = RT\ln\left(\frac{P_B}{P^\circ}\right) \tag{4.2b}$$

と書ける。溶液と気相が平衡状態にあれば気相と液相のμ_A, μ_Bはそれぞれ等しい。式(4.2a, b)にそれぞれ式(4.1a, b)を代入すると

$$\mu_A = \mu_A^\circ + RT\ln\left(\frac{P_A^\bullet}{P^\circ}\right) + RT\ln X_A \tag{4.3a}$$

$$\mu_B = \mu_B^\circ + RT\ln\left(\frac{P_B^\bullet}{P^\circ}\right) + RT\ln X_B \tag{4.3b}$$

となる。$P_B^\bullet$もP°も温度が決まれば定まる値なので，右辺第1項と第2項をあわせたものを改めて$\mu_A^\bullet$, $\mu_B^\bullet$と書き，標準温度，標準圧力での純物質の化学ポテンシャルとして定めると(i = A or B)

$$\mu_i = \mu_i^\bullet + RT\ln X_i \tag{4.4}$$

とすることができる。つまり，理想溶液の化学ポテンシャルの標準値$\mu_i^\bullet$からのずれは，モル分率のみによって決まる。

前講で述べた部分モル量を思い出すと，$(\partial G/\partial P)_T = V$より$(\partial\mu_i/\partial P)_T = (\partial\bar{G}_i/\partial P)_T = \bar{V}_i$が得られるが，$\mu_i^\circ$は$P$に依存せず，$X_i$も$P$によらないので，式(4.3)より

$$\bar{V}_i = \bar{V}_i^\bullet \tag{4.5}$$

となる。つまり，理想溶液では，部分モル体積の値は純物質のモル体積と等しくなり，混合による系の体積変化はない。式で表すと

$$\begin{aligned}\Delta V_{mix} &= (\text{溶液の体積}) - \sum(\text{それぞれの純成分の体積}) \\ &= \sum n_i\bar{V}_i - \sum n_i\bar{V}_i^\bullet = \sum n_i(\bar{V}_i - \bar{V}_i^\bullet) = 0\end{aligned} \tag{4.6}$$

である。

同様に部分モルエンタルピー$\bar{H}_i$についても

$$\bar{H}_i = \bar{H}_i^\bullet \tag{4.7}$$

が成立し，理想溶液では混合による熱の出入りはなく，溶解熱や混合熱は0となる。したがって，混合によるギブズ自由エネルギーの変化は，混合のエントロピー ΔS_{mix} によるものだけとなる。

$$\Delta S_{mix} = -R\sum_i X_i \ln X_i \tag{4.8a}$$

$$\Delta G_{mix} = -T\Delta S_{mix} = +RT\sum_i X_i \ln X_i \tag{4.8b}$$

$X_i < 1$ なので ΔS_{mix} は正となり，ΔG_{mix} は負となる（自発的）。

上記の理想溶液についての議論は，ほぼ似かよった性質の液体混合物のように，どちらが溶媒でどちらが溶質か明白でないような場合，あるいはごく少量の溶質を含む溶媒について議論するような場合に使われる。

1.2 ◆ 希薄な溶液：ヘンリーの法則

溶質分子Bが他の溶質分子から溶媒分子Aによって十分隔離されているような溶液（Bの濃度が非常に薄い場合など）では，上の議論が成り立たない。このような場合にはその溶質分子Bのモル分率と（平衡状態にある）蒸気中でのBの分圧に比例関係が成立するとして，比例定数をkとおき，

$$P_B = kX_B \tag{4.9}$$

と書くことができる。この関係を**ヘンリーの法則**[*4]とよぶ（**図4.1**）。つまり，モル分率と溶質蒸気の分圧との間に比例関係は成立するが，式(4.1)とは異なり，その比例係数は経験的なものを使うという考え方である。この法則の成立する溶液を「希薄溶液(dilute solution)」とよぶ

＊4　William Henry：1774～1836（イギリス）

Henry

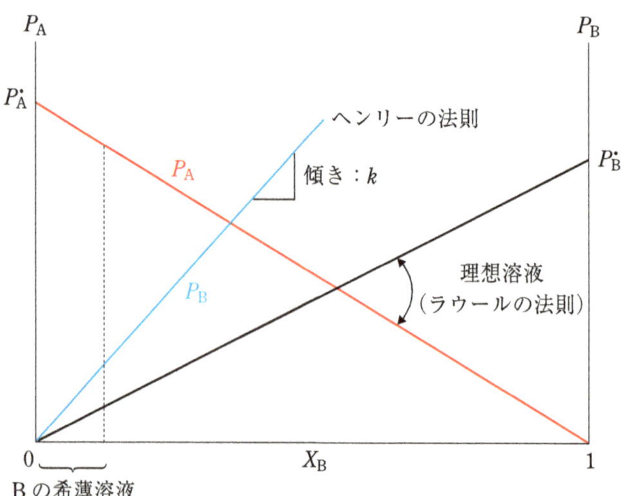

図4.1 | **理想溶液と希薄溶液における溶質分子の濃度と分圧の関係**
理想溶液では溶質分子A, Bともにラウールの法則に従い，希薄溶液ではAがラウールの法則に，Bがヘンリーの法則に従うと考える。

ことにし，上と同様の議論を使って，このような溶液の中でのB成分の（新たな）標準化学ポテンシャル$\mu_B'^\circ$を$\mu_B'^\circ = \mu_B^\circ + RT\ln(k/P^\circ)$と定義すれば，化学ポテンシャルは

$$\begin{aligned}\mu_B &= \mu_B^\circ + RT\ln\left(\frac{kX_B}{P^\circ}\right)\\ &= \mu_B^\circ + RT\ln\left(\frac{k}{P^\circ}\right) + RT\ln X_B = \mu_B'^\circ + RT\ln X_B\end{aligned} \tag{4.10}$$

と得られる。

高等学校ではヘンリーの法則について「一定量の溶媒に溶けることができる気体の量（モル数）は，その気体の圧力に比例する」と説明する。これは，式(4.9)の関係($P_B = kX_B$)において，主客を入れ換えて「X_B（溶液中の気体のモル分率＝気体の溶解度）はP_B（分圧）に比例する：$X_B = (1/k)P_B$」と表現したものである。つまり，気相の全圧が高くなると分圧も高くなるので，溶解度も高くなる。

1.3 ◆ 束一的性質：分子の数で決まる

凝固点降下・沸点上昇・浸透圧という3つの**束一的性質**(colligative property)を高等学校で学習するが，希薄溶液の熱力学関数を使ってこれらについて考えてみよう(**図4.2**)。

いま，ある溶媒Aの固体がAを含む溶液に析出しており平衡状態にあるとする(**図4.2**(a))。固体Aが純物質であるときの化学ポテンシャルを$\mu^\bullet_{A(solid)}$，溶液中での化学ポテンシャルを$\mu_{A(soln)}$，純液体での化学ポテンシャルを$\mu^\bullet_{A(liq)}$と書くと，Aの化学ポテンシャルは固・液両相で等しくなっているので，

$$\mu^\bullet_{A(solid)} = \mu_{A(soln)} = \mu^\bullet_{A(liq)} + RT\ln X_A \tag{4.11}$$

が成立する。$\partial(G/T)/\partial T = -H/T^2$（式(3.36)）を使えばこの式は

$$\frac{\bar{H}^\bullet_{A(liq)} - \bar{H}^\bullet_{A(solid)}}{RT^2} = \frac{\Delta\bar{H}^\bullet_m}{RT^2} = \frac{d(\ln X_A)}{dT} \tag{4.12}$$

(a)

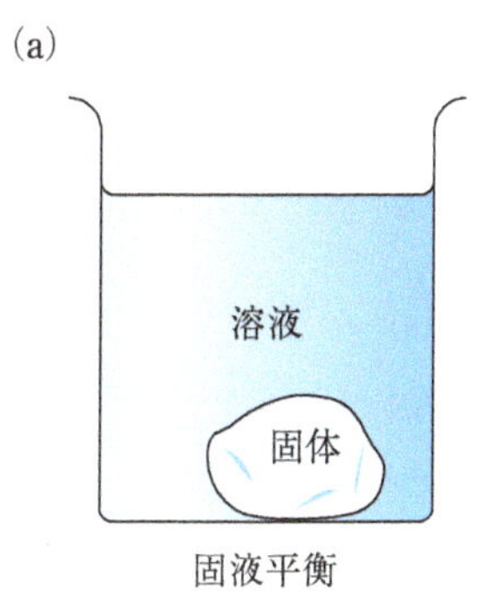

固液平衡

(b)

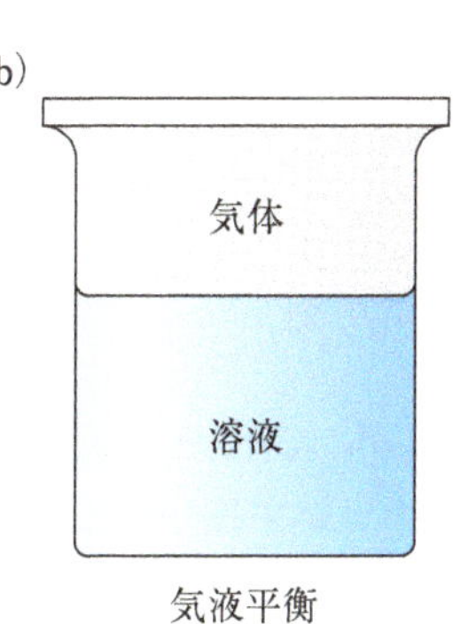

気液平衡

(c)

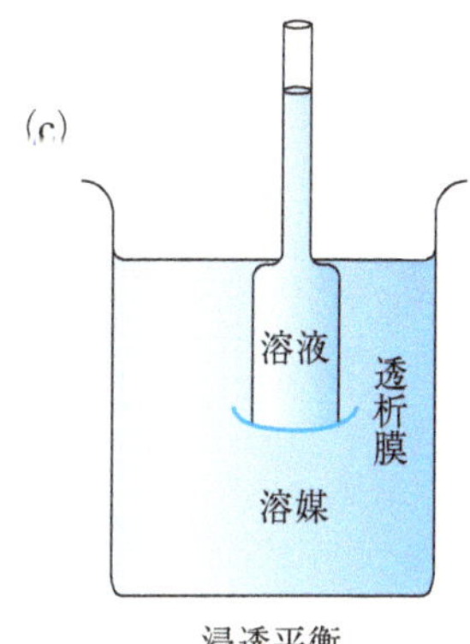

浸透平衡

図4.2 | 3つの束一的性質の概念

となり，融解の部分モルエンタルピー$\Delta\bar{H}_m$とモル分率で表された溶解度X_Aの温度依存性との関係が得られる。

二成分系では$\ln X_A = \ln(1 - X_B)$であるが，X_Bが小さければ（希薄溶液），

$$\ln(1-X_B) = -X_B - \frac{1}{2}X_B{}^2 - \frac{1}{3}X_B{}^3 \cdots$$

の第1項だけで近似できる。つまり，

$$\ln X_A \approx -X_B \tag{4.13}$$

となる。

純溶媒の凝固点をT_m，溶液の凝固点をT'_mと書くと，T_mとT'_mがあまり違わない範囲では$\Delta\bar{H}_m$を一定と考えられるとして，

$$\frac{\Delta\bar{H}_m}{RT^2}\mathrm{d}T = \mathrm{d}(\ln X_A) = -\mathrm{d}X_B \tag{4.14}$$

を$T = T_m \to T'_m$，$X_B = 0 \to X_B$まで積分すると

$$\frac{\Delta\bar{H}_m}{T}\left(\frac{1}{T'_m} - \frac{1}{T_m}\right) = \mathrm{d}X_B \tag{4.15a}$$

あるいは

$$\frac{\Delta\bar{H}_m}{R}\frac{\Delta T_m}{T_m T'_m} = X_B \tag{4.15b}$$

が求まる。$T_m \approx T'_m$と近似できれば，

$$\Delta T_m \cong \frac{RT_m{}^2}{\Delta\bar{H}_m}X_B = K_m m_B \tag{4.16}$$

と書ける。このK_mは**モル凝固点降下度**（定数）といわれ，溶質の種類によらず溶液中の溶質粒子の数によって決まる。凝固点T_mが高いほど，また融解のエンタルピー$\Delta\bar{H}_m$が小さいほどK_mは大きくなる。

凝固点を沸点に置き換え，参照する相を固体から気体にすると（**図4.2**(b)）モル沸点上昇についての式が得られる。

$$\Delta T_v \cong \frac{RT_v{}^2}{\Delta\bar{H}_v}X_B = K_v m_B \tag{4.17}$$

K_vは**モル沸点上昇度**とよばれる。K_m, K_vは一般に分子量M_Aの溶媒1 kg中の溶質モル数あたりで示すので，

$$K_m = \frac{RT_m{}^2 M_A}{\Delta\bar{H}_m \cdot 1000} \tag{4.18}$$

$$K_v = \frac{RT_v{}^2 M_A}{\Delta\bar{H}_v \cdot 1000} \tag{4.19}$$

であるが，これらの定数に含まれる3つの値$T_m(T_v)$，$\Delta\bar{H}_m(\Delta\bar{H}_v)$，$M_A/1000$はいずれも溶媒に固有のものであるために，束一性（＝1つにまとめて数えることができる性質）が生じるわけである。

より視覚的に理解しやすい説明としては，自由エネルギーと温度の関係を考える方法がある。それぞれの温度で水がとる状態は，その温度に

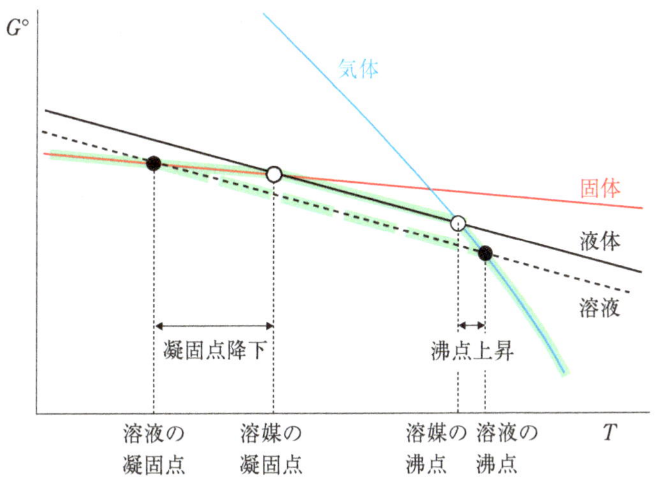

図4.3 | **凝固点降下・沸点上昇と溶媒の$G°$の関係**

おいて自由エネルギーがもっとも低いものである。固体・液体・気体のもつ自由エネルギーは**図4.3**に示すそれぞれの曲線のように変化しているが，実在の水は各温度でもっとも低い自由エネルギーをもつ状態をとり，図4.3の緑色の太線のような変化を示す。

不揮発性の溶質を溶媒に加えた場合，系全体の溶媒分子のモル分率は下がるので，ある種の希釈が起こることになるが，それは溶媒の$G°$（示量性状態関数）を低下させ，溶液中の溶媒の自由エネルギーはより小さな値（図4.3の破線 ---）となり，固体の曲線との交点は低温側へ，気体の曲線との交点は高温側へシフトし液体状態の温度範囲は広がる。凝固点降下度の方が沸点上昇度よりも大きいことは，気体と固体の曲線の勾配の大きな違いからも理解できる。

もう1つの束一的性質である**浸透圧**（osmotic pressure）については，溶媒は通すが溶質は通さない特殊な膜（透析（dialysis）膜あるいは浸透（permeation）膜）を挟んで溶液と純溶媒が平衡状態にある系を考える（**図4.2**（c））。凝固点降下や沸点上昇では，溶媒成分だけからなる異なった相（固相または気相）と溶液中の溶媒との平衡を考え，溶質の存在による溶媒の化学ポテンシャルの変化（低下：$X_A<1$ より $\ln X_A<0$）を，平衡点の温度の変化（凝固点の降下，沸点の上昇）によって補った。これに対して浸透圧では，化学ポテンシャルの変化を静水圧（hydrostatic pressure）で補償する。したがって，ここで考えるべき「化学ポテンシャル」には浸透圧Πと溶液の部分モル体積（$\bar{V}_A$：ここでは希薄溶液なので純溶媒のモル体積$\bar{V}_A^{\bullet}$と等しいと考える）の積が含まれており

$$\mu_A=\mu_A^{\bullet}+RT\ln X_A+\Pi\bar{V}_A^{\bullet} \tag{4.20}$$

から出発する。このμ_Aが膜を挟んで接する純溶媒の$\mu_A^{\bullet}$と等しいので，

Column

束一的性質による分子量測定の限度

束一的性質が「含まれている分子の数で決まる」ということは，含まれている溶質の重量がわかっていれば重量を分子数で割ることによって分子量を求められることになる。ではどの程度の分子量まで求めることができるかを考えてみよう。

水溶媒でのモル凝固点降下度1.85を例にとると，重量モル濃度 $m=1$ (1モル/1kg溶媒)で温度測定精度が0.01℃あったとしても分子量は200を超えることはできず，モル凝固点降下度が30ほどの四塩化炭素を溶媒に使えたとしても，分子量は3,000でしかない。一般に沸点上昇度K_vの方が凝固点降下度K_mより小さいので，K_vによる測定限度はさらに小さくなる。

一方，浸透圧Πの方は，式(4.23)から1 Mの溶液であれば25気圧にもなり，圧力計測の精度を10 mmHgとしても5×10^{-4} Mの溶液で測定することができる。したがって，高分子物質についても精度良く分子量を求めることができる。ちなみに，初期の高分子説に対する懐疑は浸透圧測定の導入によって解決された。

表 | いくつかの溶媒のK_vとK_m

溶　媒	沸点(℃)	K_v	凝固点(℃)	K_m
水	100.0	0.521	0.0	1.86
酢酸	117.9	3.07	16.6	3.90
ベンゼン	80.1	2.53	5.5	4.90
四塩化炭素	76.5	5.03	23	30
クロロホルム	61.7	3.63	−63.5	4.70
エタノール	78.5	1.22	−117.3	1.99

$$\Pi \bar{V}_A^{\bullet} = -RT \ln X_A \tag{4.21}$$

となり，式(4.13)を使うと

$$\Pi \bar{V}_A^{\bullet} = RTX_B \tag{4.22}$$

および

$$\Pi = RT\frac{X_B}{\bar{V}_A^{\bullet}} \cong RTm_B \cong RTc_B \tag{4.23}$$

が得られる。つまり，溶液の示す浸透圧は溶質のモル濃度に比例し，しかもこの場合は溶媒のモル体積以外に依存する変数はない。

これら3つの束一的性質は，いずれも溶媒に溶質が加わることによって低下した溶媒物質の化学ポテンシャルを何らかの形で補償する作用だといえる。凝固点の降下と，沸点の上昇という熱的な補償と，圧力による補償という違いが異なる様相となって現れる。

2 活量と活量係数

実際に日々扱う溶液は濃度の低い溶液でもなく，ましてや「理想的」でもない。そのような「実在する溶液(実在溶液)」を対象にするためには，これまで学んだ扱い方に経験的な因子を加えて，類似の表式体系に合うようにする「工夫」をする。その代表が**活量**(activity)とよばれるものである。

希薄溶液では溶媒成分はラウールの法則に，溶質成分はヘンリーの法則に従うと考えると，それぞれの化学ポテンシャルは式(4.4)と式(4.10)から$\mu_A = \mu_A^{\bullet} + RT \ln X_A$，$\mu_B = \mu_B^{\circ\prime} + RT \ln X_B$と書ける。しかし厳密には，無限希釈の極限のみで成立する。実在溶液の化学ポテンシャルについては，理想性からのずれを勘案してモル分率などではなく実効的な濃度として「活量(aで表す)」を用い，式の形式が上記の2式と同じなるようにする。

$$\mu_A = \mu_A^{\bullet} + RT \ln a_A \tag{4.24}$$

$$\mu_B = \mu_B^{\circ\prime} + RT \ln a_B \tag{4.25}$$

a_A, a_Bはそれぞれの成分について実験から得られる，$\mu_A^{\bullet}$, $\mu_B^{\circ\prime}$と実測のμ_A, μ_Bとの差を埋める値である。もちろん無限希釈の溶液では，a_A, a_Bはそれぞれの計量的な濃度(モル分率)に近づくが，有限濃度では活量と濃度の比として次式で定義される。**活量係数**(activity coefficient：γで表す)というものを考える。

$$\gamma_A = \frac{a_A}{X_A},\quad \gamma_B = \frac{a_B}{X_B} \tag{4.26}$$

一方，溶液と平衡状態にある気相の方の非理想性は，分圧の代わりに**フガシティー**(fugacity，fで表す)[*5]を用いることで考慮する。つまり，理想気体の式$\mu_i = \mu_i^{\circ} + RT \ln (P_i/P^{\circ})$の代わりに$\mu_i = \mu_i^{\circ} + RT \ln f_i$と書く($P_i \to 0$のとき，$f_i \to P_i/P^{\circ}$)。

実在溶液と実在気体が平衡状態にあるときは

$$\mu_{A(gas)}^{\circ} + RT \ln f_A = \mu_{A(liq)}^{\bullet} + RT \ln a_A \tag{4.27}$$

であり，純溶媒と平衡状態にある気体Aのfを$f_A^{\bullet}$とすると

$$\mu_{A(gas)}^{\circ} + RT \ln f_A^{\bullet} = \mu_{A(liq)}^{\bullet} \tag{4.28}$$

となるので，$RT \ln a_A = RT \ln (f_A/f_A^{\bullet})$，$a_A = f_A/f_A^{\bullet}$である。つまり，活量は溶液と純溶媒中の溶媒成分のフガシティーの比となる。多くの場合気体は希薄なので，気体側に非理想性を考えることは少ない。

表4.1にいくつかの生化学物質の活量係数を掲げる。多くの場合，γは1より小さい(すなわち実効濃度は計算濃度よりも小さい)が，なかに

＊5　実在気体で，分子間力や大きさなどの非理想性を扱う場合，理想気体であれば示すであろう蒸気圧と実際に示される蒸気圧との差(比)としてフガシティー(逃散能)という量を導入する。これは，液相から気相への対象分子の蒸発のしやすさ，液相からの逃げやすさと見ることができるため，ラテン語のfugere(逃げる)から名づけられた。

表4.1 | いくつかの生化学物質の活量係数

物質 \ m	0.2	0.5	1.0
アラニン	1.005	1.012	1.023
グリシン	0.962	0.913	0.861
アラニルアラニン	0.982	0.986	1.035
グリシルグリシン	0.912	0.828	0.745
プロリン	1.019	1.048	1.079
セリン	0.951	0.887	0.805
バリン	1.030	1.076	—
プリン	0.575	0.374	0.247
ウリジン	0.808	0.641	—
シチジン	0.776	0.580	—

は1より大きな値を示すものもあり，溶媒と溶質間の相互作用が溶質同士・溶媒同士の作用より弱い場合は1より大きくなる傾向がある。

3 電解質溶液

3.1 ◆ イオンの活量

いままでの議論は溶質が電荷をもたないことを前提としていた。水のように高い誘電率(dielectric constant)の溶媒で溶質がイオンに解離(電離：electrolytic dissociation)すると，生成するイオンの数だけ浸透圧などの束一的性質が大きくなることは，「アレニウスの電離説」*6として知られる。

＊6　Svante A. Arrhenius : 1859～1927（スウェーデン）。1903年ノーベル化学賞受賞。

Arrhenius

電解質(electrolyte)の化学ポテンシャルについては，溶質Bが解離するため，$X_A + X_B = 1$の関係を変更しなければならない。いまBが2つの粒子に解離すると仮定すると，$X_A + 2X_B = 1$から

$$\mu_B = \mu_B^\circ + RT \ln X_B{}^2 \tag{4.29}$$

となる。X_Bをm_Bに変換し，活量係数γ_Bと活量a_Bを考えると

$$\mu_B = \mu_B^\circ + RT \ln(\gamma_B{}^2 m_B{}^2) = \mu_B^\circ + RT \ln a_B \tag{4.30}$$

なので

$$a_B = \gamma_B{}^2 m_B{}^2 \tag{4.31}$$

であり，活量係数と濃度は2乗される。

電解質が電離すると必ず正負両方のイオンが生成するので，それぞれのイオンに活量を考えなければならない。これを**単独イオン活量**といい，aで表す。aはa_+，a_-を用いて

表4.2 | 水溶液中の電解質の平均活量係数(25°C)

塩の種類	塩の濃度 (m)			
	0.1	0.2	1.0	2.0
LiCl	0.790	0.757	0.774	0.921
NaCl	0.735	0.657	0.668	0.735
KCl	0.770	0.718	0.604	0.573
$NaNO_3$	0.762	0.703	0.548	0.478
KNO_3	0.739	0.663	0.443	0.333
$MgCl_2$	0.528	0.488	0.569	1.051
$CaCl_2$	0.518	0.472	0.500	0.759
$FeCl_2$	0.520	0.475	0.508	0.722
$ZnCl_2$	0.518	0.465	0.341	0.291

$$a = a_+ a_- \tag{4.32}$$

と表される。このaを1/2乗したものを**平均イオン活量**($a_\pm$で表す)と表現する。

より一般的には，$C_{\nu_+}A_{\nu_-} \rightarrow \nu_+ C^{(+)} + \nu_- A^{(-)}$に対して$a_\pm$は

$$a_\pm{}^{\nu} = a_+{}^{\nu_+} a_-{}^{\nu_-} \tag{4.33}$$

と書くことができ，例えば$Fe_2(SO_4)_3$(硫酸鉄(III)，硫酸第二鉄)の場合，$\nu_+ = 2$，$\nu_- = 3$ $(\nu = 5)$であるから$a_\pm = (a_+{}^2 a_-{}^3)^{1/5}$と複雑になる。化学ポテンシャルの方も

$$\begin{aligned} \mu &= \mu^\circ + RT\ln(\gamma_+ m_+)^{\nu_+} + RT\ln(\gamma_- m_-)^{\nu_-} \\ &= \mu^\circ + RT\ln(\gamma_\pm{}^{\nu} \nu_+{}^{\nu_+} \nu_-{}^{\nu_-} m_B{}^{\nu}) \end{aligned} \tag{4.34}$$

で，$\mu_{Fe(SO_4)_3} = \mu^\circ_{Fe(SO_4)_3} + RT\ln(108\gamma_\pm{}^5 m_B{}^5)$となる。

さまざまな方法で求められたいくつかの電解質の活量係数を**表4.2**に示す。

3.2 ◆ イオンの水和

これまでは電解質溶液中の溶媒を，誘電率εをもつ連続的な媒体として考えてきた。εが大きな値であると静電相互作用が低下し正負両イオンに解離することができるが，解離してできたイオンは溶媒分子(水分子)と必ずしも独立に存在するわけではない。特に水は**図4.4**(a)のように直線ではない分子であり，H–O結合は対称ではなく電子がO側に偏って分布しているので，水分子の負電荷の中心と正電荷の中心は一致せず，分子内部に永久電気双極子(permanent electric dipole)モーメントを有している[*7]。このような分子の中に正または負のイオンが存在すると，水分子は両イオンのまわりに引きつけられて配向する。第3講2.6で平衡定数の圧力依存性に関連して少し紹介したが，これを水和(hydration，一般的には溶媒和(solvation))という(**図4.4**(b)(c))。電荷の存在によっ

＊7　気体で1.83 D。同じ大きさの電荷がある距離を隔てて対となって存在する状態を電気双極子と呼ぶが，この双極子の強さ(モーメント)は電荷の大小と両電荷の間隔の積で表される。双極子がどの方向を向いているかが問題になるので，2つの電荷の関係はベクトル量(位置ベクトル)として表され，電気双極子もベクトル量となる。電荷をq，位置ベクトルを$\boldsymbol{r}$とすれば，電気双極子モーメント$\boldsymbol{P}$は$\boldsymbol{P} = q \cdot \boldsymbol{r}$となる。$\boldsymbol{P}$を表す単位としてはオランダの物理学者デバイ(P. J. W. Debye：1884～1966)の名を冠したデバイ(D)が使われる。1 Dはかつて使われた静電単位(esu)では10^{-10} esu·Å(オングストローム，0.1 nm)であるが，現在使われているSI単位系では3.33564×10^{-30} C·mである。

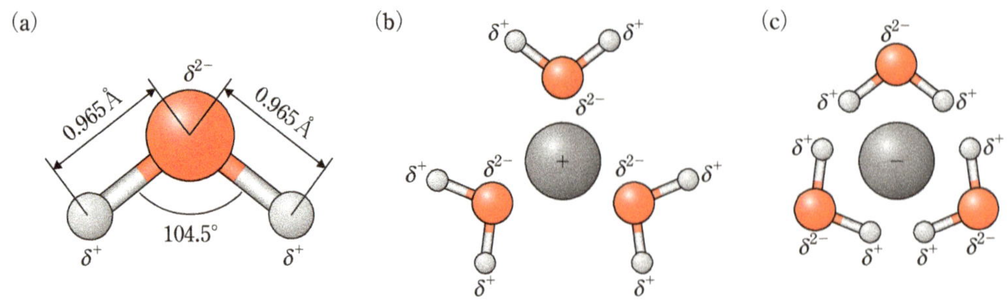

図4.4 水分子の構造(a)と水和のイメージ(b)(c)

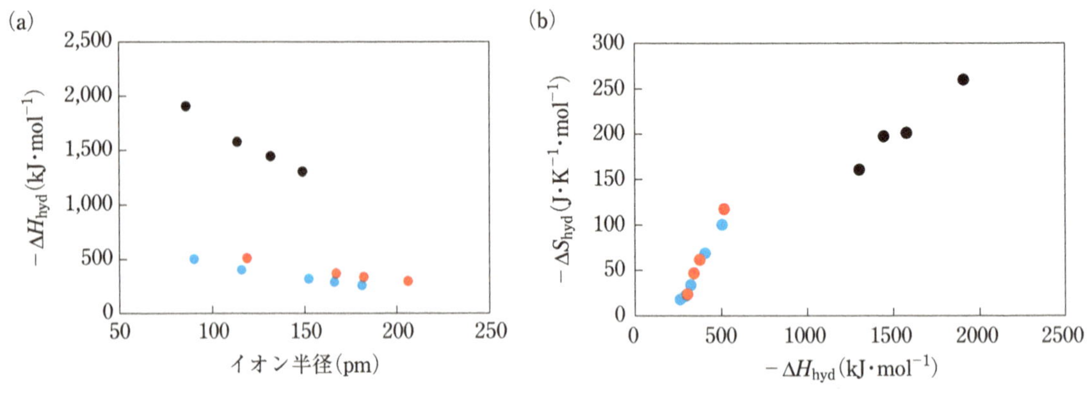

図4.5 水和エンタルピー ΔH_{hyd}(25°C)のイオン半径(a)および水和エントロピー ΔS_{hyd}(25°C)(b)との関係

(a)●：アルカリ金属カチオン(左からCs^+, Rb^+, K^+, Na^+, Li^+)，●：アルカリ土類金属カチオン(左からBa^{2+}, Sr^{2+}, Ca^{2+}, Mg^{2+})，●：ハロゲンアニオン(左からI^-, Br^-, Cl^-, F^-)。(b)ではその逆の順番。

て誘起される双極子(誘起双極子：induced dipole)による相互作用も含めて，イオンとそのまわりの水との相互作用による安定化エネルギーは数百kJ·mol^{-1}に達する。**図4.5**にいくつかのイオンの水和エンタルピーΔH_{hyd}とイオン半径および水和エントロピーΔS_{hyd}との関係を示す。一見して明らかなように，イオン半径の小さなイオンの方が負で絶対値の大きなΔH_{hyd}を示しており，またエントロピー変化(の絶対値)もイオン半径に大きく依存する。同じ価数のイオンでは水に及ぼす電場は半径が小さいものの方が強く，その結果大きな$|\Delta H_{hyd}|$を示す。水和によって水分子の運動に制限がかかることから$T\Delta S_{hyd}$も負の値となるが，その値は大きくても数十kJ·mol^{-1}程度であり，ΔH_{hyd}の寄与によってイオンは安定化される。

どれくらいの水分子がイオンのまわりに水和しているかという問題は，測定方法や水和の考え方にもよるが，概ね同じ電荷であれば小さなイオンの方が少ない。イオンそのものの大きさはイオン半径でいえばLi^+の73 pmからCs^+の181 pmと2.5倍(表面積でいえば6倍以上)になっており，水分子がアクセスできる曲面は拡がってくるが，電荷の中心からの距離は遠くなるので，そのバランスで水和分子数の増加は1.5〜2倍程度にとどまる。また水和分子数は，Na^+イオンでは3～8，Ca^{2+}イオンでは6～10程度の異なる値が報告されている。しかし，このようなイオンの水和は，例えばイオンが生体内の膜を通過する際に，大小のサイズ制限や脱水和の有無，イオノフォア(ionophore)との相互作用などさまざまな局面で関係してくる。

3.3 ◆ 生体高分子の水和

タンパク質をはじめとする生体高分子でも水和は起こる。次講で示すように，生体高分子には多くのイオン性の残基があり，水環境ではそれらに水分子が水和するのはもちろん，ヒドロキシ基やアミノ基などの極性部分にも水素結合を介した水和が起こる。タンパク質では，その重量の20～50%の水分子が水和しているといわれ，水溶性を高めるために水和は不可欠と考えられている。それだけでなく，水和水は構造安定性や基質・補欠因子の認識にも重要な役割を果たし，またタンパク質の動的側面でも不可欠であるといわれている。また，第3講2.3で示した疎水性相互作用には疎水性「水和」という表現も使われ，また塩析現象もタンパク質から水和水を奪うことが原因の1つとなっている。

一方，核酸の沈殿精製にはエタノールなどがよく使われるが，これもリン酸基に水和している水分子をエタノールが奪うことによって対イオン(Na^+など)によるリン酸アニオンの遮へいが強くなり，高分子間の静電的な反発が弱まり，凝集性が上がるためだと理解されている。

糖類への水和は，イオンへの水和とは大きく異なる。糖類のことを炭水化物(＝炭素に水が加わったもの)ともいうが，これはその組成式が$C_m(H_2O)_n$と書けることから使われた言葉で，「水和」を意味するものではない。しかし，第1講でも述べたように，糖類は多くのヒドロキシ基を有しており，これらとの直接的な水素結合による水和が主体となる。もちろんイオン性の多糖の電荷部分にはイオン水和も起こるが，糖類のヒドロキシ基が水自身の水素結合ネットワークとつながるなど，かなりの量の水和が生じる。水に溶けていない状態でも多糖の分子内には水和水が含まれており，アミロースなどは熱した水中では糖鎖間の水素結合に熱運動が打ち勝ち，水に溶けるようになる。多くの保水性・保湿性糖類が知られており，食品や化粧品などに利用されている。

❖ 演習問題

【1】空気中にはおよそ80%(モル分率)の窒素と20%の酸素が存在する。1気圧37℃で血液中に溶けている窒素ガスは5.4×10^{-4} Mであるとする。このとき，以下の問いに答えなさい。

(i) 血液中での窒素ガスのモル分率はいくらか。ただし，血液の窒素と水以外の成分はごく微量で無視できると仮定する。

(ii) この窒素ガスの溶解がヘンリーの法則に従うとすれば，$P_{N_2}=$

kX_{N_2}のkは(気圧単位で)いくらと計算されるか。

(iii) いま潜水夫が空気ボンベをもって100 mまで潜水したとする。100 mではおよそ11気圧となる。37°Cで血液中に溶けている窒素ガスのモル分率はいくらになるか。

【2】 分子量1万の物質1 molを1 kgの水に含む水溶液の示す凝固点の降下と沸点の上昇を計算しなさい。また同じ物質1 molを1 dm^{3}の水溶液に含むときに水溶液が示す浸透圧を計算しなさい。また，この物質の量を少なくして0.01 molにすると，これらの束一的性質はどのように変化するかを説明しなさい。なお，水のK_m, K_vはそれぞれ1.86, 0.512 K·kg·mol^{-1}であり，浸透圧の測定温度は25°Cとする。

【3】 ベンゼン，酢酸，シクロヘキサンについて，モル沸点上昇度，モル凝固点降下度などの値は次表のとおりである。これらの値から，各溶媒の融解エンタルピー，蒸発エンタルピーを計算しなさい。さらに水についても計算しなさい。

	分子量	沸点 (°C)	モル沸点上昇度 K_v (K·kg·mol^{-1})	融点 (°C)	モル凝固点降下度 K_m (K·kg·mol^{-1})
ベンゼン	78.11	80.1	2.53	5.5	5.12
酢　酸	60.05	118.1	3.07	16.6	3.9
シクロヘキサン	84.16	80.7	2.75	6.5	20

【4】 イオンの活量係数を推計するために以下のような方法がある。まずイオン性物質の全体量を考えるために，イオン強度Iというパラメータを考える。これは，個々のイオンの電荷をz_i，モル濃度をc_iとして$I=\frac{1}{2}\sum_i c_i z_i^2$で定義される。この$I$の値を使って水溶液中25°Cでの$\gamma_i$は$\log\gamma_i = -0.509 z_i^2\sqrt{I}$と表すことができる(デバイ−ヒュッケル極限則)。NaCl水溶液中のNa^+とCl^-の(単独イオン)活量係数は次表のように求められている。この測定値が上記の式によって説明できるかどうかを確かめなさい。

濃度(M)		0.001	0.005	0.01	0.05	0.1
活量係数	Na^+	0.964	0.928	0.902	0.820	0.780
	Cl^-	0.964	0.925	0.899	0.800	0.760

【5】 図4.5において，アルカリ土類金属カチオンがアルカリ金属カチオンおよびハロゲンアニオンとはかなり異なる位置関係にあることは，どのような理由によるかを考察しなさい。

生物の活動は無数の化学反応によって支えられている。生命維持のために生体内で起こる化学変化は総称して代謝(metabolism)とよばれるが，物質を分解する方向の変化(異化)にしろ，物質を合成する方向の変化(同化)にしろ，その実体は化学反応である。

これらの生化学的反応については，物質が化学変化していく多段階の過程・経路を，諸器官の間でネットワーク化して示したものとして代謝マップ(metabolic map)というものがある。前段階の生成物が次段階の反応物になる，他の経路で作られたものがある経路の制御作用を行うなど非常に複雑に絡みあっているが，それぞれのステップは酵素の触媒を受けた「化学反応」であり，生体内以外で起こる一般の化学反応と同じ原理によって進行しており，説明できる。化学反応の熱力学的な取り扱いについてはすでに第4講で触れたが，Part 3ではさらに詳しく生化学反応の基本的事柄について考えてみる。

Part 3
生体内の化学変化

第5講

酸と塩基

1 酸解離平衡と緩衝液

1.1 ◆ 酸解離平衡

まず，酸の解離平衡反応を取り上げよう。生体物質の多くは解離性（イオン性）の官能基を有し，また生体の液体成分の大半が**緩衝作用**（buffering action）を示す。そのため，生体物質を扱う際には，pH環境に十分気を配ることが求められる。解離平衡反応の考え方は，生体分子同士あるいはイオン－生体分子間の相互作用を考えるうえでの基本にもなる。

酸（HA）の解離平衡反応を

$$\mathrm{HA} \underset{}{\overset{K_a}{\rightleftharpoons}} \mathrm{H^+} + \mathrm{A^-} \tag{5.1}$$

と書くと，その酸解離平衡定数K_aはモル濃度を[ ]で表せば，

$$K_a = \frac{[\mathrm{H^+}][\mathrm{A^-}]}{[\mathrm{HA}]} \tag{5.2}$$

となる。実在溶液については，第4講で述べた活量aあるいは活量係数γを使って

$$K_a = \frac{a_{\mathrm{H^+}} a_{\mathrm{A^-}}}{a_{\mathrm{HA}}} = \frac{\gamma_{\mathrm{H^+}}[\mathrm{H^+}]\gamma_{\mathrm{A^-}}[\mathrm{A^-}]}{\gamma_{\mathrm{HA}}[\mathrm{HA}]} \tag{5.3}$$

と表される。いずれの場合も解離反応のギブズ自由エネルギー$\Delta G_a°$は$-RT \ln K_a$である。多くの場合，$a_{\mathrm{H^+}}$はpHメーターなどで評価でき，HAや$\mathrm{A^-}$の量は分光学的方法などで評価できるため，K_aとしては$a_{\mathrm{H^+}}$と[HA]，[$\mathrm{A^-}$]が混在した

$$K_a = \frac{a_{\mathrm{H^+}}[\mathrm{A^-}]}{[\mathrm{HA}]} \tag{5.4}$$

を用いることが多い。$-\log a_{\mathrm{H^+}} \equiv \mathrm{pH}$という表示にあわせて，$K_a$を$-\log K_a \equiv \mathrm{p}K_a$と書くことも多く，これを用いて書き直すと

$$\mathrm{pH} = \mathrm{p}K_a + \log\left(\frac{[\mathrm{A^-}]}{[\mathrm{HA}]}\right) \tag{5.5}$$

となる。式(5.5)はヘンダーソン－ハッセルバルヒの式*1とよばれる。酸の解離度αは

$$\alpha = \frac{[\mathrm{A^-}]}{[\mathrm{A^-}]+[\mathrm{HA}]} \tag{5.6}$$

と表されるので，式(5.5)はαを用いると

*1 Lawrence J. Henderson : 1878～1942（アメリカ），Karl A. Hasselbalch : 1874～1962（デンマーク）

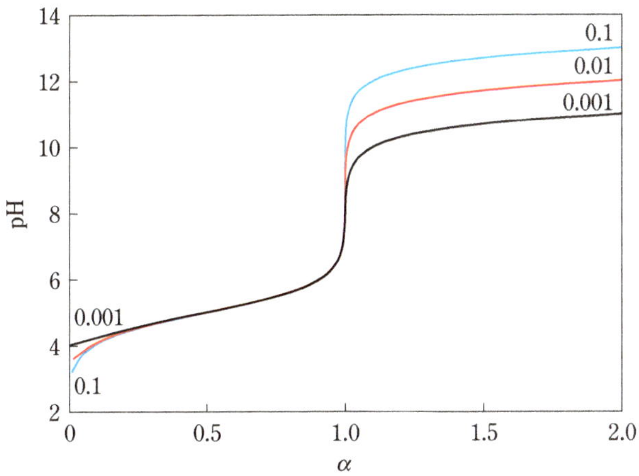

図5.1 | **弱酸（pK_a＝5）の滴定曲線**
図中の数字は酸の濃度（単位はM）。

$$\mathrm{pH} = \mathrm{p}K_\mathrm{a} + \log\left(\frac{\alpha}{1-\alpha}\right) \tag{5.7}$$

となる。つまり，$\alpha = 1/2$，$\log[\alpha/(1-\alpha)] = 0$となる点で$\mathrm{pH} = \mathrm{p}K_\mathrm{a}$となる。この点を半当量点という。この式(5.7)が酸（弱酸）の解離平衡反応に関する基本式である。

酸HAの水溶液を水酸化ナトリウムNaOH水溶液などで滴定することを考えると，NaOHがNa^+とOH^-に完全電離すると仮定して，

電荷の中和から　$[\mathrm{Na^+}] + [\mathrm{H^+}] = [\mathrm{OH^-}] + [\mathrm{A^-}]$
質量の保存から　$[\mathrm{HA}] + [\mathrm{A^-}] = [\mathrm{HA}]_0 =$ 一定

が成立する。式(5.2)に$[\mathrm{A^-}] = [\mathrm{Na^+}] + [\mathrm{H^+}] - [\mathrm{OH^-}]$と$[\mathrm{HA}] = [\mathrm{HA}]_0 - [\mathrm{A^-}]$を代入すると，滴定中の任意の時点での$[\mathrm{H^+}]$は

$$K_\mathrm{a} = \frac{[\mathrm{H^+}]([\mathrm{Na^+}] + [\mathrm{H^+}] - [\mathrm{OH^-}])}{[\mathrm{HA}]_0 - ([\mathrm{Na^+}] + [\mathrm{H^+}] - [\mathrm{OH^-}])} \tag{5.8}$$

から求めることができる。

実験で観測される酸の滴定曲線は**図5.1**のような形をしているが，$\alpha = 0.5$付近（半当量点付近）ではNaOHなどの添加に対してあまりpHが変化せず，勾配がもっともゆるやかになっている。OH^-やH^+の添加は式(5.7)におけるαの増減に等しいので，αの勾配を考えることは$\mathrm{d(pH)}/\mathrm{d}\alpha = \log e/\{\alpha(1-\alpha)\}$を議論していることと同じであり，また$\alpha = 1/2$で極小値をとる。

式(5.8)を解くにあたって，水のイオン積（ion product）$[\mathrm{H^+}]\cdot[\mathrm{OH^-}]$を$K_\mathrm{w}$と書くと，滴定前（$[\mathrm{Na^+}] = 0$）は

$$[\mathrm{H^+}]^3 + K_\mathrm{a}[\mathrm{H^+}]^2 - (K_\mathrm{w} + K_\mathrm{a}[\mathrm{HA}]_0)[\mathrm{H^+}] - K_\mathrm{a}K_\mathrm{w} = 0 \tag{5.9}$$

であるが，$[\mathrm{Na^+}] > 0$であれば，

$$[\mathrm{H}^+]^3 + (K_\mathrm{a} + [\mathrm{Na}^+])[\mathrm{H}^+]^2 - (K_\mathrm{w} + K_\mathrm{a}[\mathrm{HA}]_0 - K_\mathrm{a}[\mathrm{Na}^+])[\mathrm{H}^+] - K_\mathrm{a}K_\mathrm{w} = 0 \tag{5.10}$$

となる。

これらの三次方程式は一般解を用いて解くこともできるが，実験条件を考慮することで以下のように実用できる近似解を得ることの方が多い。

(1) $[\mathrm{OH}^-] \ll [\mathrm{H}^+]$（pH 5.7以下）

$[\mathrm{OH}^-] \ll [\mathrm{H}^+]$と考えられるときは，二次方程式に近似でき，

$$[\mathrm{H}^+]^2 + K_\mathrm{a}[\mathrm{H}^+] - K_\mathrm{a}[\mathrm{HA}]_0 = 0 \tag{5.11}$$

$$[\mathrm{H}^+] = \frac{1}{2}\left(\sqrt{K_\mathrm{a}{}^2 + 4K_\mathrm{a}[\mathrm{HA}]_0} - K_\mathrm{a}\right) \tag{5.12}$$

となる。

(2) $[\mathrm{OH}^-] \ll [\mathrm{H}^+]$かつ$[\mathrm{HA}]_0 \gg [\mathrm{H}^+]$

$[\mathrm{OH}^-] \ll [\mathrm{H}^+]$に加えて$[\mathrm{HA}]_0 \gg [\mathrm{H}^+]$と考えられるときは，式(5.11)の第2項を無視でき，$[\mathrm{H}^+] = \sqrt{K_\mathrm{a}[\mathrm{HA}]_0}$ から

$$\mathrm{pH} = \frac{1}{2}(\mathrm{p}K_\mathrm{a} - \log[\mathrm{HA}]_0) \tag{5.13}$$

という近似解が得られる。

塩基の解離平衡反応でも事情は同じであり，K_bを

$$K_\mathrm{b} = \frac{[\mathrm{BH}^+][\mathrm{OH}^-]}{[\mathrm{B}]} \tag{5.14}$$

と定義すれば，$[\mathrm{OH}^-]$の三次方程式が得られ，$[\mathrm{H}^+] \ll [\mathrm{OH}^-] \ll [\mathrm{B}]_0$ならば

$$[\mathrm{OH}^-] = \sqrt{K_\mathrm{b}[\mathrm{B}]_0} \tag{5.15}$$

という近似解が得られる。

1.2 ◆ 緩衝液

前項でも述べたように図5.1の滴定曲線は$\alpha = 0.5$付近で勾配がもっともゆるやかになっているが，これは逆に少々H^+を増やしても（減らしても）pHがあまり変化しないことを意味している。緩衝液（buffer）ではこの性質を利用している。

ほとんどすべての生体物質は，その取り扱いにおいてpHの制御を必要とし，そのために種々のpH緩衝剤が使われる。1価の酸とその共役塩基の塩の組み合わせでは酢酸（$\mathrm{CH_3COOH}$）と酢酸ナトリウム

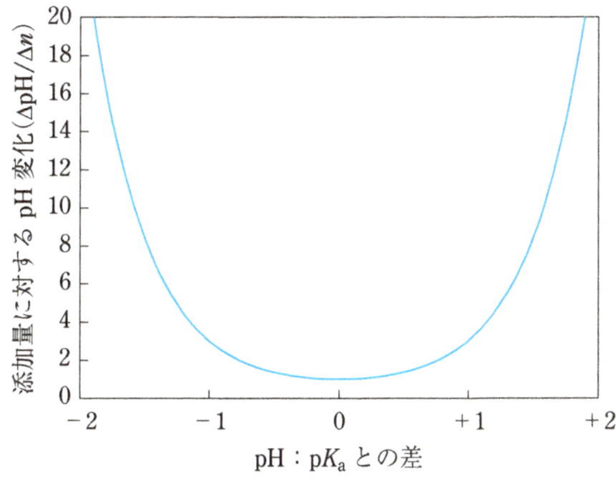

図5.2｜緩衝液に塩基を加えたときのpH変化
$pK_a=7$の緩衝剤で濃度が0.1 Mの場合。

(CH_3COONa)が代表的であろう。この場合，HA＝CH_3COOHとして式(5.10)を解くことになるが，酢酸のpK_aは4.75なので，使用できる領域はpH 5.7以下であり，$[H^+]\gg[OH^-]$として近似解を求めると

$$[H^+]=\frac{K_a([HA]_0-[Na^+]-[H^+])}{[Na^+]+[H^+]} \tag{5.16}$$

と得られる。さらに緩衝剤の濃度が対象範囲の$[H^+]$よりもずっと高い($[HA]_0\gg[H^+]$)と仮定できるときは

$$[H^+]=\frac{K_a([HA]_0-[Na^+])}{[Na^+]} \tag{5.17}$$

まで簡略化できる。

緩衝液を使用する際，その溶液がどの程度のpH変化に耐えられるかということが重要である。その定量的な指標は「緩衝容量」「緩衝能」といわれ，加える塩基の量ΔnとpH変動ΔpHの比として

$$\frac{\Delta n}{\Delta pH}\propto\frac{[HA]_0K_a[H^+]}{(K_a+[H^+])^2}+[H^+]+[OH^-] \tag{5.18}$$

と表現される。この逆数の$\Delta pH/\Delta n$は**図5.2**のような形をとる。当然，極端なpHでは大きくなるが，pK_a付近では小さな値をとり，pK_aにおいて最小値を示す。一般に緩衝液の使用pH範囲は$pK_a\pm1$とされている。図からわかるように，pHが$pK_a\pm1$であれば，pH変化は最小値の3倍程度以内に収まる。

無機系の緩衝液としては，「PBS」という略称で知られるリン酸緩衝液(phosphate buffered saline：リン酸緩衝生理食塩水)のほか，炭酸系緩衝液，ホウ酸緩衝液がある。またカルボン酸としては上記の酢酸以外にクエン酸，コハク酸も使われる。1960年代半ばに開発された**グッド・バッファー**[*2]といわれる有機系緩衝剤は，水に溶けやすい，近紫外領域より波長の長い光(波長230 nm以上)を吸収しない，金属イオンと相

＊2　グッドは人名(Norman Good)である。

HEPES

Tris　MES　TAPS　CHES

| 図5.3 | 緩衝剤の分子構造

| 表5.1 | 代表的な緩衝剤のpK_a

緩衝剤	pK_a			緩衝剤	pK_a
酢　酸	4.8			MES	6.1
炭　酸	6.1	10.2		PIPES	6.8
リン酸	2.1	7.1	12.3	MOPS	7.2
クエン酸	3.1	4.8	5.4	HEPES	7.5
コハク酸	4.2	5.6		TAPS	8.4
ホウ酸	9.2			CHES	9.3
Tris	8.3			CAPS	10.4

互作用しないなどの理由から，特に生化学の分野で用いられている。現在では多くの種類が開発されており，選択によりpH 5〜11程度までカバーできるようになっている。いくつかの緩衝剤のpK_aを**表5.1**に示しておく。

グッド·バッファーは分子内に酸性基と塩基性基の両方をもっており，水溶液中では正負双方の電荷を帯びたイオンとなっている(**図5.3**：HEPES(4-(2-hydroxyethyl)-1-piperazineethanesulfonic acid)の例)。このようなイオンは**両性イオン**もしくは双性イオン(zwitter ion, dipolar ion)といわれるが，次で取り上げるアミノ酸も水溶液中では両性イオンとなっている。

1.3 ◆ 多価酸の酸解離

1つの分子の中に2つ以上の酸解離基をもつものも少なくない。表5.1の左列に示したクエン酸，コハク酸などの多価カルボン酸(polycarboxylic acid)や炭酸，リン酸などもそうである。二塩基酸(dibasic acid)については2段階の解離反応

$$H_2A \xrightleftharpoons{K_{a1}} H^+ + HA^-,\quad HA^- \xrightleftharpoons{K_{a2}} H^+ + A^{2-} \qquad (5.19a, b)$$

が書け，それぞれの解離平衡定数は

$$K_{a1} = \frac{[H^+][HA^-]}{[H_2A]},\quad K_{a2} = \frac{[H^+][A^{2-}]}{[HA^-]} \qquad (5.20a, b)$$

となる。電荷の中和については

$$[\mathrm{H^+}]=[\mathrm{HA^-}]+2[\mathrm{A^{2-}}] \tag{5.21}$$

質量の保存については

$$[\mathrm{H_2A}]+[\mathrm{HA^-}]+[\mathrm{A^{2-}}]=[\mathrm{H_2A}]_0 \tag{5.22}$$

が成り立つ。これらの式を組み合わせ，$K_\mathrm{w}=[\mathrm{H^+}][\mathrm{OH^-}]$を使うと，$[\mathrm{H^+}]$の四次式

$$\begin{aligned}&[\mathrm{H^+}]^4+K_{\mathrm{a1}}[\mathrm{H^+}]^3+(K_{\mathrm{a1}}K_{\mathrm{a2}}-K_\mathrm{w}-K_{\mathrm{a1}}[\mathrm{H_2A}]_0)[\mathrm{H^+}]^2\\&\quad-(K_{\mathrm{a1}}K_\mathrm{w}+2K_{\mathrm{a1}}K_{\mathrm{a2}}[\mathrm{H_2A}]_0)[\mathrm{H^+}]-K_{\mathrm{a1}}K_{\mathrm{a2}}K_\mathrm{w}=0\end{aligned} \tag{5.23}$$

が導出される。水からの$[\mathrm{H^+}]$，$[\mathrm{OH^-}]$の寄与を考慮する必要がなく，$K_{\mathrm{a1}}\gg K_{\mathrm{a2}}$と考えられる場合の近似解は

$$[\mathrm{H^+}]^2+K_{\mathrm{a1}}[\mathrm{H^+}]-K_{\mathrm{a1}}[\mathrm{H_2A}]_0=0 \tag{5.24}$$

から

$$[\mathrm{H^+}]=\frac{\sqrt{K_{\mathrm{a1}}{}^2+4K_{\mathrm{a1}}[\mathrm{H_2A}]_0}-K_{\mathrm{a1}}}{2} \tag{5.25}$$

となる。

二塩基酸を滴定する場合も，同様に四次式が導出される。

$$\begin{aligned}&[\mathrm{H^+}]^4+(K_{\mathrm{a1}}+[\mathrm{Na^+}])[\mathrm{H^+}]^3\\&\quad+\{K_{\mathrm{a1}}(K_{\mathrm{a2}}+[\mathrm{Na^+}]-[\mathrm{H_2A}]_0)-K_\mathrm{w}\}[\mathrm{H^+}]^2\\&\quad-K_{\mathrm{a1}}\{K_{\mathrm{a2}}(2[\mathrm{H_2A}]_0-[\mathrm{Na^+}])+K_\mathrm{w}\}[\mathrm{H^+}]\\&\quad-K_{\mathrm{a1}}K_{\mathrm{a2}}K_\mathrm{w}=0\end{aligned} \tag{5.26}$$

滴定曲線は**図5.4**のようになるが，近似的には，酸側の領域ではK_{a1}

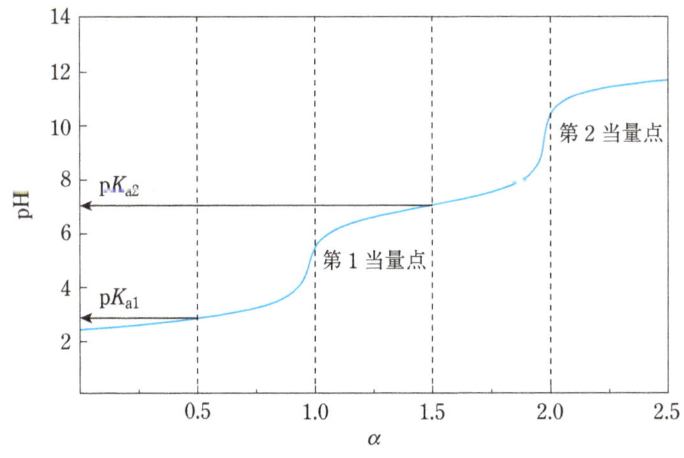

図5.4｜二塩基酸の滴定曲線

pK_{a1}=2.5, pK_{a2}=7.0, $[\mathrm{H_2A}]_0$=0.01 Mとして作成。

にかかる1価の酸の滴定として，中性以上の領域ではK_{a2}にかかる酸の滴定として扱うことができる。

2 生体分子の酸解離

2.1 ◆ アミノ酸の酸解離

第1講で概説したように，α-アミノ酸は1つの分子の中にアミノ基とカルボキシ基をもっており，さらに側鎖にもカルボキシ基やアミノ基をもっているものが少なくないので，基本的に多価酸もしくは多価塩基である。

もっとも単純なグリシンでもα-カルボキシ基とα-アミノ基が酸・塩基平衡を示し，次式のように4つの解離状態を考えることができる。分子全体として正味の電荷は+1, 0, −1をとり，そのうち0価については2つの状態が想定できる。

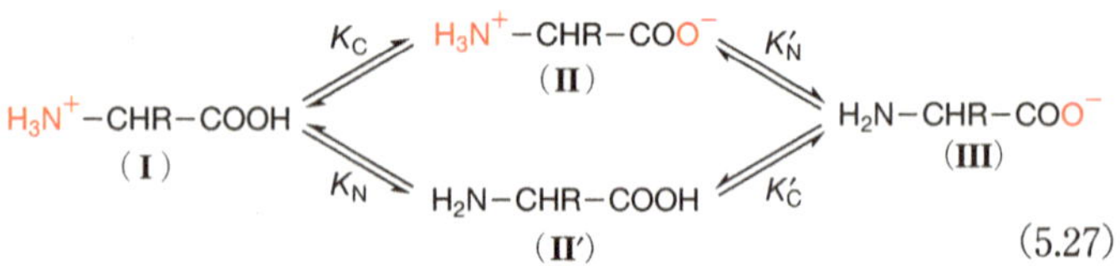

(5.27)

アミノ基については他のアルキルアミン類との比較から，またカルボキシ基については他のモノカルボン酸との比較から，水中では$pK_C < pK_N$, $pK'_C < pK'_N$であることが推定されるので，中性付近での主な分子形はH_3N^+−CHR−COO^-(**II**)の両性イオンであることが予想され，NMRによる実測などでも確かめられている。また，**I**におけるCOOH基の解離は分子内にあるNH_3^+イオンの影響を受けるので，そのpK_aは通常のモノカルボン酸と比べてかなり小さく，**II**におけるNH_3^+基の解離のpK_aも通常のモノアルキルアミンより小さい。20種類のアミノ酸についてのpK_Cの平均値は2.2程度，イミノ酸であるプロリンを除いたpK_Nの平均値は9.2程度である。例えば，酢酸の$pK_a = 4.76$，メチルアミンの$pK_a = 10.64$と比較すればこの違いがよくわかる。単純に$pK_C = 2.5$, $pK_N = 9.5$のアミノ酸だとしてその**I**〜**III**の4つの分子(イオン)形の存在割合を計算すると**図5.5**のようになる*3。つまり，中性付近(pH 7)で多くの分子は**II**をとり，**I** : **II** : **II′** : **III**の存在比はおよそ$10^{-4.5} : 1 : 10^{-7} : 10^{-2.5}$となる。**II′**は**II**の1千万分の1しか存在しない。

側鎖の解離基のpK_aは，カルボキシ基ではα-カルボキシ基よりも2程度大きく，リシンのε-アミノ基ではα-アミノ基よりも1.5程度大きい。いずれもモノアルキルカルボン酸やモノアルキルアミンの値に近く，したがって酸性領域からpHを大きくしていった場合，いずれの場合も側鎖の解離基の方が後に変化する。

*3　式(5.27)のサイクルを1周すると元の解離型に戻るので，$K_N K_C = K'_N K'_C$でなければならない。

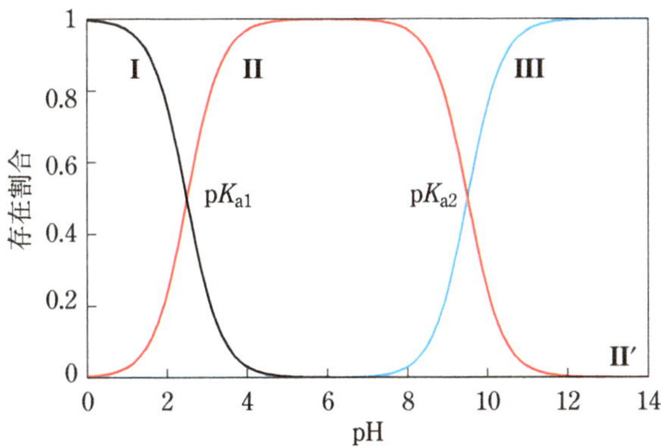

図5.5 グリシンの4つの分子形の存在割合

$K_C = 10^{-2.5}$, $K_N = 10^{-9.5}$ として作成。**II′** は横軸に隠れている。

表5.2 側鎖に解離基をもつα-アミノ酸の側鎖の pK_a

アミノ酸		側鎖 pK_a	酸解離の様子
アスパラギン酸	Asp	3.65	$-COOH \rightarrow -COO^- + H^+$
グルタミン酸	Glu	4.25	$-COOH \rightarrow -COO^- + H^+$
ヒスチジン	His	6.04	（イミダゾリウム環: NH, $\overset{+}{N}$H）$\longrightarrow$ （イミダゾール環: NH, N） $+ H^+$
システイン	Cys	8.18	$-SH \rightarrow -S^- + H^+$
リシン	Lys	10.28	$-NH_3^+ \rightarrow -NH_2 + H^+$
チロシン	Tyr	10.46	$-OH \rightarrow -O^- + H^+$
アルギニン	Arg	12.48	$-NH-\overset{+}{C}(NH_2)-NH_2 \longrightarrow -NH-C(=NH)-NH_2 + H^+$

アミノ酸が重合してポリペプチドを形成した場合，両末端のα-アミノ基，α-カルボキシ基各1つ以外はペプチド結合に使われるので，側鎖の解離基の方が重要な意味をもってくる。N末端のアミノ基，C末端のカルボキシ基のpK_aはそれぞれ8.0, 3.1程度であるが，ポリペプチドやタンパク質分子の全体の電気的性質は，主として側鎖の基の解離状態による。**表5.2**の値はアミノ酸が重合してポリペプチドとなることによって若干変化するが，それよりもタンパク質がとる構造のために生じる側鎖周囲の環境（微環境）の変化の方が大きな影響を及ぼす。いま例えば，そのような影響があまりないオリゴペプチドH_2N-Asp-Arg-Val-Tyr-Ile-His-Pro-Phe-His-Leu-COOH（アンジオテンシン）を考えてみると，このペプチドがpH 1, 4.5, 7, 10でもつ正味電荷は（pK_aに表5.2の値が使えるとして）それぞれ+4, +2, 0, −1価程度である。

2.2 ◆ 核酸の酸解離

核酸ではリン酸ジエステル結合を構成するリン酸基のpK_aは約1なので，主鎖部分は中性環境でポリアニオンとしての性質を有している。一方，ヌクレオシドの状態での核酸塩基部分のpK_aは**表5.3**のようになる。大まかにいうとA, G, Cの塩基部分

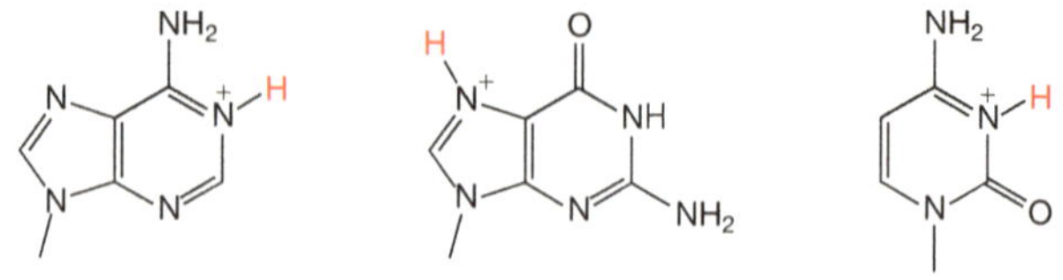

A　　G　　C

のpK_aはヌクレオシドでは2～4前後であり，G, U, Tの塩基部分

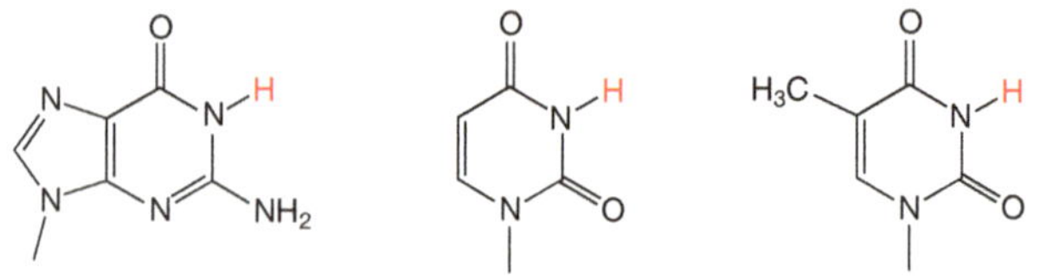

G　　U　　T

のpK_aは9～10程度である。したがって，A, G, Cは酸性溶液中で+1価，中性溶液中で0価となり，Gはさらに塩基性溶液中で−1価になる。またTとUは−1価，0価の変化をする。表に掲げた値は環境によって変化し，文献での値にも範囲があるが，核酸塩基単独からヌクレオシド，ヌクレオチドへと結合していくと，かなり変化するのが理解できる。

核酸塩基間の水素結合は，これら電子供与原子(窒素，酸素)の状態の変化により大きな影響を受ける。それ以外にもG, U, Tはケト・アミノ$\rightleftharpoons$エノール・イミノ互変異性(**図5.6**はグアニンの例)を示し，ケト・アミノ型では水素結合がよく形成されるが，この平衡は分子内プロトン移動なので当然pHの影響を大きく受けることになる。

表5.3 | ヌクレオシド，ヌクレオチド中の塩基のpK_a値

塩基(プロトン脱離部位)	核酸塩基	ヌクレオシド	3′-ヌクレオチド	5′-ヌクレオチド
アデニン(N-1)	4.25	3.63	3.74	3.74
シトシン(N-3)	4.6	4.11	4.30	4.56
グアニン(N-7)	3.0	2.20	2.30	2.40
グアニン(N-1)	9.32	9.50	9.36	9.40
チミン(N-3)	9.94	9.80		10.0
ウラシル(N-3)	7.48	9.25	9.43	9.50

[G. Michael Blackburn *et al.* eds., *Nucleic Acids in Chemistry and Biology, 3rd Edition*, RSC Publishing(2006)より]

ケト・アミノ　　エノール・イミノ

図5.6 | グアニンにおけるケト・アミノ⇌エノール・イミノ互変異性

2.3 ◆ イオン性糖類の酸解離

糖類にも**図5.7**に示すように解離性の官能基をもつものがある。カルボキシ基，スルホン酸基，リン酸基あるいはアミノ基などである。*β*-D-グルコースの酸性誘導体についてその$\mathrm{p}K_\mathrm{a}$をまとめると**表5.4**のようになる。同じカルボキシ基が付いている分子であっても$\mathrm{p}K_\mathrm{a}$は1位＞6位であり，また，付加リン酸基の$\mathrm{p}K_\mathrm{a}$については1位＞6位＞3, 4位の順である。

第1講では触れなかったが，アミノ基を有する多糖にムコ多糖（グルコサミノグリカン）といわれる一連の多糖があり，動物の結合組織などに多く見られる。ムコ多糖は基本的にグルコサミン誘導体とウロン酸（6位の$-CH_2OH$が$-COOH$になった糖）誘導体との2糖単位が繰り返しつながったものであり，高分子化学的には「交互共重合体」といえる。ウロン酸部分はグルクロン酸などのカルボキシ基やスルホン酸基といった酸解離基をもつもの（酸性ムコ多糖）が多い。スルホン酸基は糖の2, 4または6位のヒドロキシ基に硫酸がエステル結合したものである。グルコ

表5.4 | 酸性グルコース誘導体の$\mathrm{p}K_\mathrm{a}$値

名称	$\mathrm{p}K_\mathrm{a}$もしくは $\mathrm{p}K_\mathrm{a1}$	$\mathrm{p}K_\mathrm{a2}$
グルクロン酸	～3	
グルコン酸	3.6	
グルコサミン	～8	
グルコース1-リン酸	1.1	6.1
グルコース3-リン酸	0.84	5.7
グルコース4-リン酸	0.84	5.7
グルコース6-リン酸	0.94	6.1

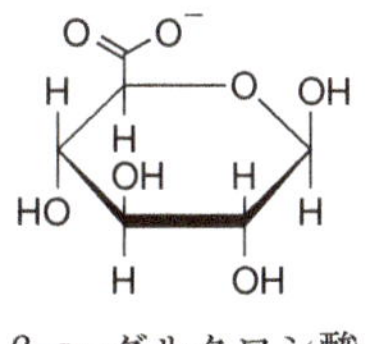

β-D-グルクロン酸

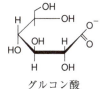

グルコン酸

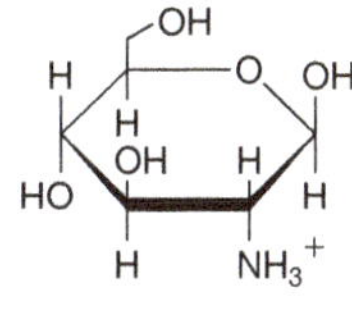

β-D-グルコサミン

β-D-グルコース 6-リン酸

図5.7 | 解離性の官能基をもつ糖の例

すべてイオンになった型で示す。

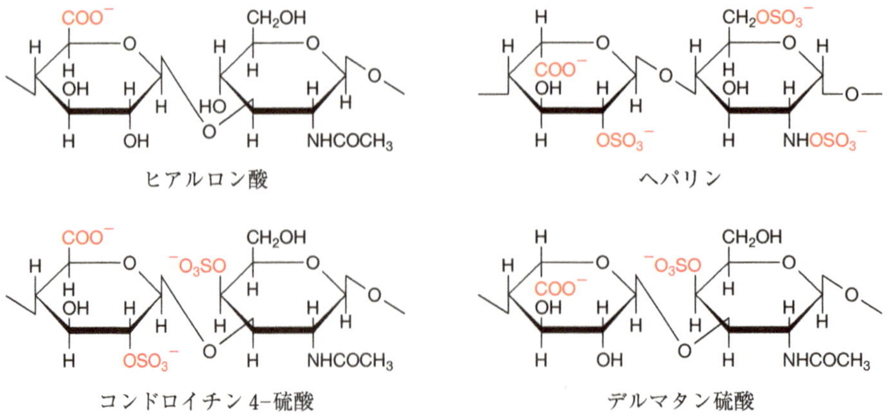

ヒアルロン酸　　ヘパリン

コンドロイチン 4-硫酸　　デルマタン硫酸

図5.8 | 代表的なムコ多糖
すべてイオンになった型で示す。

サミンやガラクトサミンのアミノ基の$\mathrm{p}K_\mathrm{a}$は表5.4のように8前後であり，アミノ酸のα-アミノ基よりも小さく，このアミノ基は生理的条件でもいくらかカチオン化していることが知られる。ムコ多糖の中でもヘパリンは1単位(2糖)あたり生理的条件下で4つのアニオンをもつアニオン性の高い高分子で，負電荷により種々の生理活性物質と相互作用し，また抗血液凝固薬の1つとして使われる。また，**図5.8**に示したヘパリンではウロン酸部位がL-イズロン酸(イドースのウロン酸)*4 であるが，この部分がD-グルクロン酸のものもある。ヘパリンはスルホン酸基をもつため，$\mathrm{p}K_\mathrm{a}$は0.2程度である。

*4　L-イドースはD-グルコースの5位のエピマーである。L-イズロン酸はL-イドースの6位が酸化されてカルボン酸になったもので，D-グルコン酸(図5.7参照)のエピマーである。

2.4 ◆ タンパク質の側鎖の酸解離と高次構造

タンパク質がさまざまな相互作用をもとに三次元的な構造(高次構造)をとり，その目的の機能を発揮していることは第1講で少し見た。タンパク質には末端および側鎖の解離基が平均して8残基に1つぐらい含まれている。したがって，これらの解離基の解離状態が高次構造を変化させ，結果として相互作用のあり方を変えてしまうことがある。このような高次構造の変化にともなう機能の変化(多くは喪失)を変性とよび，強い酸性によって引き起こされるものを酸変性，アルカリ性によるものをアルカリ変性という。前者の例としては酢タマゴがあり，後者としては皮蛋(ピータン)が知られている。

タンパク質の高次構造を支えている代表的な4つの相互作用(イオン間(静電)相互作用，水素結合，疎水性相互作用，S-S結合)のうち最初の2つはpHの影響を大きく受ける(**図5.9**)。これらの結合が弱くなると高次構造が維持できなくなって，上記の「変性」が起こる可能性が高くなる。

逆に，タンパク質のとる構造によって作り出される分子「内部」のさまざまな環境は，側鎖の解離基の$\mathrm{p}K_\mathrm{a}$に大きな影響を与え，同じ種類の

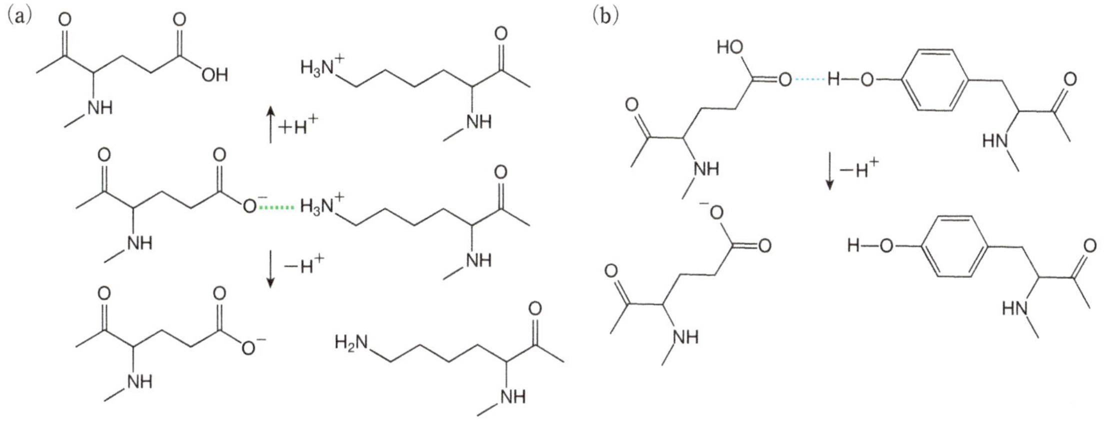

図5.9 | イオン間相互作用(a)および水素結合(b)に対するpHの影響のイメージ

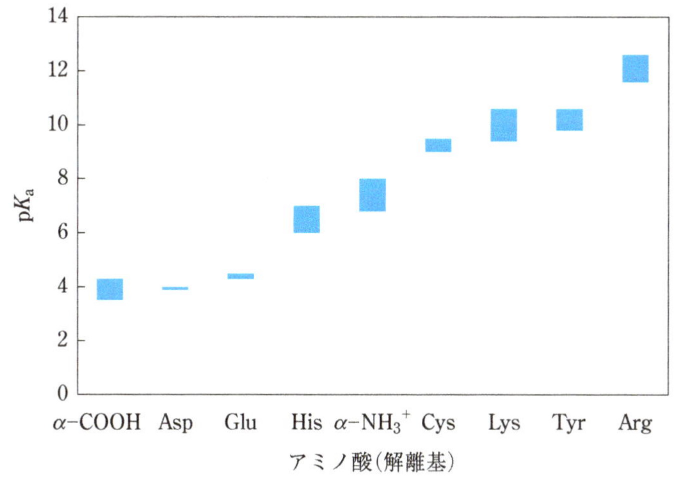

図5.10 | タンパク質中における解離性アミノ酸側鎖のpK_aの範囲

[T. E. Creighton, *Proteins : Structures and Molecular Properties, 2nd Edition*, W. H. Freeman, New York(1993), p. 507より作図]

側鎖でもpK_aはタンパク質中の存在場所などによって大きく異なる。ミクロ環境の違いは，巨視的な誘電率の違いにも反映されるため，水素結合や静電相互作用,外部の水からの近づきやすさなどにも影響を与える。側鎖の解離性と高次構造は相互に関係しているといえる。**図5.10**は多数の測定データからタンパク質中の側鎖のpK_aをまとめたものであるが，ヒスチジン，リシン，α-アミノ基などはかなりの広がりをもっていることがわかる。

pHを変化させることで，タンパク質の荷電状態も変化する。pHが高くなり各解離基からプロトンが離れてしまうと，タンパク質は負電荷を帯び，逆にpHが低い環境では正電荷を帯びる。pHを変化させたときにタンパク質の総電荷が0になるpH値を等電点(pI)という[*5]。しかし，およそのpI値はヘンダーソン－ハッセルバルヒの式を使って表5.2の各

＊5 この「電荷」には結合しているかもしれない無機イオンなども含まれるので，必ずしもタンパク質そのものの電荷の総和が0になっているとは限らない。

表5.5 | 代表的なタンパク質のpI値

タンパク質	pI	タンパク質	pI
ペプシン	1〜2.8	ウマ ミオグロビン	7.0
卵白アルブミン	4.6	ヒト ヘモグロビン	7.1
ウシ血清アルブミン	4.4〜5.3	トリプシノーゲン	9.3
β-ラクトグロブリン	4.7〜5.2	リボヌクレアーゼA	9.6
インスリン	5.4	シトクロム*c*	10.6
ウシ血清γ-グロブリン	5.8〜7.3	リゾチーム	11.0

残基の解離度を算出し，対象タンパク質のもつ各残基の数を乗じて加算すれば知ることができる。**表5.5**に代表的なタンパク質のpIをまとめた。このうち，ペプシンは胃の中という酸性環境で働くタンパク質分解酵素であり，1つの分子の中にAspとGluという酸性アミノ酸を合わせて43残基(全体の13%)もっているのに対し，His＋Lys＋Argという塩基性アミノ酸を4残基しかもたないという典型的な酸性タンパク質である。一方，リゾチームは塩基性タンパク質として知られるが，上記の比が10：17であり，酸性アミノ酸残基は14%ある。一般に，タンパク質の水への溶解性は，pI付近でもっとも低くなる*6。

＊6　なお，酸によって変性したタンパク質の構造は，モルテングロビュールのモデル(第3講「Column　フォールディング・ファネル」内の図参照)として研究が行われてきた。

演習問題

【1】式(5.12)を使い，HAの仕込み濃度$[HA]_0$が0.1 Mである酸HAについて$K_a = 10^{-1} \sim 10^{-7}$の場合に水溶液の示すpH値がどのように変化するかを図示しなさい。

【2】式(5.16)を変形して$[H^+]$の二次方程式とし，その一般解を求めなさい。また，$[HA]_0 = 0.1$ M，$pK_a = 5$の酸水溶液のpHが$[Na^+]$によってどのように変化するかを図示しなさい。

【3】Pep-1というペプチドのアミノ酸配列はLys-Glu-Thr-Trp-Trp-Glu-Thr-Trp-Trp-Thr-Glu-Trp-Ser-Gln-Pro-Lys-Lys-Lys-Arg-Lys-Valである。各アミノ酸残基の側鎖官能基が表5.2で示したpK_aをもつとして，pHが4, 7, 10である環境で式(5.7)からαを求め，各pHでこのペプチドがもつ電荷の総和数を計算しなさい。ただし，アミノ末端の$-NH_3^+$，カルボキシ末端の-COOHはそれぞれpK_aが8.0, 3.1だと仮定する。

【4】リゾチーム(ニワトリ卵)は表5.5に掲げられた解離性アミノ酸残基について次表のような種類と数をもつことが報告されている。この構成アミノ酸(数)から，リゾチームが塩基性タンパク質といえることを確かめなさい。

また表5.5に示されたpI値が表5.2中のpK_a値で説明できるかどうかを考えなさい。なお，システインが8残基存在するが，すべてがジスルフィド結合になっているので，勘定しない。

アミノ酸	pK_a	含まれる残基数
Asp	3.65	7
Glu	4.25	2
His	6.04	1
Lys	10.28	6
Tyr	10.46	3
Arg	12.48	11

【5】核酸塩基の酸/塩基解離が塩基対形成に及ぼす影響を考察しなさい。

第6講

生体分子の会合

生物体内の化学反応や生体高分子の構造形成にはさまざまな分子間相互作用が働いている。低分子と低分子あるいは低分子やイオンと高分子が特異的(時には非特異的)な相互作用をすることが，生体分子の諸機能が発現する根源である。

1 複合体形成反応の基礎

複合体形成(complex formation)を議論する前に，ある分子Aが別の分子Bに変わる$A \rightleftharpoons B$というもっとも簡単な反応を考えてみる。この反応の平衡定数は[A]と[B]の総量を$[A]_0$と書くと，

$$K=\frac{[B]}{[A]}=\frac{[A]_0-[A]}{[A]} \tag{6.1}$$

であり，$[A]=[A]_0/(1+K)$となる。$K=1$であればAとBが同量になるという至極当たり前の結果が得られる。

では，異なる分子A, Bが1分子ずつ会合して複合体ABを形成する反応$A+B \rightleftharpoons A\cdot B$の平衡(会合平衡)定数はどうなるだろうか。活量係数$\gamma=1$としてKは

$$K=\frac{[A\cdot B]}{[A][B]} \tag{6.2}$$

と表せる。本講のタイトルを「分子」の会合と題したが，A^+とB^-の2つのイオンが会合してイオンペアをつくるときも同じである。またBをH^+と考えれば，先の酸解離平衡(の逆反応)とさして変わりはない。

同じ分子がいくつか会合して二量体(dimer)，多量体(polymer)をつくることがある。この場合，例えば二量体形成では$A+A \rightleftharpoons A_2$と表せるので

$$K=\frac{[A_2]}{[A]^2} \tag{6.3}$$

であり，$[A]_0$をAの全濃度とすると，$[A]_0=[A]+2\times[A_2]$より，[A]は$2K[A]^2+[A]-[A]_0=0$を満たす。したがって，グラフ的には

$$[A]=\frac{1}{2K}\left(\frac{[A]_0}{[A]}-1\right) \tag{6.4}$$

と考えて，$[A]_0/[A]$ vs [A]のプロットの縦軸切片から平衡定数Kを求めることができる。

より多くの分子が会合体を形成する場合，1つ1つのステップを独立

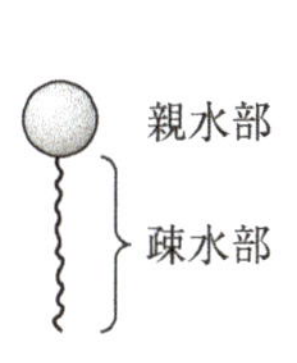

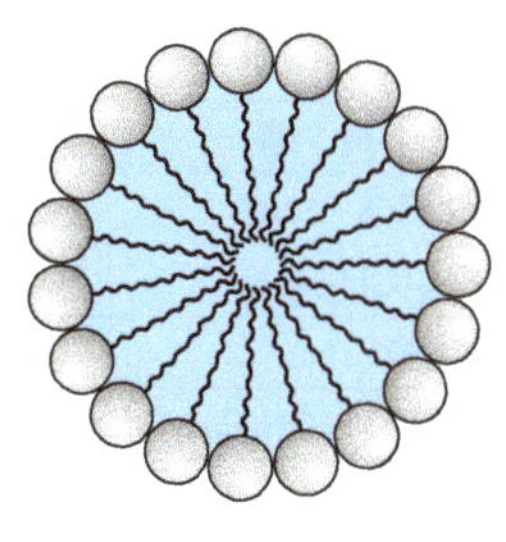
ミセル断面

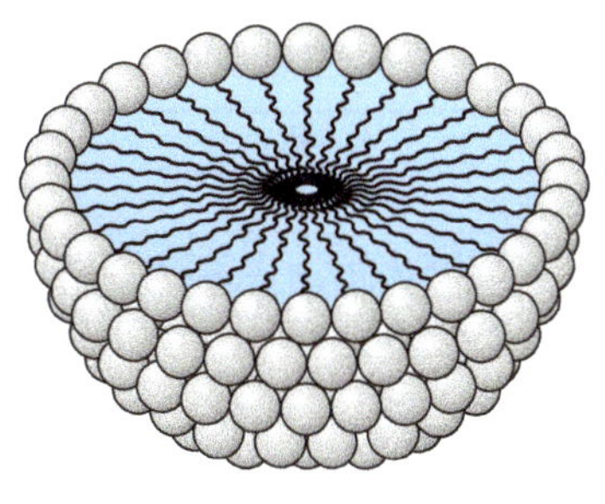
ミセル半球

| 図6.1 | ミセルの構造のイメージ

に取り扱うと，

$$\mathrm{A}+\mathrm{A} \overset{K_2}{\rightleftharpoons} \mathrm{A}_2,\ \mathrm{A}_2+\mathrm{A} \overset{K_3}{\rightleftharpoons} \mathrm{A}_3,\ \mathrm{A}_3+\mathrm{A} \overset{K_4}{\rightleftharpoons} \mathrm{A}_4,\ \cdots\cdots,\ \mathrm{A}_{n-1}+\mathrm{A} \overset{K_n}{\rightleftharpoons} \mathrm{A}_n \tag{6.5}$$

となり，当然

$$K_2=\frac{[\mathrm{A}_2]}{[\mathrm{A}]^2},\ K_3=\frac{[\mathrm{A}_3]}{[\mathrm{A}][\mathrm{A}_2]},\ K_4=\frac{[\mathrm{A}_4]}{[\mathrm{A}][\mathrm{A}_3]},\ \cdots\cdots,\ K_n=\frac{[\mathrm{A}_n]}{[\mathrm{A}][\mathrm{A}_{n-1}]}$$

という多数の平衡式を考えなければならないが，すべてをかけあわせると

$$K_2 \cdot K_3 \cdot K_4 \cdots K_n=\frac{[\mathrm{A}_n]}{[\mathrm{A}]^n} \tag{6.6}$$

の関係になる。また，n分子のAがほぼ協奏的に会合しており，$n\mathrm{A} \rightleftharpoons \mathrm{A}_n$だけを考えればよい場合には，式(6.6)の左辺を改めてK_n'とおけばよい。

低分子化合物による協奏的な多量体形成反応の典型例の1つに，ミセル(micelle)の形成がある。1つの分子の中に親水性(hydrophilic)の部分と親油性(lipophilic)の部分をもった**両親媒性物質**(amphiphiles)である長鎖アルキルカルボン酸の塩などの多くは，一定濃度以上の水溶液中で会合体を形成することが知られている。その会合体はミセルとよばれる(**図6.1**)。こうした両親媒性物質は，石鹸に代表される**界面活性剤**となる。

いま簡単のために，水溶液中にm個の界面活性剤分子が会合したミセルとバラバラの分子Aの2種類しか存在しない，つまり$m\mathrm{A} \rightleftharpoons \mathrm{A}_m$だけを考えればよいとすると，これを記述する平衡式は式(6.6)と同じく

$$K_m=\frac{[\mathrm{A}_m]}{[\mathrm{A}]^m} \tag{6.6'}$$

となる。溶液が希薄であるとし，ミセル同士の相互作用なども考えなくてよいとすると，分子状，ミセル状それぞれの状態のAの標準化学ポテンシャルを$\mu^\circ_{\mathrm{molecule}}$，$\mu^\circ_{\mathrm{micelle}}$として[*1]，

$$\begin{aligned} m(\mu^\circ_{\mathrm{micelle}}-\mu^\circ_{\mathrm{molecule}}) &= -RT\ln K_m \\ &= -RT(\ln[\mathrm{A}_m]-m\ln[\mathrm{A}]) \end{aligned} \tag{6.7a}$$

*1 $\mu^\circ_{\mathrm{micelle}}$はミセル体1 molあたりの値ではなく，ミセルを構成する両親媒性分子1 molあたりの値である。つまりミセル体1 molあたりの$1/m$であることに注意。

表6.1 | いくつかの界面活性剤のcmcと会合数(H_2O中，25℃)

名　称	構　造	cmc (mM)	平均会合数
ドデシル硫酸ナトリウム(SDS)	$C_{12}H_{25}$–O–SO_3^-·Na^+	1.9	62
臭化ドデシルトリメチルアンモニウム(DTAB)	$C_{12}H_{25}$–$N^+(CH_3)_3$·Br^-	15	55
ドデカン酸ナトリウム	$C_{11}H_{23}$–COO^-·Na^+	24	56
ポリオキシエチレン(6)デカノール	$CH_3(CH_2)_9$–O–$(CH_2CH_2O)_6H$	0.9	73
オクチルフェノールエトキシレート(Triton®X)	A	0.24	140
ポリエチレングリコールモノセチルエーテル n≃23 (Brij®58)	$C_{16}H_{33}$–O–$(CH_2CH_2O)_nH$	0.77	70
オクチルグリコシド	B	25	27

これらの値は，測定方法などによって異なる場合がある。

A　　B

あるいは

$$\ln[A_m] = -\frac{m}{RT}(\mu^\circ_{\mathrm{micelle}} - \mu^\circ_{\mathrm{molecule}}) + m\ln[A] \tag{6.7b}$$

の関係が得られる。

ミセルを形成するようになる濃度は**臨界ミセル濃度**(critical micellar concentration, cmc)とよばれるが，cmcの値は界面活性剤の種類によって大きく異なる(**表6.1**)。分子状の界面活性剤の濃度はcmcを超えてもあまり増加しない。ミセルは多くの化学物質を可溶化することができるが，この可溶化はミセル相と水相の間での分配として考えることができる。物質Bの両相での化学ポテンシャルを$\mu_{\mathrm{B,micelle}}$，$\mu_{\mathrm{B,aq}}$とすれば第3講で述べた分配係数βは

$$\beta = \gamma_{\mathrm{B,micelle}}\frac{[\mathrm{B}]_{\mathrm{micelle}}}{[\mathrm{B}]_{\mathrm{aq}}} = \exp\left(-\frac{\mu^\circ_{\mathrm{B,micelle}} - \mu^\circ_{\mathrm{B,aq}}}{RT}\right) \tag{6.8}$$

となる。ここでは，水相におけるγ_{B}を1とした。

ミセルを1つの独立した相としてとらえ，分子状で分散している溶液との「溶解平衡」にあると考える方法もあるが，その場合は，分子状の界面活性剤の濃度がcmcを超えてもあまり増加しないことから[A]を溶解度としてとらえ，

$$\mu^\circ_{\mathrm{micelle}} - \mu^\circ_{\mathrm{molecule}} = RT\ln[A] \tag{6.9}$$

となる。これは式(6.7)で$m\to\infty$と考えたものに等しい。

2 生体高分子のかかわる複合体形成反応

2.1 ◆ 生体高分子へのリガンドの結合

生体高分子であるタンパク質や核酸への低分子やイオンの結合は，生体反応のさまざまな局面で重要である。第9講で取り上げる酵素反応はもとより，遺伝情報の種々の制御，情報伝達，免疫，代謝制御などあらゆるところで起こっている。ここではその中からいくつかの基本的な例を取り上げて解説する。

2.1.1 ◇ 独立な結合

図6.2に示すように生体高分子Pのn箇所に結合部位があり，そこへ分子(**リガンド**とよぶ：ligand，Lで表す)が1つずつ結合するような場合を考える。n箇所の結合部位がそれぞれ他の結合部位の状況に左右されず(＝独立であり)，結合の親和性はすべて同じ(等価)であるとする。このような場合は，多数の結合部位をもっていても，1分子あたり1つの結合部位をもっている場合と同等に扱うことができる。

(a)

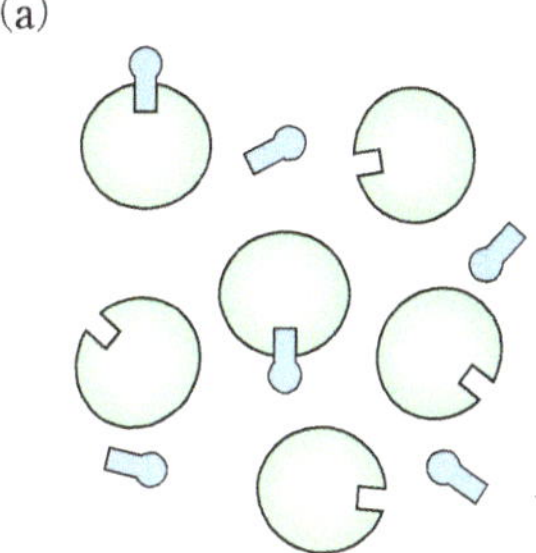

(b)

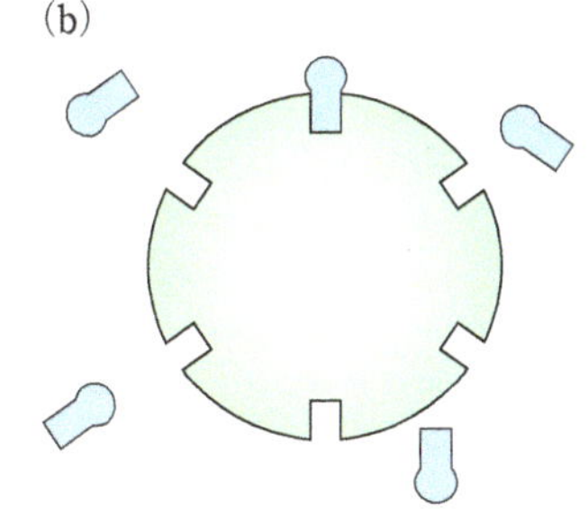

|図6.2| **生体高分子へのリガンドの結合のイメージ**

(a)生体高分子1分子あたり1つの結合部位をもっている場合，(b)1分子あたり多数の結合部位をもっている場合。

生体高分子への結合率をθとすると，θはリガンド濃度[L]と結合の平衡定数Kにより，

$$\theta = \frac{K[\mathrm{L}]}{1+K[\mathrm{L}]} \tag{6.10}$$

と表される。ただし，1分子にn箇所の結合部位があるので，1分子あたりの平均結合数$\bar{\nu}$としては

$$\bar{\nu} = n\theta = \frac{nK[\mathrm{L}]}{1+K[\mathrm{L}]} \tag{6.11}$$

と表される。

式(6.11)は

$$\bar{\nu}(1+K[\mathrm{L}]) = nK[\mathrm{L}] \tag{6.12}$$

さらに

$$\frac{\bar{\nu}}{[\mathrm{L}]} = K(n-\bar{\nu}) \tag{6.13}$$

と変形できる。よって，$\bar{\nu}$ vs $\bar{\nu}/[\mathrm{L}]$のプロットの勾配からKが，横軸切片からnが求められる(**図6.3**(a))。このプロットは**スキャッチャード・プロット**[*2]とよばれる。あるいは式(6.13)の両辺の逆数をとり整理すると，

$$\frac{1}{\bar{\nu}} = \frac{1}{n} + \frac{1}{nK[\mathrm{L}]} \tag{6.14}$$

となる。よって，1/[L] vs $1/\bar{\nu}$のプロットからnとKを求めることもある。

＊2 George Scatchard：1892〜1973(アメリカ)

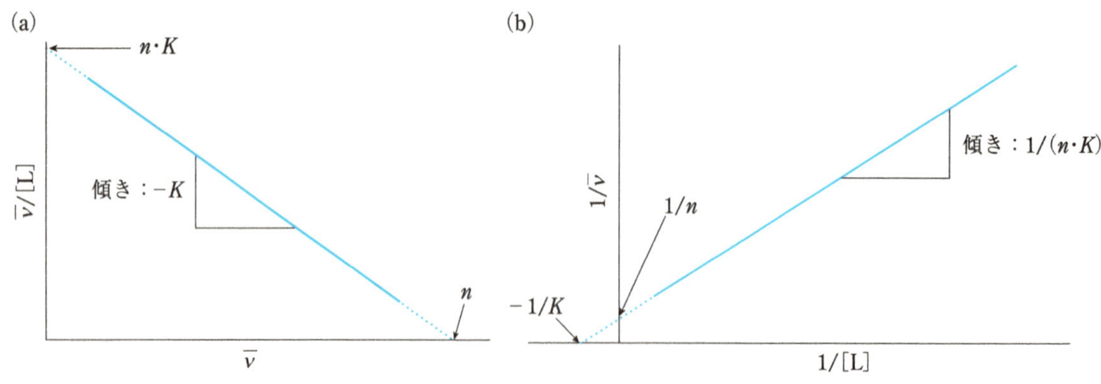

図6.3 **スキャッチャード・プロット(a)とクロッツ・プロット(b)**

このプロットはクロッツ・プロット(Klotz plot)とよぶ(**図6.3**(b))。いずれの場合も[L]は結合していないLの濃度であることに注意を要する[*3]。

*3 この2つの解析法に類似した方法は，第10講で酵素反応の速度を解析する場合に再び現れる。

2.1.2 ◇ 協同作用

生体高分子Pに独立だが異なる親和性をもつ複数の結合サイトがある場合には話が少し複雑になる。結合部位の数をnとし，その平衡定数をK_iとすると，1分子あたりの平均結合数$\bar{\nu}$は

$$\bar{\nu} = \sum_{i=1}^{n} \frac{K_i[\mathrm{L}]}{1 + K_i[\mathrm{L}]} \tag{6.15}$$

となる。もっとも簡単な場合として1つの生体高分子に2種類の結合部位S_1, S_2が1つずつある状況を考えてみると，平均結合数$\bar{\nu}$は

$$\bar{\nu} = \frac{K_1[\mathrm{L}]}{1 + K_1[\mathrm{L}]} + \frac{K_2[\mathrm{L}]}{1 + K_2[\mathrm{L}]} \tag{6.16}$$

となるが，K_1とK_2に十分な差があれば，プロットは**図6.4**のような曲線を与える。式(6.11)はK_iがiによらない特殊な場合とみなせる。

例えば，タンパク質にリガンドが結合するような場合，1つめの結合が2つめの結合に影響を及ぼし，2つめは入りやすくなる，もしくは逆に入りにくくなるなどの**協同性**(cooperativity)が見られることも多い。このような場合，反応は

$$\begin{array}{ccccc} & \overset{K_1}{\underset{+\mathrm{L}}{\nearrow}} & \mathrm{P{\cdot}L} & \overset{\alpha K_2}{\underset{+\mathrm{L}}{\searrow}} & \\ \mathrm{P} & & & & \mathrm{L{\cdot}P{\cdot}L} \\ & \underset{K_2}{\overset{+\mathrm{L}}{\searrow}} & \mathrm{L{\cdot}P} & \underset{\beta K_1}{\overset{+\mathrm{L}}{\nearrow}} & \end{array} \tag{6.17}$$

のように描ける。ここで，P・Lは1つめのサイトにLが結合したもの，L・Pは2つめのサイトに結合したもの，L・P・Lは両方のサイトにLが

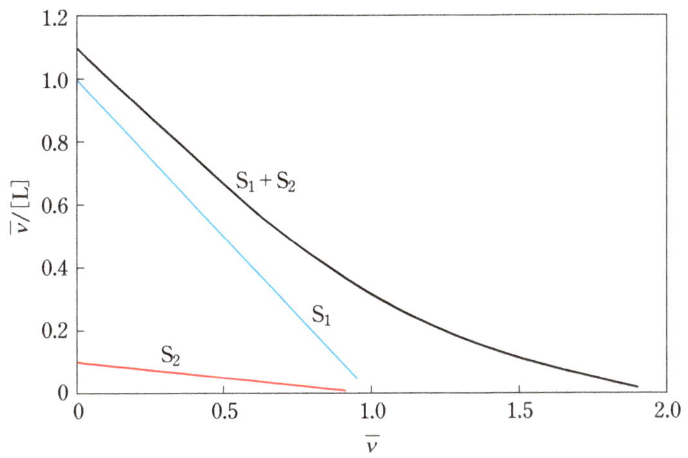

図6.4 | 2種類の結合サイトがある場合のスキャッチャード・プロット

平衡定数(K_1とK_2)が10倍異なる2つの独立した結合部位S_1, S_2をもつ場合。青色，赤色の線はそれぞれS_1, S_2単独の曲線。

結合したもの，α, βはそれぞれの結合反応における2つのリガンドが協同する因子(cooperative factor)である。ここでは結合定数で書いているので，$\alpha, \beta > 1$なら正の協同性，$\alpha, \beta < 1$なら負の協同性ということになる。

それぞれの結合平衡定数は,

$$K_1 = \frac{[\mathrm{P \cdot L}]}{[\mathrm{P}][\mathrm{L}]},\ K_2 = \frac{[\mathrm{L \cdot P}]}{[\mathrm{P}][\mathrm{L}]},\ \alpha K_2 = \frac{[\mathrm{L \cdot P \cdot L}]}{[\mathrm{P \cdot L}][\mathrm{L}]},\ \beta K_1 = \frac{[\mathrm{L \cdot P \cdot L}]}{[\mathrm{L \cdot P}][\mathrm{L}]}$$

なので，Pから1周してPに戻る過程を考えると，$K_1 \cdot \alpha K_2 \cdot (\beta K_1)^{-1} \cdot K_2^{-1} = \alpha/\beta$となる。同じPに戻るので$\alpha/\beta = 1$，すなわち$\alpha = \beta$でなくてはならないことはアミノ酸の酸解離の場合と同様である。この場合，平均結合数$\bar{\nu}$は式(6.15)で$n=2$のとき(式(6.16))と類似した

$$\bar{\nu} = \frac{K_1[\mathrm{L}] + K_2[\mathrm{L}] + 2\alpha K_1 K_2 [\mathrm{L}]^2}{1 + K_1[\mathrm{L}] + K_2[\mathrm{L}] + \alpha K_1 K_2 [\mathrm{L}]^2} \tag{6.18}$$

となる($\alpha = 1$で式(6.16)になる)。

αが非常に小さい場合，系には結合部位1か結合部位2のいずれか一方にだけLが結合した会合体(L·PまたはP·L)ができる。逆にαが非常に大きい場合，系にはLが2つ結合したL·P·L(か結合していないL)しかほとんど存在せず，$\bar{\nu}$は

$$\bar{\nu} = \frac{2\alpha K_1 K_2 [\mathrm{L}]^2}{1 + \alpha K_1 K_2 [\mathrm{L}]^2} \tag{6.19}$$

となる。$\alpha K_1 K_2$を改めてK'とおけば

$$\bar{\nu} = \frac{2K'[\mathrm{L}]^2}{1 + K'[\mathrm{L}]^2} \tag{6.19'}$$

と書ける。したがって，結合部位がn箇所あれば,

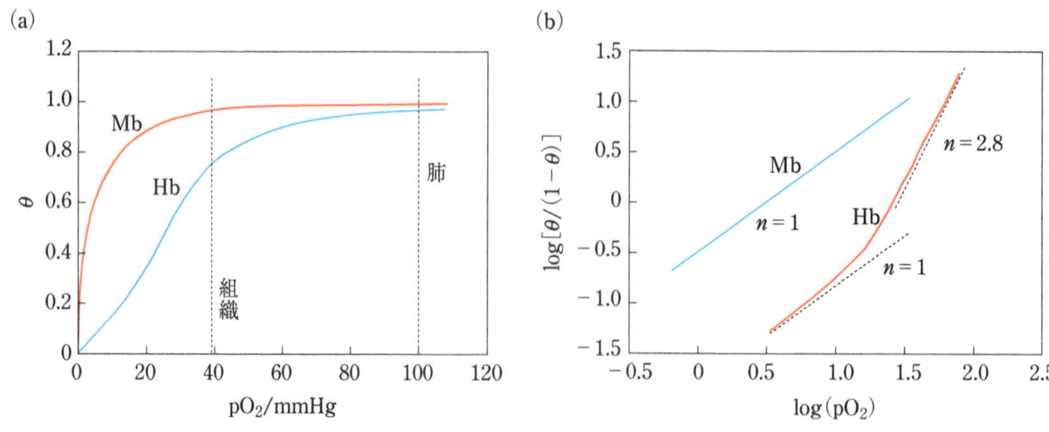

図6.5 ヘモグロビンとミオグロビンの酸素吸着曲線(a)およびヒル・プロット(b)

$$\bar{\nu} = \frac{nK'[\mathrm{L}]^n}{1 + K'[\mathrm{L}]^n} \tag{6.20a}$$

となる。

上式を書き換えると

$$\frac{\bar{\nu}}{n - \bar{\nu}} = K'[\mathrm{L}]^n \tag{6.20b}$$

とできる。これを**ヒルの式**[*4]とよぶ。$\bar{\nu}/n$は先と同じく占有率θであり，

*4 Archibald V. Hill : 1886〜1977（イギリス）

$$\frac{\theta}{1-\theta} = K'[\mathrm{L}]^n \tag{6.21a}$$

および

$$\log\left(\frac{\theta}{1-\theta}\right) = n\log[\mathrm{L}] + \log K' \tag{6.21b}$$

が成り立つ。よって，$\log[\mathrm{L}]$ vs $\log[\theta/(1-\theta)]$のプロットの傾きからnを求めることができる。これを**ヒル・プロット**という。また，nはヒル係数ともよばれ，協同性の指標である。

タンパク質への協同的なリガンドの結合に関してもっとも知られているのは，ヘモグロビン(Hb)への酸素の吸着であろう。このタンパク質の高次構造については第1講で紹介したが，脊椎動物などで酸素O_2を運搬する役目をしている。Hbへの酸素O_2の吸着量は酸素分圧pO_2に対して**図6.5**(a)のようなS字型(sigmoidal)の曲線になる。この挙動は同じく酸素を吸着するタンパク質であるミオグロビン(Mb)のものとかなり異なり，末梢組織のような低酸素分圧下では酸素を脱離しやすく，肺のような高酸素分圧下では酸素の吸着量が大きくなる。図1.22に示したように，ヘモグロビンは4つのサブユニットタンパク質からなり，このような挙動は酸素のサブユニットへの結合が増えるほど酸素に対する親和性が高くなるために生じている。空気中の酸素分圧は160 mmHgであるが，肺の動脈血での酸素分圧は100 mmHg程度，末梢組織や静脈血では

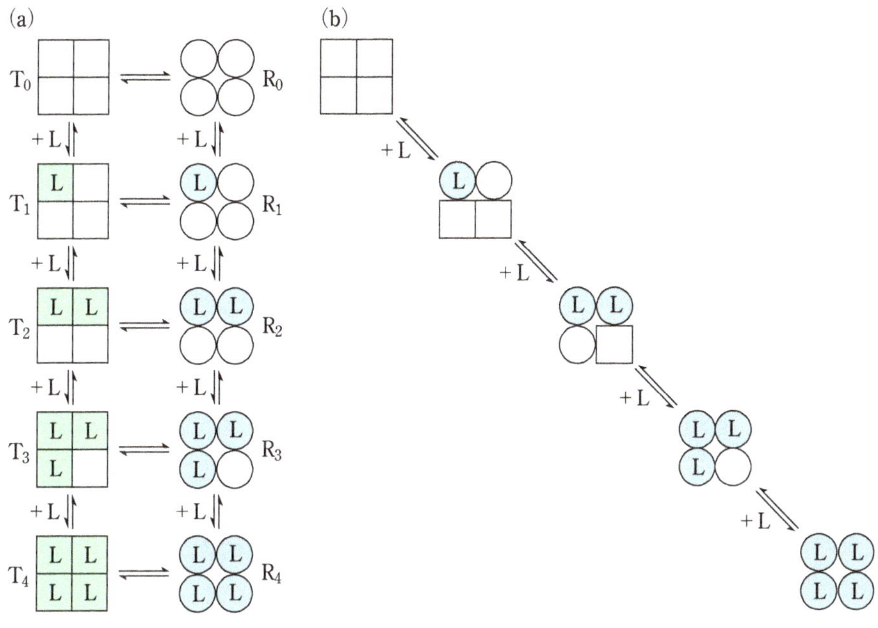

図6.6｜MWCモデル(a)とKNFモデル(b)

40 mmHgとさらに低く，占有率θにして0.2以上の違いになる。このヘモグロビンと酸素の結合についてヒル・プロットを行うと(**図6.5**(b))，nは酸素分圧(＝リガンド濃度[L])に依存し，低濃度では約1に，濃度が高くなると約2.8になる。一方，ミオグロビンは単量体で存在し，結合部位も1つなので，$n=1$であり，酸素分圧が100 mmHg→40 mmHgに低下しても，θは5%も下がらない。

吸着も結合も一般的に「結合しやすい」部位から優先的に始まる。したがって，上記のような「結合が進むと結合しやすくなる」という現象が起こるためには，結合される側(タンパク質)に何らかの構造上の変化が生じて結合のしやすさが変化しなければならない。この現象を説明するのに大きく2つのモデルが考えられた。1つは，モノー*5，ワイマン*6，シャンジュー*7らによって考えられた協奏的(concerted)モデル(MWCモデル)である。MWCモデルを模式的に**図6.6**(a)に示すが，このモデルではオリゴマーからなるタンパク質のサブユニットには2つの状態(T：tensed(緊張型)とR：relaxed(緩和型))があり，リガンド親和性は異なる。R状態とT状態はそれぞれ独立で等価であるとし，R状態とT状態のそれぞれの会合平衡定数をK_R, K_T，T状態とR状態の間の平衡定数をL，K_T/K_Rをc，K_R[L]をαと書けば，結合部位の占有率θは

$$\theta=\frac{Lc\alpha(1+c\alpha)^{n-1}+\alpha(1+\alpha)^{n-1}}{L(1+c\alpha)^n+(1+\alpha)^n} \qquad (6.22)$$

となる。Lとcの変化によってθとαの関係は**図6.7**のようになる。

これに対してコシュランド*8らは逐次的(sequential)モデル(KNFモデル)を考えた(**図6.6**(b))。このモデルでは，サブユニットは個々で独

*5　Jacques L. Monod : 1910〜1976(フランス)，1965年ノーベル医学・生理学賞受賞。

*6　Jeffries Wyman : 1901〜1995(アメリカ)

*7　Jean-Pierre Changeux : 1936〜(フランス)

*8　Daniel E. Koshland, Jr. : 1920〜2007(アメリカ)

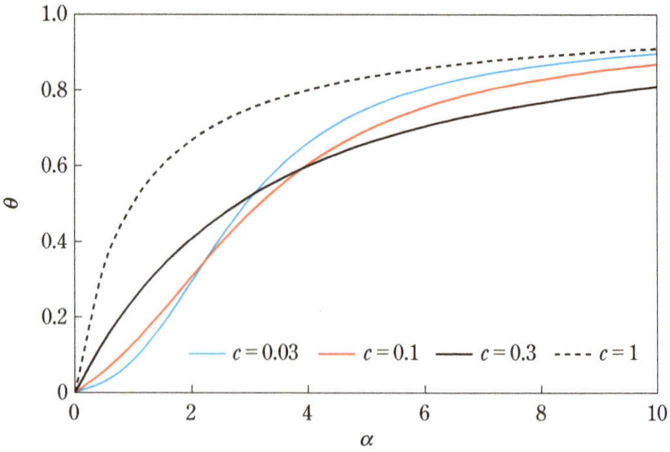

図6.7 **種々の $c(=K_T/K_R)$ に対する θ と α の関係**
式(6.22)で $L=100$, $n=4$ とし，c を0.03〜1で変化させて作成。

立に変化できると考える。T状態のサブユニットにリガンドが結合するとR状態に変わり，その効果によって隣接するサブユニットがR状態へ誘導され，これによって吸着性の変化が起こる。

これらのモデルでは協奏的な親和性の変化がリガンドの構造(立体構造)の変化ではなく，サブユニットタンパク質の状態の変化によって生じると考えているため，この現象は**アロステリック効果**(allosteric effect ; allo＝異なる，steric＝立体)と称されている。ヘモグロビンの場合，後から結合するリガンド O_2 に対する親和性の違いは，同じ O_2 による影響を受けているが，別種類のリガンドによって親和性が左右する場合もある。前者を**ホモトロピック**(homotropic)**制御**，後者を**ヘテロトロピック**(heterotropic)**制御**という。

2.2 ◆ 生体高分子間の会合

第1講で示した生体物質や生体分子の構造を見れば，生体高分子同士の会合や複合体形成が生命体の基礎であることは容易に理解できる。また，小さいものでは先に示したヘモグロビンなどのいわゆるサブユニットタンパク質から大きいものでは筋肉・組織まで，(生体)高分子のさまざまなスケールにおける「会合・組織化」によって生体は作りあげられている。

多量体タンパク質は，2つ(本)以上のポリペプチド(サブユニット)からなるタンパク質である。サブユニットの組み合わせには**図6.8**のようにいろいろなパターンがあるが，その多くは対称軸を有している。ヘモグロビンはテトラマー(tetramer : 四量体)の代表であり，それぞれのサブユニットの構造はミオグロビンと似ている。ヘモグロビンの4つのサブユニットは α および β とよばれる2種類のポリペプチド各2つからなるため，$\alpha_2\beta_2$ 型とも表現される。

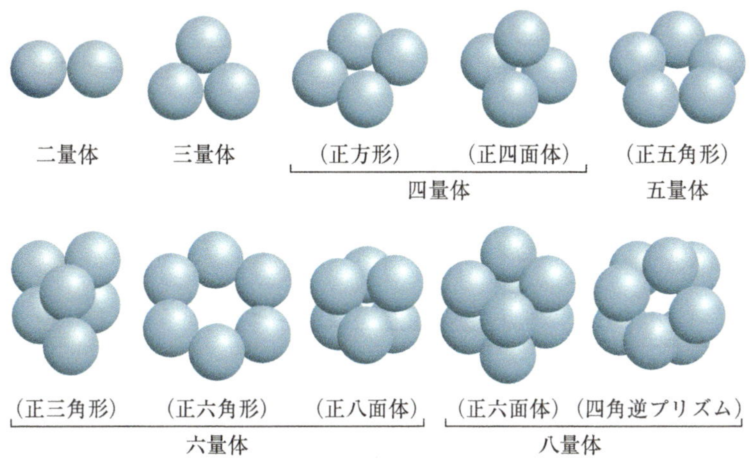

図6.8 | サブユニットの組み合わせのパターンの例

表6.2 | いくつかのタンパク質性酵素阻害剤のK_I値

名称	分子量	対象酵素	K_I (M)
ウシ膵臓トリプシン阻害剤(BPTI)	6,500	トリプシン	6.3×10^{-14}
		カリクレイン	1×10^{-9}
		キモトリプシン	9×10^{-9}
大豆トリプシン阻害剤(STI)	22,000	トリプシン	1.1×10^{-11}
		キモトリプシン	3.5×10^{-6}
Bowman-Burk トリプシン阻害剤(BBI)	8,000	トリプシン	3.7×10^{-8}
		エラスターゼ	1.1×10^{-3}
プラスチノストレプシン	11,400	トリプシン	1.6×10^{-8}
		プラスチン	2.3×10^{-8}

タンパク質の会合反応そのものは，非常に大まかには，本講1で説明した複合体形成と同様に取り扱うことができる。ただし，個々の相互作用は多様で多価性であるとともに，多くは協奏的に作用しあっている。さらに生理的に意味のある会合体の会合力は強いものが多く，したがってその平衡は大きく会合体側に偏っているので，平衡論的に取り扱うのが困難なことも多い。

その中で比較的早くから研究された対象として，タンパク質分解酵素を阻害するタンパク質(タンパク質性酵素阻害剤，タンパク質性インヒビター)と酵素との相互作用がある。個々の中身は紹介しないが，一般的には本講2.1と同様の取り扱いがとられている。**表6.2**にいくつかのタンパク質性酵素阻害剤と酵素の解離平衡定数(**阻害定数**：inhibition constant，K_Iで表す)を示す[*9]。一見してわかるとおり，そのK_Iはきわめて小さく，反応が平衡状態に達するには非常に長い時間がかかるので，平衡状態の達成を待たずに測定されたものも含まれている(第8講「Column　質量作用の法則」参照)。酵素反応の阻害については，第10

＊9　解離平衡に対する値なので単位は濃度(M)である。

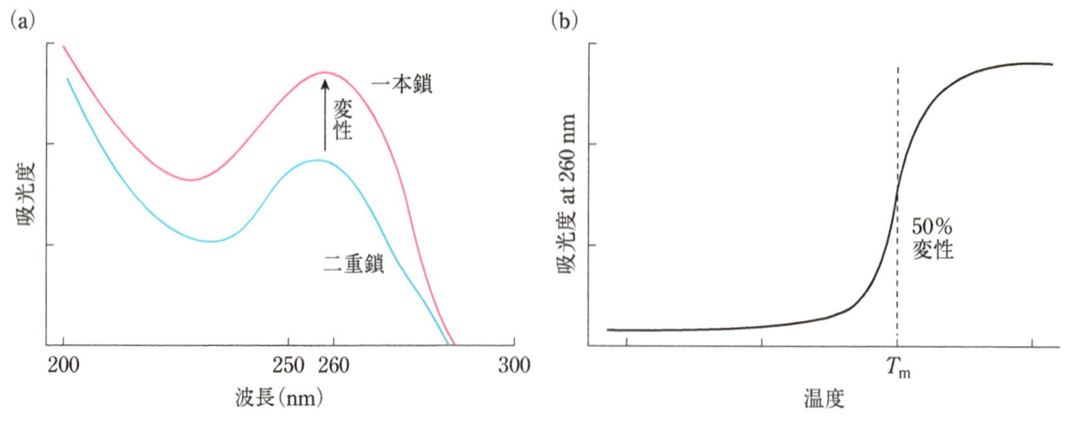

図6.9 | 二重鎖DNAの変性による紫外光の吸収強度の増加(a)とDNAの融解曲線(b)の例

講でさらに説明する。

このような比較的シンプルな相互作用にとどまらず，タンパク質同士の相互作用はシグナル伝達・膜輸送・細胞代謝・筋肉運動など広範な局面で働いており，大きな相互作用ネットワークを形成している。

核酸同士の会合体形成は，DNAの複製(replication)やmRNAへの転写(transcription)に見られるようにきわめて重要な役割をもった生体高分子間の会合であり，第1講で示したような塩基間の相補的な水素結合形式によって遺伝情報の厳密な保持・伝達が行われる。共有結合ではないので，核酸同士の会合体形成は温度に関して可逆的であり，しかも核酸塩基間の**スタッキング**(stacking)によってπ–π電子間の相互作用が変化する。これにより紫外光(240〜280 nm)の吸収強度が変わるので核酸の構造変化は分光学的に測定できる(**図6.9**，光の吸収については第12講も参照)。DNAの二重鎖形成によって紫外光の吸収強度が弱まり，これは**淡色効果**(hypochromicity)といわれる。一方，温度が上昇すると水素結合などによる会合体の保持力が高分子鎖の熱運動に抗しきれなくなり，1本ずつに分かれてしまう。この場合は吸収強度が増加するため，**濃色効果**(hyperchromicity)という。この変化を「転移(transition)」もしくは「融解(melt)」と表現し[*10]，吸収強度の変化曲線(融解曲線)の中点の温度を一般にT_m(mはmeltから)と表す。

＊10　熱力学的には転移でも融解でもない。

DNAが二重鎖を形成する過程を式にすると，A鎖とB鎖が会合してA·Bという二重鎖を生成する過程はA+B ⇌ A·Bとなる。AとBが等モルであれば全DNA鎖の濃度(c_{total})は[A]+[B]+2[A·B]=2[A]+2[A·B](二重鎖はそれぞれの一本鎖を数えるので2倍になる)であり，そのうちの会合している割合をαとすれば

$$K = \frac{[\mathrm{A \cdot B}]}{[\mathrm{A}][\mathrm{B}]} = \frac{2\alpha c_{total}}{(1-\alpha)^2 {c_{total}}^2} = \frac{2\alpha}{(1-\alpha)^2 c_{total}} \qquad (6.23)$$

となる。したがって，融解曲線の中点($\alpha = 0.5$)では

$$K = \frac{4}{c_{\mathrm{total}}} \tag{6.24}$$

である。

会合する一本鎖のDNAが互いに完全に相補的である場合(自己相補鎖)は，$2\mathrm{A} \rightleftharpoons \mathrm{A}_2$のように扱えるので，$c_{\mathrm{total}} = [\mathrm{A}]_0$から，

$$K = \frac{[\mathrm{A}_2]}{[\mathrm{A}]^2} = \frac{\alpha}{2(1-\alpha)^2 c_{\mathrm{total}}} \tag{6.25}$$

となり(この場合は二重鎖1つの形成にともないA鎖が2つ減る)，融解曲線の中点では

$$K = \frac{1}{c_{\mathrm{total}}} \tag{6.26}$$

と異なる結果となる。

$\Delta G^\circ = \Delta H^\circ - T\Delta S^\circ = -RT \ln K$の関係から温度$T_{\mathrm{m}}$では

$$\text{非自己相補鎖：} \Delta H^\circ - T_{\mathrm{m}}\Delta S^\circ = -RT_{\mathrm{m}} \ln\left(\frac{4}{c_{\mathrm{total}}}\right) \tag{6.27a}$$

$$\text{自己相補鎖：} \Delta H^\circ - T_{\mathrm{m}}\Delta S^\circ = -RT_{\mathrm{m}} \ln\left(\frac{1}{c_{\mathrm{total}}}\right) \tag{6.27b}$$

であり，これらはそれぞれ

$$\frac{1}{T_{\mathrm{m}}} = \frac{1}{\Delta H^\circ}\{R \ln c_{\mathrm{total}} + (\Delta S^\circ - R\ln 4)\} \quad \left[T_{\mathrm{m}} = \frac{\Delta H^\circ}{R\ln(c_{\mathrm{total}}/4) + \Delta S^\circ}\right] \tag{6.28a}$$

$$\frac{1}{T_{\mathrm{m}}} = \frac{1}{\Delta H^\circ}(R \ln c_{\mathrm{total}} + \Delta S^\circ) \quad \left[T_{\mathrm{m}} = \frac{\Delta H^\circ}{R\ln c_{\mathrm{total}} + \Delta S^\circ}\right] \tag{6.28b}$$

と変形できる。したがって，$1/T_{\mathrm{m}}$のc_{total}依存性を測定すればΔH°, ΔS°を求めることができる。

二重らせん構造の安定性は塩基の種類と配列に依存し，図1.23で示したように3本の水素結合をもつG–C塩基対を多く含む方が安定である。塩基対1つあたりの平均安定化エネルギーΔGは4〜5 kJ·mol^{-1}と計算されている。また，長さ(塩基対の数)にも大きく依存し，系中に含まれる塩(特にカチオン濃度)によっても大きな影響を受ける。**図6.10**はT_{m}がGC含率と[Na$^+$]に依存する様子を示した初期の研究結果である。ここではNを鎖長(塩基対bp単位)として

$$T_{\mathrm{m}} = 81.5 + 16.6 \times \log[\mathrm{Na}^+] + 0.41 \times [\mathrm{GC含量}(\%)] - (500/N) \tag{6.29}$$

で実測値が再現できることが示されているが(図6.10 ---)，右辺第4項を600/Nとする式もある。いずれにしろ鎖長依存性はオリゴマー(PCR

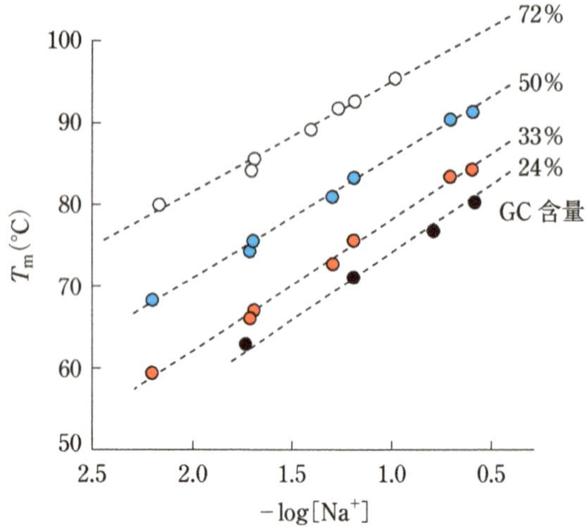

図6.10 T_mのGC含率と[Na^+]依存性

[M. D. Frank-Kamenetskii, *Biopolymers*, **10**, 2623 (1971) より作図]

表6.3 塩基対間のスタッキングエネルギー

組み合わせ	$\Delta H°$ ($kcal \cdot dm^{-3}$)	$\Delta S°$ ($cal \cdot dm^{-3} \cdot K^{-1}$)	$\Delta G°_{(37°C)}$ ($kcal \cdot dm^{-3}$)
AT/TA	−5.6	−15.2	−0.9
TA/AT	−6.6	−18.4	−0.9
AA/TT	−8.0	−21.9	−1.2
CT/GA	−6.6	−16.4	−1.5
GA/CT	−8.8	−23.5	−1.5
GT/CT	−9.4	−25.5	−1.5
CA/GT	−8.2	−21.0	−1.7
GG/CC	−10.9	−28.4	−2.1
GC/CG	−10.5	−26.4	−2.3
CG/GC	−11.8	−29.0	−2.8

[N. Sugimoto *et al.*, *Nucleic Acids Res.*, **24**, 4501 (1996) より作表]

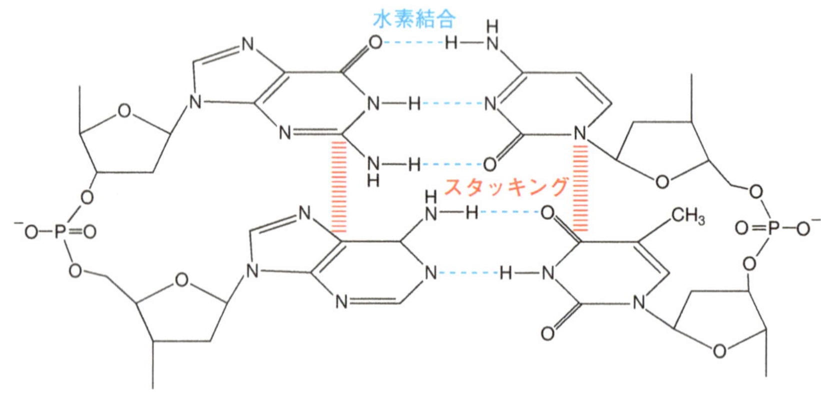

図6.11 塩基間の相互作用

におけるプライマーなども該当)レベルでは大きいが，5000 bpもあればT_mの鎖長依存性による差は0.1°C程度になる。

さらに，同じ鎖における隣の塩基対との相互作用，いわゆるスタッキング相互作用によるエネルギーの安定化もDNAの二重らせん構造の安定性に寄与する。スタッキング相互作用は主に核酸塩基の環状構造にあるπ電子同士の重なりと疎水性相互作用による。塩基対間の相互作用には10種類が考えられるが，その重なり具合を考慮したエネルギーの値がいくつか示されている(**表6.3**)。この場合も，GCを含む組み合わせが大きな安定化エネルギー($-\Delta G°$)を示している。このように，DNAの二重らせん構造は，DNA鎖に対して横方向の塩基間水素結合と縦方向の塩基間スタッキング相互作用によって作られている(**図6.11**)。これらの情報をもとに合成DNAなどのT_mを予測するプログラムがいくつも開発されている。

核酸と相互作用するタンパク質は，核酸の複製や転写などにかかわっている酵素をはじめとして，翻訳（translation）反応の場であるリボソーム（ribosome，真核生物の場合では合計約70本のポリペプチドと4本のRNA（リボソームRNA：rRNA）からできている）の構成や，さらには遺伝情報の発現などを制御し生命の活動そのものを維持・制御するタンパク質性の諸ファクター（プロモーター，リプレッサーなど）との相互作用など多岐にわたる。

演習問題

【1】表6.1に示したドデシル硫酸ナトリウム（SDS），臭化ドデシルトリメチルアンモニウム（DTAB）へのメチルパラベン（図3.4で$R=CH_3$）の水からの分配係数はそれぞれ1.4×10^3, 1.7×10^3ほどである。$\gamma_{B,micelle}$が1と0.7の場合について，化学ポテンシャルの差（$\mu_{B,micelle}-\mu_{B,aq}$）はどの程度かを計算しなさい。ただし，測定は25℃で行われたとする。

【2】あるタンパク質にリガンドLが結合する様子を観測したところ，次表のような結果が得られた。スキャッチャード・プロットを使って最大結合量と結合平衡定数を求めなさい。また，その結果をクロッツ・プロットと比較しなさい。

リガンド濃度[L] (μM)	5.5	17	28	40	50	60	82	125
平均結合量$\bar{\nu}$ (μM・g-タンパク質$^{-1}$)	100	225	285	330	360	390	421	458

【3】式(6.21)を使ってθを[L]，K', nの関数として表しなさい。また，結合部位がn箇所ある場合，$K'=K_1\cdot K_2\cdot K_3\cdot\cdots\cdot K_n$であり，$K_1=K_2=K_3=\cdots\cdots=K_n=10^5\ M^{-1}$とすると，$\theta$の[L]による変化は$n=1, 2, 3, 4, 5$のときにどうなるかをグラフで示しなさい。ただし，[L]軸は対数目盛りで示すこと。

【4】ある非自己相補的なDNA鎖の熱融解を260 nmの紫外光吸収によって測定した結果，次表のようなデータが得られた。この結果から，$\alpha=0.5$になるT_mを推計しなさい。

温度(℃)	60	65	70	72	74	76	78	80	82	85	88	90
吸収強度	0.16	0.16	0.17	0.22	0.32	0.48	0.65	0.75	0.8	0.84	0.85	0.85

【5】ある自己相補的なDNAのT_mを【4】と同様の方法でDNA濃度を変えて測定したところ，次表の結果となった。この結果から，式(6.28b)に基づいて$\ln c_{total}$ vs $1/T_m$のグラフを作成し，その勾配とy軸切片から融解の$\Delta H°$と$\Delta S°$を求めなさい。

濃度(μM)	5.76	10.5	19.9	26.6	48.0	73.8	158	258	470
T_m(℃)	44.8	46.4	47.9	49.0	50.5	51.6	53.1	54.1	55.3

第7講

エネルギーの変換と流れ

生物は物質とエネルギーが循環している系であり，恒常性維持や成長のためさまざまな形のエネルギーを外部から摂取し，体内で変換している。具体的には動物は食物として取り込んだ(酸化度の低い)物質を酸化する反応によって(自由)エネルギーを獲得し，また植物は太陽光のエネルギーを光合成によって変換し，生命活動を維持(定常化)している。つまり，生体内の至るところで酸化還元反応によるエネルギーの獲得・放出が行われている。本講では酸化還元反応およびそれによるエネルギー変換を理解するための基本を解説する。

1 酸化還元反応と標準電極電位

1.1 ◆ 酸化還元反応

酸化反応は第一義的にはその名が示すとおり物質と酸素の反応であるが，この場合，同時に酸素の方は還元される。酸素と化合しない代わりに水素を失う反応も「酸化」であり，水素を得た物質は還元されることになる。さらに，電子(e^-)の授受で考えれば，電子を失うのが酸化であり，得るのが還元ということになる。いずれの場合も，「得る」と「失う」は必ず対となって起こる。

酸化によって，原子やイオンは「酸化されている程度」が上がるが，その程度を表すために**酸化数**(oxidation number)が用いられる。**図7.1**には上記3つの酸化還元反応の例を示す。単体のCuの酸化数は0であり，酸化第二銅CuOとなるとCuの酸化数は+2である*1。酸素については，単体のO_2の酸化数は同じく0で，酸化第二銅CuOとなると−2である。同様に，H_2SのHの酸化数は+1，Sは−2，H_2OのHは+1，Cu^{2+}のCuは+2である。

生体反応で一例をあげれば，**図7.2**に示すミトコンドリア(mitochondria)の電子移動連鎖において，シトクロム*c*(cytochrome *c*, Cyt *c*)というタンパク質がシトクロム*b*(Cyt *b*)というタンパク質によって還元される反応がある(詳細は第15講で解説)*2。この反応では，電子e^-はCyt *b*からCyt *c*に移動するが，e^-の渡し手についても受け手についてもその実質的な役割を担うのはこれらのタンパク質中にある鉄イオンであり，その酸化数まで書けばこの反応は，

酸素との反応

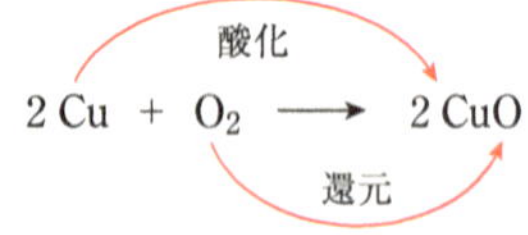

水素との反応

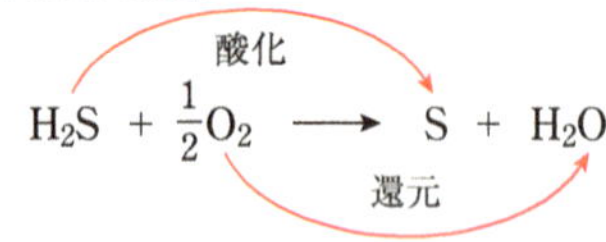

電子の授受反応

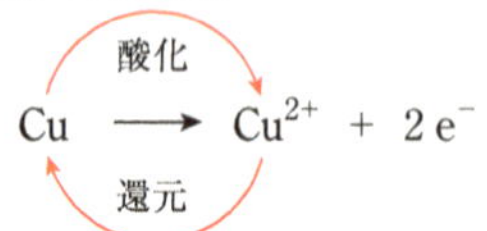

図7.1 酸化・還元の3つのパターン

*1 しばしばローマ数字を用いてCu^{II}もしくはCu(II)と書く。

*2 Cyt *b*とCyt *c*では含まれるヘムの構造が異なる(図7.4参照)。

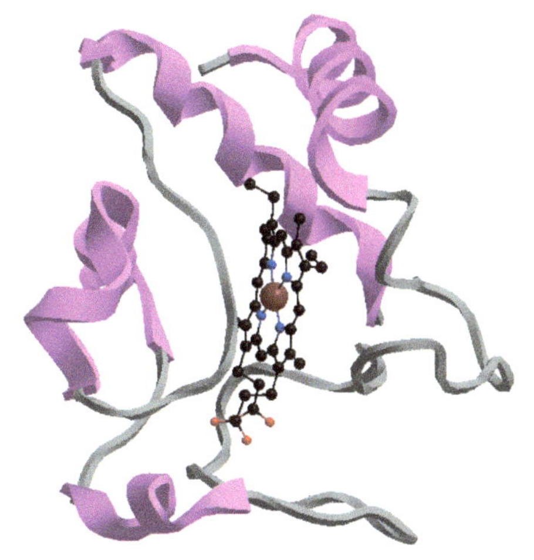

図7.2 | **シトクロム*c*の構造**

ヘム(図7.4参照)部分を強調。中央の大きな球がFe。
[PDB ID : 5CYT, T. Takano (S. R. Hall, T. Ashida eds.), *Methods and Applications in Crystallographic Computing* (1984), p. 262]

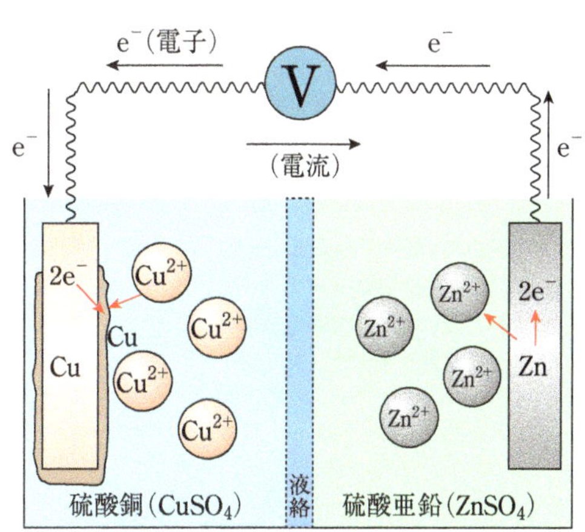

図7.3 | **ダニエル電池の構造**

$$\text{Cyt } c(\text{Fe}^{3+}) + \text{Cyt } b(\text{Fe}^{2+}) \longrightarrow \text{Cyt } c(\text{Fe}^{2+}) + \text{Cyt } b(\text{Fe}^{3+}) \quad (7.1)$$

となる。さらに，この反応について電子e^-の役割まで示すと

$$\text{Cyt } b(\text{Fe}^{2+}) \longrightarrow \text{Cyt } b(\text{Fe}^{3+}) + e^- \quad (7.2)$$

$$\text{Cyt } c(\text{Fe}^{3+}) + e^- \longrightarrow \text{Cyt } c(\text{Fe}^{2+}) \quad (7.3)$$

となる。式(7.2), (7.3)のように酸化反応と還元反応を別々に示した反応式をそれぞれ酸化，還元の**半反応**(half reaction)式という。

式(7.1)の反応において，同じFeイオンをもつタンパク質でありながら，Cyt *b*からCyt *c*にe^-が動くのはなぜだろうか。それはFeイオンの存在状態に違いがあり，この2つの組み合わせではCyt *b*のFeの方がCyt *c*より酸化されやすい状態にあるからである。上にも述べたようにe^-の受け渡しは対となって起こるので，すべての酸化還元反応において電子を渡すか受け取るか(酸化されるか還元されるか)は反応に関与する物質次第で決まる。

例えば

$$\text{Zn}^{2+} + 2e^- \rightleftharpoons \text{Zn} \quad (7.4)$$

$$\text{Cu}^{2+} + 2e^- \rightleftharpoons \text{Cu} \quad (7.5)$$

のうち式(7.4)を左向きに式(7.5)を右向きに起こさせたものが(ダニエル)電池になることはよく知られている(**図7.3**)。このようにe^-の授受によって起こる反応は，両側の溶液は混じらず電子は通れるようにした連絡部(液絡)[*3]で結んだ2つの槽内で反応させて電極を導線でつなぐと電気が流れるシステムを構成することができる。この反応でCu^{2+}, Zn^{2+}の濃度がそれぞれ1 Mである場合，液絡でつないだZn槽と

＊3 液絡は2つの液相を「隔てて」「つなぐ」ものであり，多孔質固体なども含まれる。一方，電気化学測定などに用いられる塩橋は，イオンを含む溶媒などの他の液相のことを示す。したがって，液絡では両槽の液体は液絡内で「接して」いるが，橋では接触しない。

Cu槽の両電極間には1.1 Vの電位が発生し，導線で結べば電流が流れる。この場合の起電力(electromotive force：電流0での電位)Eは式(7.4)，(7.5)の反応の自由エネルギー変化ΔGと関係する。

第3講で述べた標準生成自由エネルギーと同様に，Eについても電子授受の傾向を比較するための基準が決められている。一般的に標準状態での$E°$は反応の電子数をn，ファラデー定数[*4]をF_dとして，$\Delta G°$を用いて

$$E° = -\frac{\Delta G°}{nF_d} \tag{7.6}$$

で表される。したがって，式(3.31)などから

$$E = E° - \frac{RT}{nF_d}\ln\left(\frac{a_{Red}}{a_{Ox}}\right) \tag{7.7}$$

と表現できる(a_{Red}, a_{Ox}はそれぞれ酸化側，還元側の活量)。この式(7.7)を**ネルンストの式**[*5]という。

*4 素電荷eの荷電粒子の集団1 molがもつ電気量。約96485 C·mol^{-1}。1 C(クーロン)＝1 A(アンペア)の電流が1秒間に運ぶ電気量。本書ではF_dで表す。

*5 Walther H. Nernst：1864～1941(ドイツ)。1920年ノーベル化学賞受賞。

Nernst

1.2 ◆ 標準電極電位

標準生成自由エネルギー$\Delta G°$も自由エネルギーの変化ΔGも状態関数であるGから導かれる値であるので，これらの反応を間接的に実現しても結果として同じ値が得られることは第3講で説明したとおりである。つまり，$E°$, Eの値は何らかの基準反応を介して計算しても，直接計算したものと同じ値になる。

一般的には

$$2\,H^+ + 2\,e^- \longrightarrow H_2 \tag{7.8}$$

の反応を基準反応とし，

$$Pt\,|\,H_2(gas,\ 1\ atm)\,|\,H^+\| \tag{7.9}$$

という電極(水素電極：hydrogen electrode)の電位[*6]を基準電位(0 V)とする。ここで，|は物質界面を，‖は液絡を意味する。つまりこの反応と任意の反応でのe^-の受け取りやすさ，渡しやすさを比較して，ある2つの反応について電子授受の傾向を議論する。例えば，

$$Pt\,|\,H_2(gas)\,|\,H^+\|\,Cu^{2+}|\,Cu \tag{7.10}$$

という電池を考えると，その標準状態における電位は0.337 Vであり，また別に

$$Pt\,|\,H_2(gas)\,|\,H^+\|\,Zn^{2+}|\,Zn \tag{7.11}$$

という電池を考えると，－0.763 Vである。この2つを「つなげて」考えると，結果として水素電極の寄与は消え

$$Zn\,|\,Zn^{2+}\|\,Cu^{2+}|\,Cu \tag{7.12}$$

となり，ダニエル電池と同じものが残り，標準状態における起電力は

*6 電位は「単位電荷を異なる地点に移動させるのに必要な仕事」と定義されるが，海面を基準とする標高や海抜のように，常に基準とする位置に対してのみ議論できる。電位の差を電圧といい，これは標高差と同じ考えである。起電力は2つの電極をつなぐことによって電流を生じさせる駆動力のことを指し，2つの電極の電位差ともいえる。いずれも単位はV(ボルト)である。

表7.1 | 種々の(還元)反応の標準電極電位(25°C)

反　応	$E°$(V)	反　応	$E°$(V)	反　応	$E°$(V)
$Au^{3+}+3e^- \rightleftharpoons Au$	1.52	$Fe(CN)_6^{3-}+e^- \rightleftharpoons Fe(CN)_6^{4-}$	0.69	$Fe^{2+}+2e^- \rightleftharpoons Fe$	−0.44
$Cl_2+2e^- \rightleftharpoons 2Cl^-$	1.36	$I_2+2e^- \rightleftharpoons 2I^-$	0.536	$Zn^{2+}+2e^- \rightleftharpoons Zn$	−0.763
$Pt_2+2e^- \rightleftharpoons Pt$	1.188	$Cu^{2+}+2e^- \rightleftharpoons Cu$	0.340	$Mg^{2+}+2e^- \rightleftharpoons Mg$	−2.363
$Br_2+2e^- \rightleftharpoons 2Br^-$	1.065	$Cu^{2+}+e^- \rightleftharpoons Cu^+$	0.153	$Na^++e^- \rightleftharpoons Na$	−2.714
$Hg^{2+}+2e^- \rightleftharpoons Hg$	0.854	$2H^++2e^- \rightleftharpoons H_2$	0	$Ca^{2+}+2e^- \rightleftharpoons Ca$	−2.840
$Ag^++e^- \rightleftharpoons Ag$	0.799	$2D^++2e^- \rightleftharpoons D_2$	−0.003	$K^++e^- \rightleftharpoons K$	−2.925
$Fe^{3+}+e^- \rightleftharpoons Fe^{2+}$	0.771	$Pb^{2+}+2e^- \rightleftharpoons Pb$	−0.126	$Li^++e^- \rightleftharpoons Li$	−3.045

0.337 − (−0.763) = 1.100 Vと計算される。

この関係は$\Delta G°$で議論しても同じである。式(7.10)，(7.11)のように表した反応式は電池の半分にあたるので**半電池**(half-cell)とよび，$E°$を半電池の**標準電極電位**(standard electrode potential)と称する。先のCyt *b*, Cyt *c*の例に戻ると，式(7.2)の逆反応と式(7.3)の$E°$はそれぞれ0.25 V, 0.08 Vであり，この数値の違いによりどちら向きに電子が移動するのかが判断できる[*7]。**表7.1**に一般的な反応について標準電極電位をいくつか示す。

実際の反応でどちらの向きに電子が移動するかを決めるのは$E°$ではなくE($\Delta G°$ではなくΔG)であり，Eの値は活量に依存する。したがって，例えば

$$\mathrm{Zn}\,|\,\mathrm{Zn}^{2+}(10^{-4}\,\mathrm{M})\,\|\,\mathrm{Zn}^{2+}(10^{-3}\,\mathrm{M})\,|\,\mathrm{Zn} \qquad (7.13)$$

という濃度が違うだけの電池を考えても，ネルンストの式から約0.03 Vの電位が発生する。こうした原理に基づく電池は**濃淡電池**(concentration cell)とよばれる。

生化学反応における標準状態を考えるときには注意を要する。一般に標準状態としては単位濃度(例えば1 M)が選ばれており，H^+の標準状態も1 M(pH = 0)としなければならないが，生体反応では，むしろpH = 7($[H^+] = 10^{-7}$ M)の中性条件を基準とした方が都合のよい場合が多い。したがって生体物質の標準電極電位はpH 7を標準状態とするものが考えられる。上に示したCyt *b*やCyt *c*についても同様である。標準状態が異なることによる違いは，$[H^+]$（あるいは$[OH^-]$)が反応式に現れた場合には直接電位に反映されるので，場合によっては標準電極電位の符号まで変わってしまったり，値がpHに大きく依存したりすることになる(pH 7基準を**生化学的標準状態**といい，以下「*」を付けて表す：E^*, ΔG^*など)。**表7.2**にはE^*の一例を示すが，例えば$2H^+ + 2e^- \rightleftharpoons H_2$の値は表7.1での$E° = 0$ Vから$E^* = -0.42$ Vに変化する。

シトクロムは**図7.4**に構造を示すヘム鉄を含むタンパク質であるが，種類ごとにヘムの構造およびそれを囲んでいるタンパク質の与える環境が違うために，微妙にE^*が異なっている。いずれの場合も単独のFe^{3+}/Fe^{2+}のE^*値に比べて小さい値になっており，タンパク質およびポルフィリ

*7　式(7.6)で示したように$E°$が正であれば$\Delta G°$は負となり，自発的に変化(電子の移動)が起こる。双方向とも$E°$が正であっても，その差が正である方向へ変化(反応)は進行する。

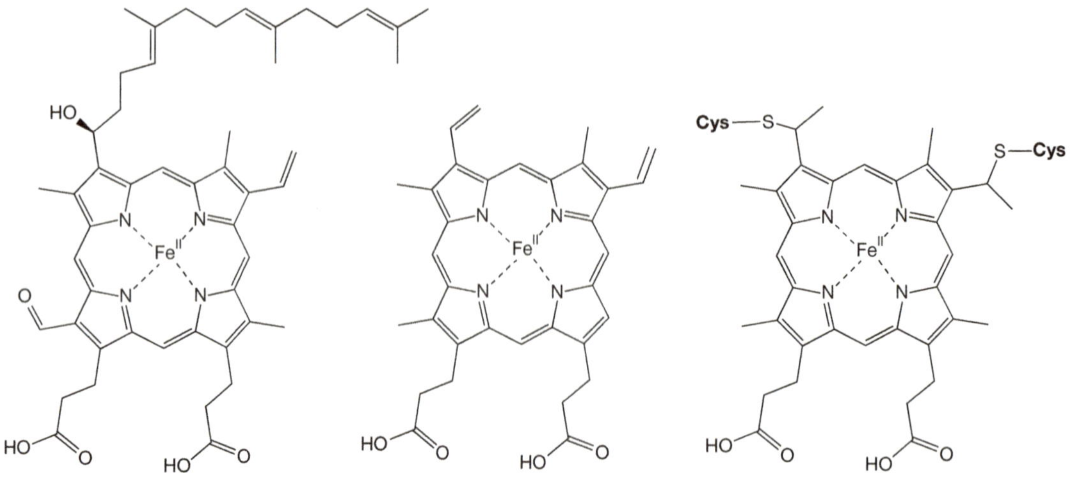

ヘム a　　ヘム b　　ヘム c

図7.4 | ヘムの構造の例

表7.2 | 生化学物質のpH 7を標準状態とした標準電極電位 E^* の例

酸化型／還元型	E^*(V)
O_2／H_2O	+0.82
Fe^{3+}／Fe^{2+}	+0.77
シトクロムa_3	+0.55
シトクロムa	+0.29
シトクロムc	+0.25
シトクロムc_1	+0.22
コエンザイムQ	+0.10
シトクロムb	+0.08
ピルビン酸／乳酸	−0.19
FMN／$FMNH_2$	−0.22
FAD／$FADH_2$	−0.22
グルタチオン	−0.23
NAD^+／NADH	−0.32
$NADP^+$／NADPH	−0.32
H^+／H_2	−0.42
フェレドキシン	−0.43
酢酸／アセトアルデヒド	−0.60

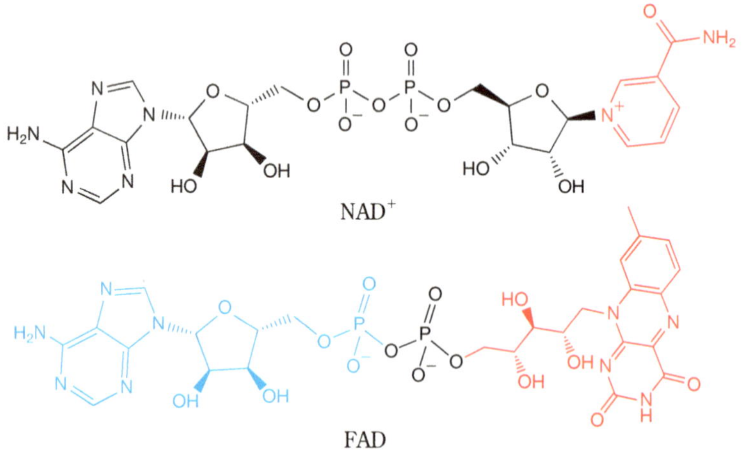

NAD^+

FAD

図7.5 | NAD^+とFADの分子構造

NAD^+の赤色部分はナイアシン由来，FADの赤色部分はリボフラビン由来。

ンの存在によってFe^{3+}の状態が安定化されていることがわかる。

ニコチンアミドアデニンジヌクレオチド（NADH）やNADPH（NADHのアデノシン側のリボースの2′-OHがリン酸化している分子）は多くの生体内での電子e^-の授受に関与しているヌクレオチド分子である。構造は**図7.5**のとおりであるが，直接電子の受け渡しにかかわっているのはニコチンアミド（第1講で紹介したナイアシン・ビタミンB_3）部分である。酸化型ではピリジン環の窒素部分がカチオン（ピリジニウムイオン）となっているが，還元型では4位に水素が付加するとともに2つのe^-を受け入れ，中性となる。

フラビンアデニンジヌクレオチド（FAD）はNAD^+のニコチンアミド部分が窒素を4原子含む三環構造の化合物になっているもので，リボフラ

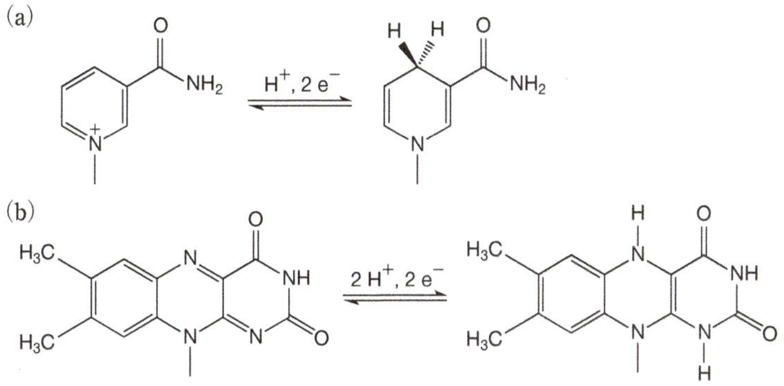

(a)

(b)

図7.6 | **NAD⁺(a)とFAD(b)におけるH^+，e^-の授受反応**

ビン(ビタミンB_2)＋ADPという構造をしている。またフラビンモノヌクレオチド(FMN)はFADのAMP部分(図7.5の青色部分)をもたないものである。**図7.6**に示すようにFADやFMNでの水素の付加はこの三環構造にある2箇所の窒素原子部分で起こる。

2 生体エネルギーの通貨ATP

生物は外界からエネルギーを得るが，電動のロボットではないので，このエネルギーを電池のように電流にして体内各部へ配電するわけではもちろんない。生物体内ではエネルギーを化学物質に変換して，分配・貯蔵などをしている(**図7.7**)。この目的のためにもっとも多く使われるのが，第1講で紹介したアデノシン三リン酸(ATP)である。ATPは「生体エネルギーの通貨」ともよばれている。

ATPは2つのリン酸ジエステル結合を含み，中性付近では4価のアニオンになっている。このアニオン間の静電反発もあって，リン酸ジエステル結合は比較的不安定であり，次のような加水分解反応を生じる。

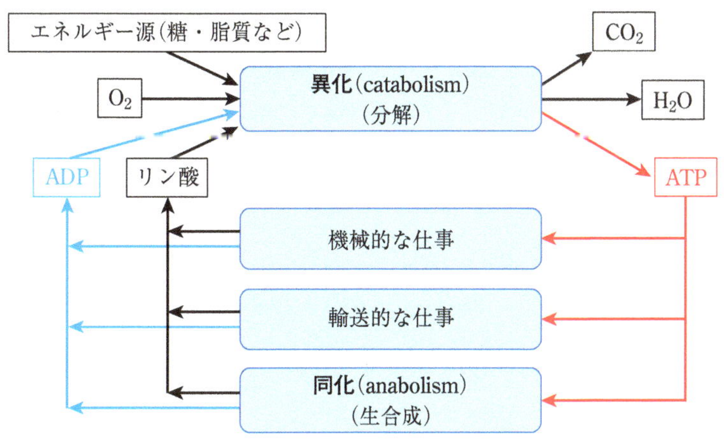

図7.7 | **ATP/ADPを媒介したエネルギーサイクル**

表7.3 リン酸化合物の加水分解にともなう自由エネルギー変化

化合物	ΔG* (kJ·mol⁻¹)	化合物	ΔG* (kJ·mol⁻¹)
ホスホエノールピルビン酸	−61.9	ピロリン酸	−33.5
環状AMP (cAMP)	−52.2	UDP−グルコース	−31.9
カルバミルリン酸*1	−51.5	ATP (→ ADP＋Pi)	−30.5
1,3−ビスホスホグリセリン酸	−49.3	グルコース1−リン酸	−20.9
ATP (→ AMP＋PPi)	−45.6	フルクトース1−リン酸	−15.9
アセチルリン酸	−43.1	グルコース6−リン酸	−13.8
クレアチンリン酸	−43.1	グリセロール3−リン酸*2	−9.2

*1 pH 9.5，*2 pH 8.5，38℃。他はpH＝7，37℃。

$$\mathrm{ATP} + \mathrm{H_2O} \rightleftharpoons \mathrm{ADP} + \mathrm{Pi} \quad (7.14)$$

$$\mathrm{ATP} + \mathrm{H_2O} \rightleftharpoons \mathrm{AMP} + \mathrm{PPi} \quad (7.15)$$

(Pi：無機リン酸，PPi：無機ピロリン酸(無機二リン酸))

これらの反応の平衡定数は10^6, ΔG^*は−30〜−45 kJ·mol^{-1}程度である。上記の反応式において右向きの反応の平衡定数が大きいほどΔG^*は負に大きい値になり，ATPの分解にともなって放出される(自由)エネルギーは大きくなるが，逆にATPを作る場合には多くのエネルギーが必要となる。**表7.3**に種々のリン酸化合物の加水分解についてΔG^*をまとめて示す。生体内の反応で「通貨」となるためには，適度に安定で適度に不安定であることが必要である。核酸塩基としてアデニンがもっともよく使われる理由は明確でないが，他の塩基をもったヌクレオシド三リン酸(NTP)も，いろいろな反応においてエネルギー媒体として使われている。

ΔG^*の−30 kJ·mol^{-1}という値は生化学的標準状態でのものであり，ΔGの値はATP, ADP, Piの濃度が異なれば違ってくる。水中でのPiの濃度が10 mMであれば[ADP]/[ATP]は10^7以上であり平衡は十分加水分解側に偏っているが，ATPを生成する場合にはかなり上り坂(エネルギーの供給が必要)の反応となる。

ここでは詳細に触れないが，グルコースを摂取して最終的にH_2OとCO_2にまで分解される反応，いわゆる解糖系からクエン酸回路(TCAサイクル)を経てミトコンドリア電子伝達系に至る酸化反応では，ATPが総計36〜38分子生成する。グルコースのO_2による直接酸化(燃焼)反応のΔG^*はグルコース1 molあたりで

$$\mathrm{C_6H_{12}O_6} + 6\,\mathrm{O_2} \longrightarrow 6\,\mathrm{CO_2} + 6\,\mathrm{H_2O}$$
$$\Delta G^* = -686\ \mathrm{kcal\cdot mol^{-1}}\ (= -2{,}870\ \mathrm{kJ\cdot mol^{-1}}) \quad (7.16)$$

であるので，このATP合成によるエネルギー利得は

$$\frac{(36\sim38)\times(-30.5)}{-2870} = 38\sim40\%$$

となる。なお，実際の生体内ではPiの濃度がそれほど高くないので

ATPの生成にはより多くの自由エネルギーが必要である。

作られたATPは生体内の各所で種々の反応と共役して反応を「後押し」するために使われる。例えば，以下の式(7.17)に示す解糖系の最初のステップであるグルコースとATPからグルコース6−リン酸が生成するステップ(ヘキソキナーゼ*8という酵素によって触媒される)を見ると，この反応全体のΔG^*は$-16.7\ \mathrm{kJ\cdot mol^{-1}}$であるが，反応(1)の$\Delta G^*$は$+13.8\ \mathrm{kJ\cdot mol^{-1}}$とそのままでは起こらない。これに反応(2)のATP分解反応を組み合わせてはじめて「自発的」に反応が進行するようになる*9。

(1) グルコース ＋ Pi ⟶ グルコース6−リン酸
$\Delta G^* = +13.8\ \mathrm{kJ\cdot mol^{-1}}$

(2) ATP ⟶ ADP ＋ Pi
$\Delta G^* = -30.5\ \mathrm{kJ\cdot mol^{-1}}$

(3) グルコース ＋ ATP ⟶ グルコース6−リン酸＋ADP
$\Delta G^* = -16.7\ \mathrm{kJ\cdot mol^{-1}}$

(7.17)

もちろん，これらの値は生化学的標準状態でのものであり，反応物や生成物は標準濃度(1 M)であるわけではないので，生成物がすぐに次の反応で別のものに変化する(この例の場合だと，フルクトース6−リン酸)場合など，生成物の濃度が低く保たれれば，平衡は生成物側に傾く。このような関係をしばしば次式のように描く。

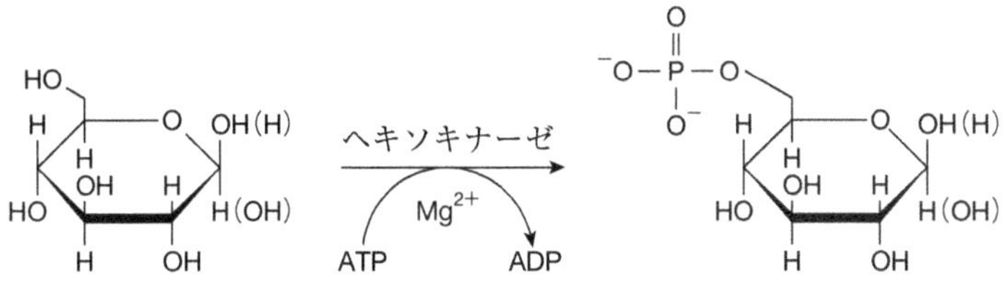

ヘキソキナーゼ
Mg^{2+}
ATP ADP

(7.18)

生体内におけるほとんどすべての合成反応はこの種の「共役機構」により進められているか，あるいは反応物自体がATPなどの働きによって「活性化」されてから反応が起こるかのどちらかであるが，いずれにしてもATPなどの**高エネルギーリン酸化合物**による後押しを受けている。そのほかにも非常に多くの反応があるが，下記には生体高分子の伸長について簡単に示す*10。

グルコースの高分子化*11

ATP ＋ グルコース1−リン酸
⟶ ADP−グルコース ＋ PPi (7.19)

ADP−グルコース ＋ 糖鎖プライマー
⟶ デンプン ＋ ADP (7.20)

*8 ここでヘキソキナーゼはATPの端部(γ位)のリン酸をグルコースの6位のヒドロキシ基に転移させる反応を触媒する酵素である。このようにATPからリン酸を転移させる酵素をキナーゼ(リン酸転移酵素)と総称し，第10講表10.2に示す分類では「2 転移酵素」に分類される。グルコース以外のいくつかの六炭糖(ヘキソース)の反応も触媒するので，ヘキソキナーゼと呼ばれる。なお，この酵素は片方の反応物であるグルコースを取り込むと酵素単独の状態から三次構造が変化するので，コシュランドの提唱した誘導適合モデル(induced-fit model：反応物の結合によってタンパク質構造の変化が誘導されるというモデル)が最初に実証された酵素でもある。

*9 ΔG^*が負であるからといっても，その反応が本当に起こるかどうかは反応の速さによって決まる。水溶液中にグルコースとATPを共存させておいても，実際には$\Delta G^* = -30.5\ \mathrm{kJ\cdot mol^{-1}}$と大きく負であるATPの分解反応だけがゆっくりと進行し，グルコースのリン酸化は起こらない。2つの反応を結びつけるのが第9講で説明する触媒であり，グルコースのリン酸化はヘキソキナーゼの働きによってはじめて可能になる。

*10 以下の各反応過程(→)はそれぞれ酵素によって触媒される。例えば，式(7.22)の反応は「アミノアシルtRNA合成酵素(ARS)」によって触媒される。アミノ酸は20種類あり，tRNA(転移RNA)は各アミノ酸に対して1つ以上の種類がある(図1.24(b)参照)。ARSは各アミノ酸と各tRNAの双方と特異的に結合するので，何十もの種類があり，tRNAの3′末端にそのtRNAのコードに合致したアミノ酸を結合させたアミノアシルtRNAを生成する。

*11 グリコーゲンの場合は，ADPではなくUDP−グルコースが使われる。

タンパク質の生成

アミノ酸 + ATP
⟶ アミノアシル–AMP + PPi (7.21)

アミノアシル–AMP + tRNA
⟶ アミノアシル–tRNA + AMP (7.22)

アミノアシル–tRNA + (n)ペプチジル–tRNA
⟶ ($n+1$)ペプチジル–tRNA + tRNA (7.23)*12

核酸の伸長

DNA(n) + NTP ⟶ DNA($n+1$) + PPi (7.24)

*12 tRNAはアミノ酸ごと(正確にはコドンごと)に異なる。

ヌクレオチド三リン酸などの高エネルギーリン酸化合物以外にも，高いエネルギーを蓄える結合(＝不安定な結合)がある。その1つがエステルの酸素が硫黄になったチオエステル結合で，アセチル化補酵素A(アセチルCoA，Ac–CoA)に見られる。**補酵素A** (coenzyme A, CoA)はパントテン酸，アデノシン二リン酸，および2–チオキシエタンアミンから構成される分子で，末端にチオール基(–SH)をもつ。これに酢酸(**図7.8** (a)の□部分)がエステル結合したものがアセチルCoAであり，その加水分解反応のΔG^*は$-32.2\ \mathrm{kJ \cdot mol^{-1}}$である。

CoAは生体各所の反応で活躍しているが，代表的な例は**図7.8** (b)に示す解糖系からクエン酸回路への接続位置において，ピルビン酸とCoAによりアセチルCoAが生成し，オキサロ酢酸にアセチル基を渡してクエン酸ができるという過程である。この過程では，ピルビン酸の一部が

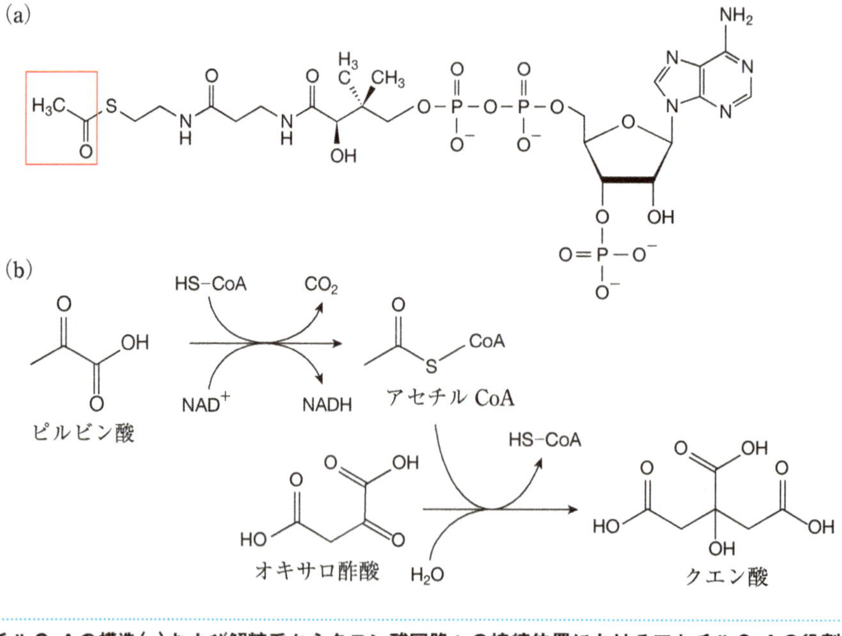

(a)

(b)

図7.8 | アセチルCoAの構造(a)および解糖系からクエン酸回路への接続位置におけるアセチルCoAの役割

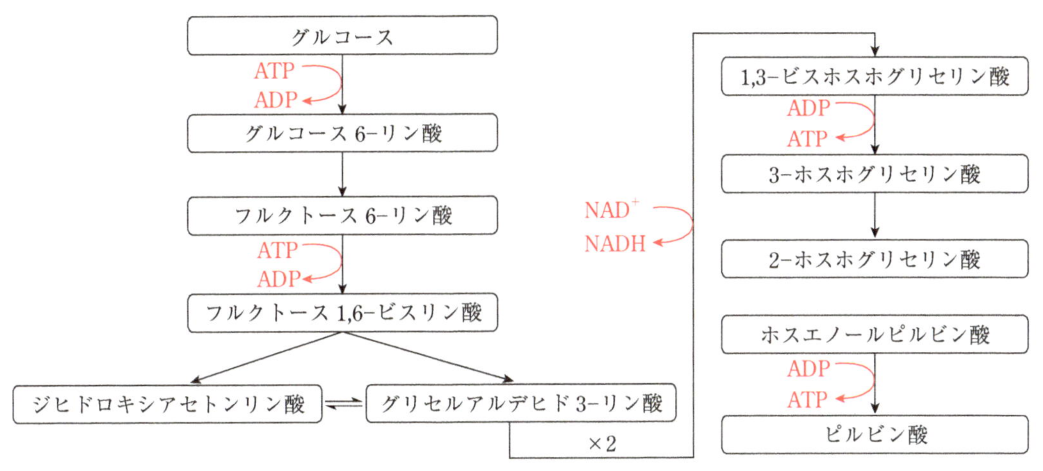

図7.9 | **解糖系における ATP, NADH の生成**

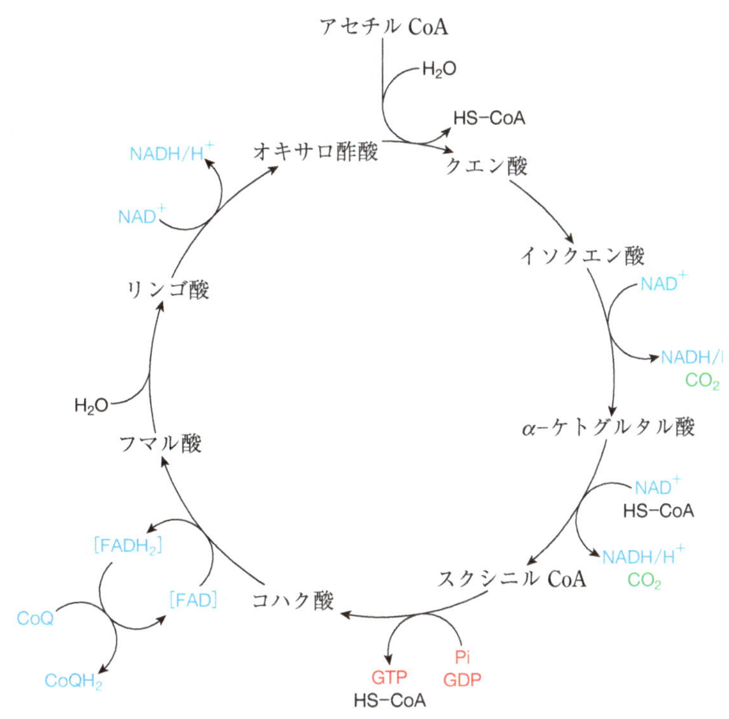

図7.10 | **クエン酸回路における ATP, NADH の生成**
$[FADH_2]$ と [FAD] は遊離していないことを表す。第15講1の複合体IIと対応する。CoQ は補酵素 Q を表す。

二酸化炭素となり，NAD^+の還元とチオエステル結合の生成が起こる。続いて，アセチルCoAがオキサロ酢酸にアセチル基を移してクエン酸が生成する。

クエン酸回路では多くのエネルギーが作り出されるが，その大半はNADHや$FADH_2$に「還元力」として蓄えられる。解糖系（**図7.9**）ではピルビン酸に至るまでにATPとNADHが2:2の割合で作られるのに対し，クエン酸回路（**図7.10**）ではNADHと$FADH_2$とNTPは3:1:1の割合で作られる。NADH, $FADH_2$は電子伝達系においてそれぞれ3分子，2分子のATPを合成するのに使われるが，その過程は分子に直接リン酸基が移る反応(化学的リン酸化)ではなく，酸化還元電位(酸化型/還元型で負)を利用するものである(第15講参照)。

❖ 演習問題

【1】電池の最初はイタリアの生物学者ガルバニ(Luigi Galvani : 1737〜1798)が1780年代に銅製のフックにぶら下げたカエルの脚に鉄製のメスで触れると，脚が痙攣することに気づいたことに始まるといわれている。この現象を銅と鉄の間に電流が流れた(電子が移動した)と単純に考えると，その間の電位差(起電力)は最大何ボルトになるか，表7.1の値から推測しなさい。

【2】図7.9に示したように，解糖系でグルコース6-リン酸は次にフルクトース6-リン酸になり，その後ATPとの共役でフルクトース1,6-ビスリン酸になる。この

$$\text{フルクトース6-リン酸} + \text{ATP} \rightleftharpoons \text{フルクトース1,6-ビスリン酸} + \text{ADP}$$

の反応全体のΔG^*が$-14.2\ \text{kJ}\cdot\text{mol}^{-1}$であるとき，

$$\text{フルクトース6-リン酸} + \text{Pi} \rightleftharpoons \text{フルクトース1,6-ビスリン酸}$$

の反応のΔG^*はいくらになるか計算しなさい。

【3】乳酸発酵というプロセスでは

$$\text{ピルビン酸} + \text{NADH} \rightleftharpoons \text{乳酸} + \text{NAD}^+$$

という反応が起こる。この反応全体の平衡定数は25°Cでいくらであるかを，次の反応の生化学的標準状態での酸化還元電位から計算しなさい。

(i) $\text{NAD}^+ + \text{H}^+ + 2\,\text{e}^- \rightleftharpoons \text{NADH}$　　$E^* = -0.320\ \text{V}$

(ii) $\text{ピルビン酸} + 2\,\text{H}^+ + 2\,\text{e}^- \rightleftharpoons \text{乳酸}$　　$E^* = -0.185\ \text{V}$

いまある環境下で[ピルビン酸] = 0.05 M，[乳酸] = 2.9×10^{-3} M，$[\text{NAD}^+]/[\text{NADH}] = 1.5$であったとすると，$\Delta G$は何$\text{kJ}\cdot\text{mol}^{-1}$になるか。また，この場合に反応はどちら方向に進むか。

【4】生体高分子の伸長反応において，核酸の高分子化がタンパク質や多糖とは高エネルギー化合物のかかわり方で大きく異なることは何か，説明しなさい。

体内時計という用語もあるように，生物は時間とともに生きている。したがって，生きている状態は時間の概念を入れてはじめて取り扱うことができ，Part 2で扱った平衡系の熱力学だけでは十分ではない。つまり，動的な扱いが生体系には不可欠であるが，その一番の典型は酵素反応の速度論的解析であろう。代謝過程についても，その入口と出口だけの問題（何がどんな物質に変わったか）ではなく，どのような速さで進行し，どのように制御されているかという，時間を含んだ理解は重要である。また，生体内で起こっているといっても，一般の触媒反応と共通することは多い。Part 4では酵素反応を中心にこのような考えを解説する。

Part 4
生体反応と時間

第8講

化学反応の速度

1 反応および反応速度の種類

生体内の変化は基本的に化学反応であるという観点に立って，まず一般的な化学反応の速度について基本的な内容を説明する。

1.1 ◆ 反応速度式と反応機構

反応速度の解析においては，最初に時間と物質の量との関係を明らかにすることが試みられ，その後で平衡系の熱力学や平衡に近い系の熱力学における成果を借用することで以下で述べる反応機構などの詳細が検討される。時々刻々移り変わっていく現象を，時間的に変化しないことを前提に築きあげられた論理で説明するのは次善の策でしかない。反応速度論では通常，現象を説明できる数式を見つけることから始める。

化学反応については，「反応機構(reaction mechanism)」という言葉がしばしば使われるが，この言葉には少なくとも2つの意味がある。化学反応が分子レベルでの結合の組み換えであることを考えれば，まず想起される「反応機構」とは，その結合の組み換えが，どのような組み合わせ，順番，位置などで起こるかを示すことである。今日のコンピュータグラフィックス技術を用いれば，原子・分子の結合変化の様子が立体的に描けるであろう。これに対して，伝統的な反応速度論で問題にされる「反応機構」とは，観測された速度データを説明する一連の反応式の組を意味する。後ほど詳細に取り上げる酵素反応を例に取れば，反応物・生成物・エフェクター*1などの濃度の関数として表現された「反応速度式」を満足に説明できる反応式の組を見つけることができれば，その酵素反応の「反応機構」が説明されたことになる。酵素と反応物がどんな相互作用をし，種々の官能基がどんな働きをするかなどを含んだ詳細な「反応機構」は，その先で議論される。

*1 タンパク質に結合して活性を制御する小分子。

1.2 ◆ 基本的な反応の速度式

化学反応速度(reaction rate, reaction velocity)*2は，物質濃度(活量)の時間変化(時間微分，あるいは時間を含む数式)として表される。反応の進行により減少する物質(反応物)の濃度変化速度を正の数として表現するためには，濃度の時間微分に負符号を付ける。また，反応の進行により減少および増加する物質のモル比が1でない場合には，どの物質を対象とするかによって「速度」が異なるので，それを考慮する必要があ

*2 物理的には「rate」と「velocity」にはスカラー量かベクトル量かという違いがあるが，化学反応の進行方向は一次元でしかないので，この双方の言葉が使われている。reaction rateというのが推奨表現であるが，記号としてはrよりもvの方が多く使われている。

る。

いま手始めに

$$\alpha\mathrm{A} + \beta\mathrm{B} \longrightarrow \gamma\mathrm{C} + \delta\mathrm{D} \tag{8.1}$$

という反応を考えてみる。反応物の1つAおよび生成物の1つCに基づく「反応速度」v, v'はそれぞれ

$$v = -\frac{\mathrm{d[A]}}{\mathrm{d}t}, \quad v' = \frac{\mathrm{d[C]}}{\mathrm{d}t} \tag{8.2}$$

と書ける。上で述べたように$v = v'$とは限らないので，1つの反応速度vで議論するためには

$$v = -\frac{1}{\alpha}\frac{\mathrm{d[A]}}{\mathrm{d}t} = +\frac{1}{\gamma}\frac{\mathrm{d[C]}}{\mathrm{d}t} \tag{8.3}$$

としなければならない。あるいは

$$-\frac{\mathrm{d[A]}}{\alpha} = -\frac{\mathrm{d[B]}}{\beta} = +\frac{\mathrm{d[C]}}{\gamma} = +\frac{\mathrm{d[D]}}{\delta} = \mathrm{d}\xi \tag{8.4}$$

で定義される反応進行度ξを使って，

$$v = \frac{\mathrm{d}\xi}{\mathrm{d}t} \tag{8.5}$$

とする場合もある。

このように表されたvを[A], [B], ……の関数として示したのが反応速度式である。いま$v \propto [\mathrm{A}]^a[\mathrm{B}]^b[\mathrm{C}]^c\cdots\cdots$と書ける場合，この比例定数を**反応速度定数**とよび，一般にはkinetic constant（速度定数，動的定数）の頭文字を取って「k」で表す。

$$v = -\frac{1}{\alpha}\frac{\mathrm{d[A]}}{\mathrm{d}t} = k[\mathrm{A}]^a[\mathrm{B}]^b[\mathrm{C}]^c\cdots\cdots \tag{8.6}$$

このとき右辺の濃度項のべき数の和$(a+b+c+\cdots\cdots)$を，この反応速度式の**反応次数**（order of reaction）とよぶ。vがいつもこの例のように各濃度の（べき乗の）積の形で表されるとは限らない。さらにべき数および反応次数は整数とは限らない。

式(8.6)の形式では速度式が濃度の時間微分の形で表されているので，微分型の速度式といわれる。これに対し，各濃度が時間のあらわな関数として表現されている方が実用上有用なことも多い。そのような式は積分型の速度式とよばれる。しかし，微分型の速度式は観測された実験結果から類推して最適な関数を求めればよいが，どのような微分型の速度式でも積分型にできるというわけではない。

1.2.1 ◇ 一次反応式

速度が反応物の存在量によらない場合をゼロ次反応という。これを除けば，もっとも簡単な反応速度式は，1種類の反応物に関して一次の式で表される次式のようなものである。

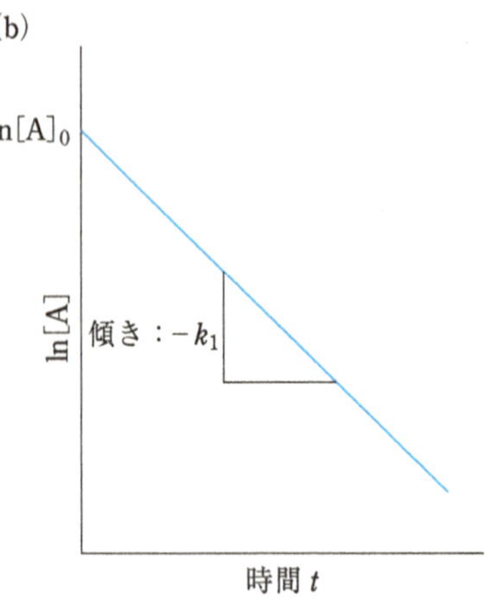

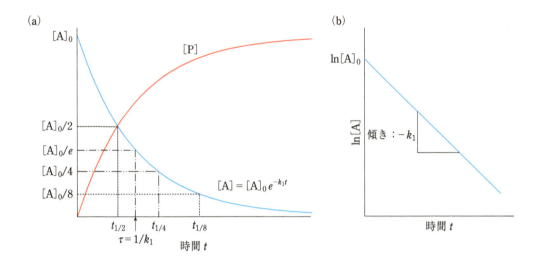

図8.1 一次反応における反応物と生成物の時間変化(a)および反応速度定数の評価(b)

$$v=-\frac{d[A]}{dt}=k_1[A] \tag{8.7}$$

この反応速度式は$A \xrightarrow{k_1} P$のような1分子反応においてしばしば観測され，放射性同位元素の崩壊過程など，物理的な過程においてもよく見られる。

この式は

$$\frac{d[A]}{[A]}=-k_1 dt \tag{8.8}$$

として両辺を積分し，適当な境界条件，例えば$t=0$で$[A]=[A]_0$（最初にPはない）を決めれば，

$$[A]=[A]_0 e^{-k_1 t} \tag{8.9}$$

と解くことができる（eはネイピア数）。式(8.8)は微分型の速度式である。式(8.9)は積分型の速度式で，いわゆる指数関数的減衰曲線の式である（**図8.1**(a)）。

場合によっては生成物の濃度[P]で表現した方が使いやすいことがあるが，その場合は$[A]+[P]=[A]_0$より

$$[P]=[A]_0(1-e^{-k_1 t}) \tag{8.10}$$

となる。また式(8.9)の両辺の対数をとると

$$\ln[A]=-k_1 t+\ln[A]_0 \tag{8.11}$$

となる。よって，$\ln[A]$あるいは$\ln([A]_0-[P])$をtに対してプロットした直線の傾きからk_1を評価することができる（**図8.1**(b)）。

積分型の速度式では，反応の推移を特徴づける**半減期**(half-life，通常

$t_{1/2}$と書く)[*3]は$(\ln 2)/k_1$であり, Aの初期濃度によらない。したがって, $t_{1/2}$の2倍の時間が経てば[A]は(1/4)$[A]_0$に, $t_{1/2}$の3倍の時間が経てば(1/8)$[A]_0$になる。また, Aが$1/e$になる時間$t_{1/e}$は緩和時間とよばれ, 一般にτと表す。τは$1/k_1$に等しくなる。

*3　最初にあったAが1/2の量にまで減少するのに要する時間。

vが[A]の一次項だけで表現されない場合でも, この型の速度式をあてはめることがしばしばある。例えば式(8.6)のような場合に, $[B]_0$, $[C]_0$, …の濃度が$[A]_0$よりも非常に大きく, AがすべてPに変化してもほとんど[B], [C], …に変化が生じないような場合には, 事実上[B], [C], …は$[B]_0$, $[C]_0$, …の一定値をとっているとみなすことができる。つまり, $k_n[B]_0{}^{\beta}[C]_0{}^{\gamma}\cdots$を定数$k_1'$として考えれば

$$v=-\frac{d[A]}{dt}=\left(k_n[B]_0{}^{\beta}[C]_0{}^{\gamma}\cdots\right)[A]=k_1'[A] \tag{8.12}$$

という形になり, 式の上では一次反応式として取り扱うことができる。もちろんk_1'は$[B]_0$や$[C]_0$が変化すれば変わるが, このような取り扱いを擬一次(pseudo-first-order)反応速度式とよぶ。一般的に複数の反応物の濃度を一度に変化させて反応を行うことは上手なやり方とはいえないので, このような「近似」で式を簡略化して解析する例は非常に多い。

1.2.2 ◇ 二次反応式

vが1種類の反応物の濃度の二次項で表される場合も積分型の速度式が得られる。

$$v=-\frac{d[A]}{dt}=k_2[A]^2 \tag{8.13}$$

$$\frac{d[A]}{[A]^2}=-k_2 dt \tag{8.14}$$

両辺を積分し, $t=0$で$[A]=[A]_0$とすると

$$\frac{1}{[A]}-\frac{1}{[A]_0}=k_2 t \tag{8.15a}$$

あるいは

$$\frac{[A]_0-[A]}{[A]_0[A]}=k_2 t \tag{8.15b}$$

となる。また, 先と同様, 生成物Pの濃度[P]で表現すれば, $[A]+[P]=[A]_0$から

$$\frac{[P]}{[A]_0([A]_0-[P])}=k_2 t \tag{8.16}$$

となる。したがって, 式(8.15b)や式(8.16)の左辺をtに対してプロットすることにより, 傾きからk_2が求まる(**図8.2**(a))。この場合, $[A]=(1/2)[A]_0$となる時間$t_{1/2}$は$t_{1/2}=1/(k_2[A]_0)$と求められるが, 一次反応式とは異なり半減期は初期濃度$[A]_0$に依存する。

式(8.13)をn次の項に一般化すると$(n\geq 2)$

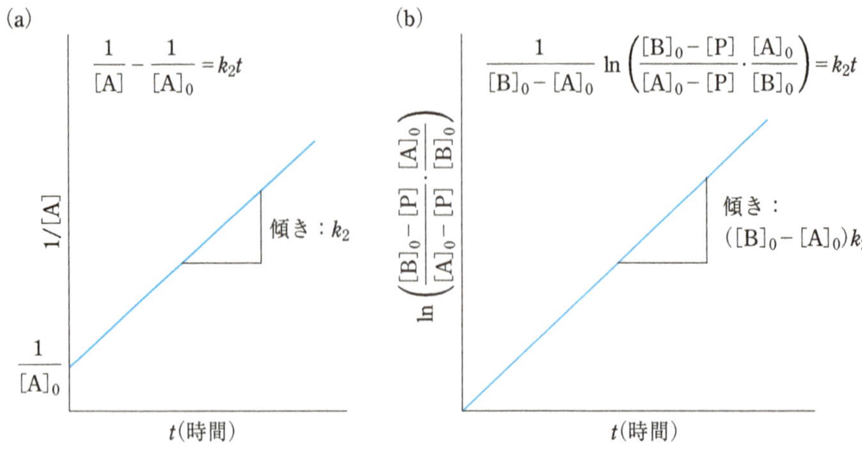

図8.2 | **二次反応における反応速度定数の解析**

(a)反応速度が1種類の反応物の濃度の二次項で表される場合，(b)反応速度が2種類の反応物の濃度の一次項の積で表される場合($[A]_0 \neq [B]_0$)。

$$v = -\frac{d[A]}{dt} = k_n[A]^n \tag{8.17}$$

であり，$[A]^{-n}d[A] = -k_n dt$ より

$$\frac{1}{n-1}\left\{[A]^{-(n-1)} - [A]_0^{-(n-1)}\right\} = k_n t \tag{8.18}$$

となる。したがって，半減期は一般式として($n \geq 2$)

$$t_{1/2} = \frac{1}{n-1}(2^{n-1}-1)[A]_0^{-(n-1)}k_n^{-1} \tag{8.19}$$

と書ける。

一方，vが2種類の反応物の濃度についてそれぞれ一次である場合($A+B \rightarrow P$のような場合)には，

$$v = -\frac{d[A]}{dt} = \frac{d[P]}{dt} = k_2[A][B] \tag{8.20}$$

となり，A, Bの初濃度($t=0$)をそれぞれ$[A]_0$, $[B]_0$とし，$[P]_0 = 0$であれば

$$\frac{d[P]}{([A]_0-[P])([B]_0-[P])} = k_2 dt \tag{8.21}$$

より

$$\frac{1}{[B]_0-[A]_0}\ln\left(\frac{[B]_0-[P]}{[A]_0-[P]} \cdot \frac{[A]_0}{[B]_0}\right) = k_2 t \tag{8.22a}$$

あるいは

$$\frac{1}{[B]_0-[A]_0}\ln\left(\frac{[B]}{[A]} \cdot \frac{[A]_0}{[B]_0}\right) = k_2 t \tag{8.22b}$$

が得られる(演習問題【2】参照)。ただし，式(8.21)から式(8.22)の変形には$[A]_0 \neq [B]_0$が条件となっており，$[A]_0 = [B]_0$であれば式(8.15)と同

様の式が得られる。式(8.22a)より，t vs $\ln[([B]_0-[P])/([A]_0-[P])\cdot([A]_0/[B]_0)]$のプロットの傾きから$k_2$が求められることがわかる(図8.2(b))。

1.2.3 ◇ 往復反応

化学反応がいつも一段階の反応式で書くことができ，簡単な次数の式になるとは限らない。ここからは前項よりも少しだけ複雑な要素を含んだ反応式を取り上げてみる[*4]。

＊4　とはいっても，現実に見られる種々の複雑な反応に比べれば，非常に簡単な場合でしかない。

化学平衡を考えれば，本来化学反応は

$$\mathrm{A} \underset{k_{-1}}{\overset{k_1}{\rightleftarrows}} \mathrm{P} \tag{8.23}$$

$$\mathrm{A}+\mathrm{B} \underset{k_{-2}}{\overset{k_2}{\rightleftarrows}} \mathrm{P} \tag{8.24}$$

のように，反応物と生成物の間でどちら向きでも反応が進行する。

式(8.23)のような反応で，両方向の反応とも一次の速度式に従う場合には，反応速度vは

$$v=-\frac{\mathrm{d}[\mathrm{A}]}{\mathrm{d}t}=\frac{\mathrm{d}[\mathrm{P}]}{\mathrm{d}t}=k_1[\mathrm{A}]-k_{-1}[\mathrm{P}] \tag{8.25}$$

と表され，$[A]+[P]=[A]_0$の関係より

$$v=k_1[\mathrm{A}]_0-(k_1+k_{-1})[\mathrm{P}] \tag{8.25'}$$

となる。上式を変形した

$$\frac{\mathrm{d}[\mathrm{P}]}{k_1[\mathrm{A}]_0-(k_1+k_{-1})[\mathrm{P}]}=\mathrm{d}t \tag{8.26}$$

を$[P]_0=0$として積分すると，

$$[\mathrm{P}]=\frac{k_1[\mathrm{A}]_0}{k_1+k_{-1}}\{1-e^{-(k_1+k_{-1})t}\} \tag{8.27}$$

となる。これはk_1+k_{-1}を新たな速度定数とすると式(8.10)に似ている。

平衡状態に達した時点では，後のコラムで述べる質量作用の法則のように，この時点では右向きの反応の速度と左向きの反応の速度が等しくなる。平衡状態におけるPの濃度を$[P]_e$とし，$[P]_0=0$として積分すると，

$$k_1([\mathrm{A}]_0-[\mathrm{P}]_\mathrm{e})=k_{-1}[\mathrm{P}]_\mathrm{e} \tag{8.28}$$

が得られる。これを式(8.27)に代入すると

$$k_1t=\frac{[\mathrm{P}]_\mathrm{e}}{[\mathrm{A}]_\mathrm{e}}\ln\left(\frac{[\mathrm{P}]_\mathrm{e}}{[\mathrm{P}]_\mathrm{e}-[\mathrm{P}]}\right) \tag{8.29}$$

が導かれる。

式(8.24)の反応では，反応速度vは

$$v=-\frac{\mathrm{d}[\mathrm{A}]}{\mathrm{d}t}=-\frac{\mathrm{d}[\mathrm{B}]}{\mathrm{d}t}=\frac{\mathrm{d}[\mathrm{P}]}{\mathrm{d}t} \tag{8.30}$$

である。$[\mathrm{P}]_0=0$であるとすると

$$v=k_2([\mathrm{A}]_0-[\mathrm{P}])([\mathrm{B}]_0-[\mathrm{P}])-k_{-2}[\mathrm{P}] \tag{8.31}$$

となり，$[\mathrm{A}]_0=[\mathrm{B}]_0$の場合には

$$k_2 t=\frac{[\mathrm{P}]_\mathrm{e}}{[\mathrm{A}]_0^{\,2}-[\mathrm{P}]_\mathrm{e}^{\,2}}\ln\left[\frac{[\mathrm{P}]_\mathrm{e}([\mathrm{A}]_0^{\,2}-[\mathrm{P}][\mathrm{P}]_\mathrm{e})}{[\mathrm{A}]_0^{\,2}([\mathrm{P}]_\mathrm{e}-[\mathrm{P}])}\right] \tag{8.32}$$

が導かれる。

1.2.4 ◇ 連続反応

生体内では2つ以上の反応が引き続いて起こることも少なくない。生体は化学反応の連鎖による物質変換が複雑に入り組んだ高度な反応系を形成している。

そのうちもっとも基本的な形は2つの一次反応が連なったものである。

$$\mathrm{A}\xrightarrow{k_1}\mathrm{B}\xrightarrow{k_1'}\mathrm{C} \tag{8.33}$$

Bは第1の反応の生成物であると同時に第2の反応の反応物である。この式では[A], [B], [C]の総和は一定であり，$[\mathrm{B}]_0=[\mathrm{C}]_0=0$であるとすると，$[\mathrm{A}]+[\mathrm{B}]+[\mathrm{C}]=[\mathrm{A}]_0$が成立する。この関係を使って

$$\frac{\mathrm{d}[\mathrm{A}]}{\mathrm{d}t}=-k_1[\mathrm{A}] \tag{8.34a}$$

$$\frac{\mathrm{d}[\mathrm{B}]}{\mathrm{d}t}=+k_1[\mathrm{A}]-k_1'[\mathrm{B}] \tag{8.34b}$$

$$\frac{\mathrm{d}[\mathrm{C}]}{\mathrm{d}t}=+k_1'[\mathrm{B}] \tag{8.34c}$$

を解く。式(8.34a)は一次反応の関係式そのものであるので単独で解けて，式(8.9)が得られる。これを使って残りの2つの式を解くと，

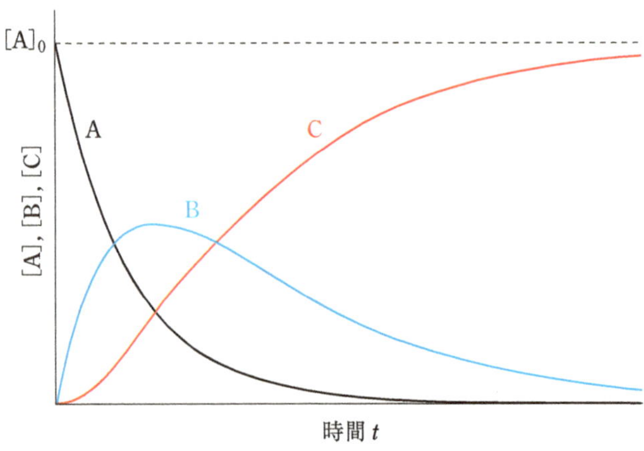

図8.3 | 連続反応における反応物と生成物の時間変化の例

$[\mathrm{B}]_0=[\mathrm{C}]_0=0$の場合。$[\mathrm{A}]+[\mathrm{B}]+[\mathrm{C}]=[\mathrm{A}]_0$

Column

質量作用の法則

平衡定数と類似の概念については，1864年に義兄弟であるノルウェーのグールベリ(Cato M. Guldberg：1836～1902)とボーゲ(Peter Waage：1833～1900)が「反応の化学親和力は成分濃度に比例する」と提唱した。これは**質量作用の法則**(mass action law)とよばれる。彼らは「(平衡)定数」の存在の説明として，

$$\mathrm{A}+\mathrm{B}\ \underset{\overleftarrow{k}}{\overset{\overrightarrow{k}}{\rightleftharpoons}}\ \mathrm{P}+\mathrm{Q}$$

の反応で右方向の反応速度$\overrightarrow{v}$と左方向の反応速度$\overleftarrow{v}$がつりあうことを$\overrightarrow{v}=\overleftarrow{v}$とし，

$$\overrightarrow{k}[\mathrm{A}][\mathrm{B}]=\overleftarrow{k}[\mathrm{P}][\mathrm{Q}]$$

から

$$\frac{\overrightarrow{k}}{\overleftarrow{k}}=K=\frac{[\mathrm{P}][\mathrm{Q}]}{[\mathrm{A}][\mathrm{B}]}$$

を示した。

平衡定数の説明に現在でも高等学校の教科書では同様の記述があるようだが，反応が単純な1段階ではなく，複数の反応(素反応)からなる場合や速度式における濃度のべき係数が整数でない場合には，成立することが説明しにくい。ただ，ここで示された「平衡状態は反応のバランスで成り立つ」という考えは重要であり，1877年にアメリカのギルバート(Grove Karl Gilbert：1843～1918)が固体の溶解平衡について「動的平衡(dynamic equilibrium)」という語を用いた。つまり，図3.7の説明で示した「$\Delta G_r=0$になれば平衡になる」というのは系全体をマクロに見た記述であり，ミクロには個々の分子は双方向に変化し(往復し)，その収支が一致しているのである。これに対して，生物が一見変化していないように見えるのは「平衡状態」に達したわけではなく「定常状態(＝系への出入りがバランスしている)」の成立にあたる。言い換えれば，往復反応と連続反応の違いである。もし生物が「平衡状態」に達してしまえば，それはもう「生命」体ではなくなる。

なお，「mass action」は日本語で「質量作用」と訳されている。massの語には物理学的に定義された「質量」以外に単純な「量」などの意味があり，上の式でわかるように，これは濃度による作用，現在の考えからいうと物質量(モル数)による作用に近い。

$$[\mathrm{A}]=[\mathrm{A}]_0e^{-k_1t} \tag{8.35a}$$

$$[\mathrm{B}]=[\mathrm{A}]_0\frac{k_1[\mathrm{A}]_0}{k_1'-k_1}\left(e^{-k_1t}-e^{-k_1't}\right) \tag{8.35b}$$

$$[\mathrm{C}]=[\mathrm{A}]_0\left\{1-\frac{1}{k_1'-k_1}\left(k_1'e^{-k_1t}-k_1e^{-k_1't}\right)\right\} \tag{8.35c}$$

となる。$k_1>k_1'$のとき(Bが生じる方がBが失われるよりも速いとき)には式(8.35b)はBの過渡的な生成を示す。例えば，$k_1/k_1'=2$では**図8.3**のように，まずBが蓄積し，その後減少していくという遷移が見られる。

2 反応速度の理論

2.1 ◆ 反応速度の温度依存性

反応速度の解析から，そこで起こっている化学反応の中身を知るためには，一般に種々の「変数(パラメータ)」を変化させて測定をする。速度定数を求める際は,反応物の濃度を変えて測定を行うのが通常である。速度定数が種々の条件に依存すること，および，その依存の様子を知ることによって「何が」，「どのように」起こっているかを探るのが速度論的解析であるといえる。

その際，考慮される最初の変数の1つが温度であろう。種々の日常的経験において，我々は温度を上昇させれば変化が速くなる例をたくさん見ている。このような現象の数式的な取り扱いは1889年にアレニウスにより行われた。反応速度の温度依存性を第3講で取り上げたファント・ホッフの式と同様の表現で記述しようとしたもので，平衡定数Kについての式(3.37a)に対して，反応速度定数kについての

$$\frac{\mathrm{d}(\ln k)}{\mathrm{d}T}=\frac{E_\mathrm{a}}{RT^2} \tag{8.36}$$

を考える。このE_aを反応の**活性化エネルギー**(activation energy)とよぶ。アレニウスおよび他の多くの研究者が示した実測例によってこの式がある温度範囲においてよくあてはまることが示されており，もっとも使いやすい式として今日でもしばしば利用されている。

この式は概念的には**図8.4**のような反応の推移とエネルギーの関係を示している。反応の前後における反応物と生成物のエネルギーの差は，両方向の反応の活性化エネルギーの差と考えられ，このことが反応速度の温度依存性をファント・ホッフ型の式にあてはめた発想のもとになっている。

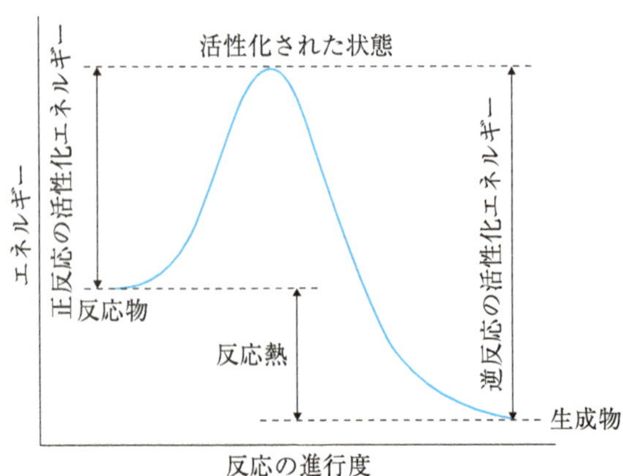

図8.4 | **活性化エネルギーの概念図**

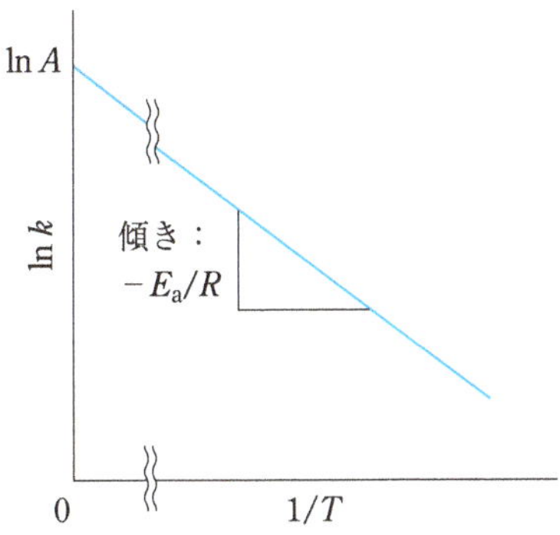

図8.5 アレニウス・プロット

式(8.36)の積分型は

$$\ln k = -\frac{E_a}{RT} + \ln A \tag{8.37a}$$

あるいは

$$k = A\exp\left(-\frac{E_a}{RT}\right) \tag{8.37b}$$

と書ける。よって，$1/T$ vs $\ln k$のプロットの傾きからE_aが求まる(**図8.5**)。これを**アレニウス・プロット**という。縦軸の切片から得られるA(積分定数)は，同じ活性化エネルギーを有していても速く進む反応と遅く進む反応がある点を考慮するためのパラメータである。イメージとしては反応物(分子)間の遭遇の頻度に関係するものであり，**頻度因子**(frequency factor)あるいは単に前指数因子(pre-exponential factor)とよばれる。

AとE_aのもつ意味を理解するために，図8.4のエネルギーの関係を自由エネルギーの観点から考え，反応プロフィールのもっとも高い点に仮想的な「中間状態：$X^‡$」をおく理論がある。この中間状態は**活性錯合体**(activated complex，活性複合体ともいう)とよばれる。本来は平衡系ではないこの中間状態と原系(反応系：A＋B)との間に仮想的な「平衡」を考え，その平衡定数$K^‡$を

$$K^‡ = \frac{[X^‡]}{[A][B]} \tag{8.38}$$

とすると，反応速度vは$X^‡$から生成系へと進んでいく頻度$\nu^‡$と活性複合体の濃度$[X^‡]$によって，

$$v = \nu^‡[X^‡] \tag{8.39}$$

と表すことができる。これはアイリング[*5]とポラニー[*6]の「活性錯合体理論」もしくは「遷移状態(transition state)理論」とよばれる。一方，反応速度定数k_2を用いれば，$v = k_2[A][B]$である。ここで$\nu^‡$は遷移状態の分子内振動分配関数(vibrational partition function)の議論(詳細は省略)

＊5　Henry B. Eyring：1901～1981(アメリカ)

Eyring

＊6　Michael Polanyi：1891～1976(ハンガリー・イギリス)

から$v^{\ddagger}=k_{\mathrm{B}}T/h$と考えることができ($h$はプランク定数：第11講「Column プランク定数」参照),

$$k_2=v^{\ddagger}K^{\ddagger}=\frac{k_{\mathrm{B}}T}{h}K^{\ddagger} \tag{8.40}$$

とできる。この$K^{\ddagger}$をギブズ自由エネルギーを用いて$\ln K^{\ddagger}=-(\Delta G^{\ddagger}/RT)$と表したとき，$\Delta G^{\ddagger}$は**活性化ギブズ自由エネルギー**(activation Gibbs free energy)とよばれる。同じように$\Delta H^{\ddagger}$(活性化エンタルピー：activation enthalpy)，$\Delta S^{\ddagger}$(活性化エントロピー：activation entropy)なども考えれば，$\Delta G^{\ddagger}=\Delta H^{\ddagger}-T\Delta S^{\ddagger}$より

$$k_2=\frac{k_{\mathrm{B}}T}{h}e^{-\Delta G^{\ddagger}/RT}=\frac{k_{\mathrm{B}}T}{h}e^{-\Delta H^{\ddagger}/RT}\cdot e^{\Delta S^{\ddagger}/R} \tag{8.41a}$$

$$\ln k_2=\ln\left(\frac{k_{\mathrm{B}}}{h}\right)+\ln T-\frac{\Delta H^{\ddagger}}{RT}+\frac{\Delta S^{\ddagger}}{R} \tag{8.41b}$$

と書ける。

この式からk_2の温度依存性は

$$\frac{\mathrm{d}(\ln k_2)}{\mathrm{d}T}=\frac{1}{T}+\frac{\Delta H^{\ddagger}}{RT^2} \tag{8.42a}$$

あるいは

$$\frac{\mathrm{d}(\ln k_2)}{\mathrm{d}(1/T)}=-\frac{RT+\Delta H^{\ddagger}}{R} \tag{8.42b}$$

であり，式(8.37)を$1/T$で微分した

$$\frac{\mathrm{d}(\ln k_2)}{\mathrm{d}(1/T)}=-\frac{E_{\mathrm{a}}}{R} \tag{8.43}$$

と比較すると

$$E_{\mathrm{a}}=RT+\Delta H^{\ddagger} \tag{8.44}$$

となる。つまり，アレニウスの活性化エネルギーE_{a}は活性化エンタルピー$\Delta H^{\ddagger}$よりもRTだけ大きい。

これに対して，活性化エントロピー$\Delta S^{\ddagger}$は頻度因子Aと関係づけることができる。式(8.41b)に$\Delta H^{\ddagger}=E_{\mathrm{a}}-RT$を代入すると

$$\begin{aligned}\ln k_2&=\ln\left(\frac{k_{\mathrm{B}}}{h}\right)+\ln T-\frac{E_{\mathrm{a}}-RT}{RT}+\frac{\Delta S^{\ddagger}}{R}\\&=-\frac{E_{\mathrm{a}}}{RT}+\ln\left(\frac{k_{\mathrm{B}}T}{h}\right)+\frac{\Delta S^{\ddagger}}{R}+1\end{aligned} \tag{8.41c}$$

であり，式(8.37a)と比較すると

$$\ln A=\ln\left(\frac{k_{\mathrm{B}}T}{h}\right)+\frac{\Delta S^{\ddagger}}{R}+1 \tag{8.45a}$$

$$A=\frac{k_{\mathrm{B}}T}{h}e^{(\Delta S^{\ddagger}/R)+1} \tag{8.45b}$$

となる。$\Delta S^{\ddagger}$のイメージは遷移状態と反応物との間のエントロピーの差

であり，ふつう2分子が1分子の複合体になると分子の数が減少するので2分子反応では負の$\Delta S^{\ddagger}$を示すが，結合が切れる反応において遷移状態の段階ですでに結合がかなりゆるくなっているような場合には，この結合に関する自由度が増すので正の$\Delta S^{\ddagger}$を示すことになる。また，反応物や遷移状態に対する溶媒の相互作用（溶媒和）が反応の進行とともに変化し，それが$\Delta S^{\ddagger}$の値を左右することも，特に生体反応では多い。例えば，正・負のイオン同士が結合するような場合には，両イオンに対する溶媒和（水和）が遷移状態$X^{\ddagger}$の段階で相当数解放されてしまうので，正の$\Delta S^{\ddagger}$を示すことになる。

2.2 ◆ 反応速度の圧力依存性

前項の遷移状態理論は，反応速度が活性化自由エネルギーという熱力学関数（に類似したもの）で表現されていることから，種々の擬平衡熱力学的な取り扱いが可能となる。ここではその一例として反応速度の圧力依存性を取り上げてみよう。

式(3.38)の類推から，$\Delta G^{\ddagger}$に対しても$\Delta V^{\ddagger}$という量を考えることができる。つまり

$$\left(\frac{\partial(\ln k_2)}{\partial P}\right)_T = \left(\frac{\partial(\ln K^{\ddagger})}{\partial P}\right)_T = -\frac{\Delta V^{\ddagger}}{RT} \qquad (8.46)$$

となり，この$\Delta V^{\ddagger}$を**活性化体積**（activation volume）と名づける。$\Delta V^{\ddagger}$のイメージは活性錯合体と反応物との間の（モル）体積の差であり，2分子が強く結合して収縮した遷移状態では$\Delta V^{\ddagger}$は負，逆に結合がゆるんで膨らんだ遷移状態では正の$\Delta V^{\ddagger}$が得られることになる。前項での$\Delta S^{\ddagger}$の議論と同様に，遷移状態と反応物との間の溶媒和の差が$\Delta V^{\ddagger}$に大きく反映されることも多い。一般に電荷の周囲に強く水和している水分子は水和せずに存在しているものよりも密に詰まってモル体積の小さい状態にあるので*7，遷移状態での電荷の発生あるいは分離が起こると水和分子が増え，結果として$\Delta V^{\ddagger}$は負になる。

*7　これを水の静電収縮（electrostriction）という。

式(8.46)から当然のことであるが，$\Delta V^{\ddagger}$が負つまり遷移状態のモル体積の方が小さい場合には，圧力Pが大きくなるとともにk_2は大きくなる。すなわち，圧力により反応は加速する。温度依存性（式(8.36)のE_a）とは異なり$\Delta V^{\ddagger}$が負の値も正の値もとるということは，加圧によって加速も減速も起こりうることを意味している（**図8.6**）。

E_aあるいは$\Delta H^{\ddagger}$の値は一般的な反応で50 kJ·mo1^{-1}前後であるが，これは常温付近で10℃温度を上昇させると（例えば15℃から25℃へ），反応はおよそ2倍に加速されることを意味している。これに対して$\Delta V^{\ddagger}$が-10^{-2} dm^3·mol^{-1}程度の反応では，同じ倍率の加速を得るためには1気圧から1500気圧へ加圧しなければならない。

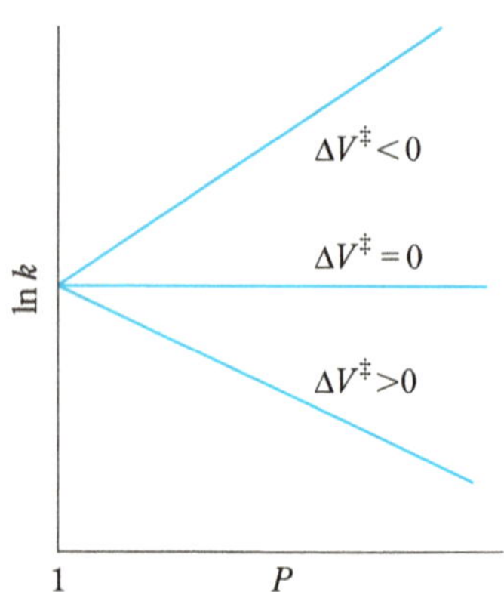

図8.6 | 反応速度の圧力依存性に対する活性化体積$\Delta V^{\ddagger}$の効果

演習問題

【1】図8.1のような現象は化学反応以外のさまざまなところで見られるが，薬成分の血中濃度の半減も近似的にこの関係で議論できる（より詳しくは，服用による血中濃度増加過程を考慮し，「連続反応」と同様の議論になる）。

ある薬をその血中半減期ごとに繰り返し同一量を服用していくと，どれくらいの期間で血中濃度がほぼ定常になるかを，上記の近似的な考えによって計算しなさい。

【2】式(8.21)から式(8.22)を導きなさい。

【3】水素分子とヨウ素分子からヨウ化水素が生成する反応$H_2+I_2 \xrightarrow{k_2} 2\,HI$の速度を測定したところ，次表のような結果が得られた。式(8.22a)，式(8.22b)および図8.2を参照して，反応速度定数k_2を求めなさい。ただし，$[H_2]_0$, $[I_2]_0$はそれぞれ2.5 M, 1.0 Mであったとする。

時間(秒)	10	25	50	75	100	150	200
$[I_2]$ (M)	0.699	0.436	0.218	0.116	0.063	0.019	0.0060

この反応はA＋B→P型の反応として知られてきたが，その後の研究により，

$$I_2 \underset{}{\overset{K_1}{\rightleftharpoons}} 2\,I \qquad (1)$$

$$I + H_2 \overset{K_2}{\rightleftharpoons} H_2I \qquad (2)$$

$$I + H_2I \xrightarrow{k_2'} 2\,HI \qquad (3)$$

という複数の段階を経ることが示されている。反応(1)，(2)が平衡過程である（反応(3)よりきわめて速く平衡状態に達する）と考えられるとき，k_2はK_1, K_2, k_2'を用いてどのように表されるかを示しなさい。

【4】ある反応の速度を種々の温度で測定したところ，次表のような結果を得た。アレニウス・プロットから，この反応の活性化エネルギーE_aと25℃における活性化エンタルピー$\Delta H^{\ddagger}$，頻度因子Aを求めなさい。

温度(℃)	15.0	20.1	25.6	34.1	43.5
反応速度定数(s^{-1})	25.8	35.9	53.0	85.6	138.4

【5】ある反応の反応速度の圧力依存性は次表のようであった。式(8.46)に基づいてこの反応の活性化体積を求めなさい。

圧力(MPa)	0.1	25.2	50.1	74.8	99.9
反応速度定数(s^{-1})	7.0	9.4	13.9	21.8	29.7

第9講

酵素反応

1 酵素とは

1.1 ◆ 酵素の発見

生物の関与する化学反応では，「酵素(enzyme)」とよばれる物質の存在が欠かせない。ヒトは発酵食品を中心として，酵素の働きによる恩恵を古代から享受してきたが，その存在が認識されたのはそう古いことではない。

胃液による食肉の軟化や唾液によるデンプンの消化などの現象は18世紀に知られていたが，酵素という純粋な物質を単離したのは，フランスの化学者ペイアン*1とペルソー*2であり，麦芽の抽出液からデンプンを消化するジアスターゼ*3を単離した。デンプンはアミロースとアミロペクチンよりできているので，ジアスターゼは現在の命名ではアミラーゼ(amylase)の一種とされる。

以降，タンパク質消化酵素ペプシン(pepsin, 1836)，同じくトリプシン(trypsin, 1876)，ショ糖分解酵素インベルターゼ(invertase, 1871)などが単離されていった。1892年には高峰譲吉(1854～1922)が麹菌からジアスターゼを発見し，タカヂアスターゼと命名した。

「enzyme」という語は，1878年にキューネ*4により「酵母の中」という意味のギリシャ語「ἔν-ζυμον(enzymon)」から提唱されたものであるが，当時は実態不明な何らかの因子として理解されていた。タンパク質の存在自体は18世紀末に認識されており，1838年にムルダー*5がその組成を明らかにし，ベルセリウス*6によってギリシャ語で「第一のもの」を意味するπρώτειος(proteios)からproteinと名づけられた。しかし，タンパク質が酵素のキャリアーなどではなく，酵素がタンパク質そのものであることは1926年にサムナーがウレアーゼの結晶化に成功するまで明らかにならなかった。

19世紀後半の研究によって，酵素が働く反応物(酵素反応の世界では「基質(substrate)」とよぶ)はそれぞれの酵素ごとに異なり，高い特異性(specificity)があることが明らかになっていった。これを説明する考え方として1894年にドイツの有機化学者フィッシャーは基質と酵素の関係は鍵と鍵穴のような関係にあり，ピッタリ適合しなければ開錠(反応)は進まないという「鍵と鍵穴説(lock and key model)」を発表した。

このことは，酵素反応では基質と酵素がまず会合しなければならない

＊1　Anselme Payen : 1795～1878
＊2　Jean F. Persoz : 1805～1868
＊3　diastaseはギリシャ語の「分ける」という意味の語διαστασις(diastasis)から命名された。現在まで多くの酵素の名前には「-ase」が付けられている。

＊4　Wilhelm Kühne : 1837～1900(ドイツ)
＊5　Gerardus J. Mulder : 1802～1880(オランダ)

＊6　Jöns J. Berzelius : 1779～1848(スウェーデン)。Part 1の冒頭で紹介した無機・有機の語や，ここに示したプロテインのほか，ハロゲン・同素体・異性体などの化学用語や概念を創案し，元素を化学記号で表すことを考案した。原子量を精密に決定したことでも知られ，近代化学パイオニアの一人である。

Berzelius

Column

チアスターゼ

diastaseは一般にジアスターゼと表記されるが，高峰らが消化薬として販売した商品ではタカヂアスターゼ®と書かれ，現在も使われている。ペイアンとペルソーがジアスターゼを見つけた麦芽は主に大麦の種子を発芽させたもので，ビールやウイスキーの製造(醸造)には欠かせない。酒に含まれる(エチル)アルコールそのものは，グルコースから酵母菌の作用(アルコール発酵)によって生成するが，麦に含まれるデンプンをグルコースにまで分解する糖化の過程は麦芽に含まれるアミラーゼの働きによっている。日本酒などもデンプンから作るのは同じであるが，米デンプンの糖化はカビの仲間である麹菌の作用によっており，日本酒では黄麹菌(*Aspergillus oryzae*)が使われる(紹興酒(しょうこうしゅ)などの麦こうじとは違い，日本酒の場合「米」こうじなので用字としては糀がふさわしいかもしれない)。異なる生物からアミラーゼが見つけられたことには，醸造方法の違い，食文化の違いという背景がある。

ことを意味し，デュクロー*7，ブラウン*8，アンリ*9らは化学的な観点から酵素・基質複合体の存在を提唱した。

*7　Émile Duclaux : 1840～1904（フランス）
*8　Adrian J. Brown : 1852～1919（イギリス）
*9　Victor Henri : 1872～1940（フランス・ロシア）

1.2 ◆ 酵素反応式

アンリはインベルターゼ(invertase)の反応を数式化し1902年に発表した。すなわち，生成物Pの生成速度(反応速度)vを基質濃度[S]，生成物濃度[P]と定数C_1～C_3によって

$$v = \frac{C_1[\mathrm{S}]}{1 + C_2[\mathrm{S}] + C_3[\mathrm{P}]} \tag{9.1}$$

と表現した。この式は，酵素反応の速度が[S]の小さい状況では[S]に比例して上昇するが，[S]が大きくなると一定の値に収束すること，また[P]が大きくなると反応速度が遅くなることを示している。

ドイツの生化学者ミカエリス*10と研究員のメンテン*11は詳細な実験をもとに

$$v = \frac{V_{\mathrm{max}}[\mathrm{S}]}{[\mathrm{S}] + K_{\mathrm{m}}} \tag{9.2}$$

という形の式を1913年に発表した。この場合も反応速度は反応物の濃度が増加していくに従ってある一定の値(最大反応速度V_{max})に近づき，それを超えない。[S] vs vのプロットは反応速度が最大反応速度V_{max}の半分になる場合の基質濃度($[\mathrm{S}]_{V_{\mathrm{max}}/2} = K_{\mathrm{m}}$：ミカエリス定数)を特徴的なパラメータとした双曲線関数になる(**図9.1**)。式(9.2)を**ミカエリス－メンテンの式**あるいはアンリ－ミカエリス－メンテンの式とよぶ。

*10　Leonor Michaelis : 1875～1949（ドイツ）
*11　Maud L. Menten : 1879～1960（カナダ）

Column

インベルターゼ

インベルターゼ(スクラーゼ：sucrase，サッカラーゼ：saccharase)はショ糖をグルコースとフルクトースに加水分解する酵素である。この反応による生成物(グルコースとフルクトースの混合物)を「転化糖(invert sugar)」という。

第1講のMemoで旋光性のことを説明した。ショ糖の比旋光度は+66.5°であるが，分解生成物のグルコースとフルクトースはそれぞれ−92°，+52.5°なので，生成物の当量混合物の比旋光度は−20°程度になり，反応によって旋光度の符号が反転(invert)する。これが転化糖の名の由来である。

比旋光度は19世紀でもかなり高精度で測定可能であり，反応の進行度を測定することができたので，アンリもミカエリスもこの酵素を使った実験から反応式を得た。またこの反応は，酵素ではなく強い酸によっても(均一)触媒され(本講2.1参照)，ベルセリウスが触媒の概念を示す根拠となった実験結果の1つでもある。さらにアレニウスが式(8.36)を示す基礎となった実験にも含まれている。

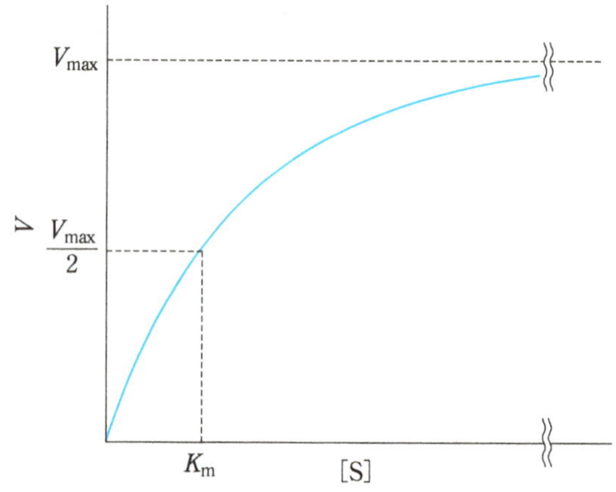

図9.1 | 酵素反応における基質濃度[S]と最大反応速度V_{max}の関係

式(9.2)に示したミカエリス－メンテンの式のような[S]依存性は次の反応式

$$E + S \underset{k_{-1}}{\overset{k_1}{\rightleftharpoons}} E{\cdot}S \xrightarrow{k_2} E + P \tag{9.3}$$

から導出する。ただし，Eは酵素，Sは基質である。E·Sは酵素と基質が結合したもの(酵素・基質複合体)を意味しており，相互作用の中身は特定していない(通常は非共有結合性であると考える)。

生成物Pが生じる速度vは[E·S]にk_2をかけた

$$v = \frac{d[P]}{dt} = k_2[E \cdot S] \tag{9.4}$$

であるが，E·SはEとSから生じると同時にEとS，およびPに変化して消滅するので，

$$\frac{d[E \cdot S]}{dt} = k_1[E][S] - (k_{-1} + k_2)[E \cdot S] \tag{9.5}$$

となる。Eについては$[E] + [E \cdot S] = [E]_0$，Sについては$[S] + [E \cdot S] + [P] = [S]_0$の保存式が成り立つ。$v$は以下に示すような仮定を立てることで近似的に求められる。

(1) **前平衡仮定**(pre-equilibrium assumption)

式(9.3)を

$$E + S \underset{K_S}{\rightleftharpoons} E \cdot S \xrightarrow{k_2} E + P \tag{9.6}$$

のように，EとSからのE·Sの生成反応が平衡であると仮定すると，

$$K_S = \frac{[E][S]}{[E \cdot S]} \tag{9.7}$$

が得られる。ここでは平衡定数K_SをE·Sの解離反応の形で表しているため，K_Sは濃度の単位をもつ。一般に触媒は反応物よりも微少な量(触媒量)しか反応系に存在しないので，反応開始直後の速度を問題にする限りは，[S]は[E]や[E·S]に対して常に大量にあり(基質大過剰条件)，初期濃度$[S]_0$と大差はないと考えられるので

$$\frac{[E]}{[E \cdot S]} = \frac{K_S}{[S]_0} \tag{9.8}$$

と書ける。こうすれば[E]についての保存式と式(9.8)とから[E·S]は

$$[E \cdot S] = \frac{[E]_0}{1 + K_S/[S]_0} \tag{9.9}$$

となり，

$$v = k_2[E \cdot S] = \frac{k_2[E]_0}{1 + K_S/[S]_0} \tag{9.10}$$

と表すことができる。この式(9.10)は式(9.2)と同型であるため，図9.1で求められた2つのパラメータV_{max}とK_mは$V_{max} = k_2[E]_0$, $K_m = K_S$であることがわかる。また，k_2は**ターンオーバー数**(turnover number)とよばれ，k_{cat}とも表される。1つの酵素分子が一定時間に変換することのできる基質分子の最大量に相当する。

(2) **定常状態近似**(steady-state approximation)

E·Sは反応の中間体であるので，通常の測定条件ではその濃度は大きくなく，しかも時間的に変化しないと考えられる。これを「E·Sが**定常状態**(steady-state)にある」と表現し，数式的には$d[E \cdot S]/dt = 0$と書く。したがって，式(9.5)より

Column

ミカエリスとメンテン

Michaelis

Menten

ラングミュアが吸着等温式を導いたのは1918年(*J. Am. Chem. Soc.*, **40**, 1361)であるが，ミカエリスとメンテンが酵素・基質複合体の存在を前提とした速度式を発表したのは1913年(*Biochem. Z.*, **49**, 333)であり，後者の方が5年早い。その原型となった考えをアンリが著したのは1901年とさらに10年以上早い。

ベルリンの病院で細菌学研究室の室長を務めながらベルリン大学で員外教授として研究していたミカエリスは，カナダから研究のために来独したメンテンとともにミカエリス–メンテンの式を発表したが，発表後すぐには学界に受け入れられなかった。他の理由もあってミカエリスはドイツを離れ，1922年に愛知県立愛知医科大学(当時，現在の名古屋大学医学部)に生化学教授として奉職し(1926年まで)，ジョンズ・ホプキンス大学を経て1929年にロックフェラー医学研究所(ニューヨーク，現在のロックフェラー大学)に移って，1949年に没するまで米国で過ごした。

一方，メンテンは1923年にシカゴ大学でPh. Dを受けた後，1950年までピッツバーグ大学に病理学者として勤務し，細菌やヘモグロビンの研究を行った(教授になったのは1948年)。退職後カナダに戻り，1951年から1953年までブリティッシュコロンビア医学研究所のフェローを務めた後，故郷のオンタリオ州で亡くなった。速度式を発表した1913年当時，カナダでは女性が研究に従事することが許されていなかったために，ミカエリスの下で研究を行っていた。メンテンはカナダで医学の学位を取得した最初の女性の1人である。

$$k_1[\mathrm{E}][\mathrm{S}] = (k_{-1} + k_2)[\mathrm{E \cdot S}] \tag{9.11}$$

であり，これは$(k_{-1}+k_2)/k_1$をK'_Sとおけば式(9.7)とまったく同じになる。基質大過剰や初期速度の条件を(1)前平衡仮定と同じに考えれば

$$v = k_2[\mathrm{E \cdot S}] = \frac{k_2[\mathrm{E}]_0[\mathrm{S}]_0}{[\mathrm{S}]_0 + K'_\mathrm{S}} \tag{9.12}$$

であり，K_m, V_max, k_catとの関係は同様のものになる。

いずれの導出方法にせよ，vと$[\mathrm{S}]_0$の関係を特徴づけるV_max, K_mが速度データを解析することで求められるが，それを説明する素過程の中身は異なっている。

2 酵素は触媒

酵素は反応が終了した後，基本的には元の状態に戻る。対象の反応の速度を速めるが，自身に変化は起こらない。このように「化学反応の速度を変化させるもので，反応が終わった後に反応の起こる前と同じ状態

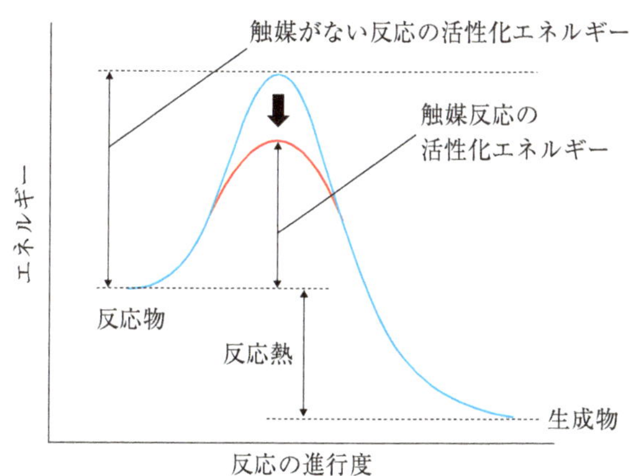

| 図9.2 | **正触媒作用のイメージ**

で存在する物質」のことを**触媒**(catalysis)という。Catalysisという用語は1836年にベルセリウスが多くの化学反応の変化をもとに提唱したもので，ギリシャ語で溶解＋喪失の意味をもつκατάλυσις(katalusis)からとられた。

図9.2のイメージをもとにすれば，エネルギーの峠の高さを変え，反応系・生成系に相当する峠の麓のエネルギーは変化させないものが触媒である。したがって，この両者の差で決まる反応熱や平衡定数は変わらない点がポイントである。一般的には反応速度を高めるために触媒(正触媒)は使われるが，概念的には逆の場合，つまり峠を高くして反応の速度を遅くするような触媒もあり，これを負触媒という。

触媒能を示すものにはさまざまあるが，大きく分けて触媒と反応相が均一になる均一系触媒(homogeneous catalyst)と，触媒が反応相とは異なる不均一系触媒(heterogeneous catalyst)がある。あるいは2つの液相の間を行き来して触媒作用を示す相間移動触媒(phase-transfer catalyst)というものも使われている。なお英語では，触媒作用をもつ物質はcatalyst，触媒作用自体はcatalysisと表される。

2.1 ◆ 均一系触媒

均一系触媒の場合は触媒の濃度を考えることができるが，触媒の濃度は反応の進行によらず一定なので，反応速度式にはあらわに現れてこない。しかし反応がどのような次数で表されようとも，その反応速度定数が触媒濃度に依存することになる。例としてH^+およびOH^-によって触媒作用を受ける反応を取り上げる。これらの反応はそれぞれ**特殊酸触媒**(specific acid catalysis)，**特殊塩基触媒**(specific base catalysis)反応とよばれる。これらの反応では反応速度定数k_2は，触媒がなくても進行する反応の速度定数をk_{20}，H^+, OH^-によって触媒される反応の速度定数をそれぞれk_{2H}，k_{2OH}として，

$$k_2 = k_{20} + k_{2\mathrm{H}}[\mathrm{H}^+] + k_{2\mathrm{OH}}[\mathrm{OH}^-] \tag{9.13}$$

と書くことができる。$[\mathrm{H}^+]$と$[\mathrm{OH}^-]$には水溶液中で$K_\mathrm{w} = [\mathrm{H}^+]\cdot[\mathrm{OH}^-]$の関係があるのでこれを代入すると，

$$k_2 = k_{20} + k_{2\mathrm{H}}[\mathrm{H}^+] + k_{\mathrm{OH}}\frac{K_\mathrm{w}}{[\mathrm{H}^+]} \tag{9.14}$$

となる。

これに対し，H^+, OH^-以外の一般的な酸や塩基が触媒となる反応を**一般酸・塩基触媒**(general acid-base catalysis)反応という。この場合は$k_2 = k_\mathrm{a}[\mathrm{HA}]$，$k_2 = k_\mathrm{b}[\mathrm{B}^-]$のように書ける。

酸触媒の働きは触媒から反応物(遷移状態)にプロトンH^+を渡すことであり，塩基触媒の働きはその逆である。したがって，同じ反応に対する酸・塩基触媒の良し悪しは酸や塩基としての強弱に大きく依存する。酸・塩基触媒の反応速度定数の関係としてブレンステッド[*12]は，

＊12　Johannes N. Brønsted : 1879～1947(デンマーク)

Brønsted

$$k_\mathrm{a} = C_\mathrm{A} K_\mathrm{a}{}^{\alpha}, \quad k_\mathrm{b} = C_\mathrm{B} K_\mathrm{b}{}^{\beta} \tag{9.15a, b}$$

あるいは

$$\log k_\mathrm{a} = \log C_\mathrm{A} + \alpha \log K_\mathrm{a}, \quad \log k_\mathrm{b} = \log C_\mathrm{B} + \beta \log K_\mathrm{b} \tag{9.15c, d}$$

という式が成立することを見出した。K_a, K_bはそれぞれ触媒の酸，塩基解離定数であり，C_A, C_B, α, βは定数で，α, βは0～1の値をとる。これらの酸塩基触媒反応ではプロトンの移動が律速(rate-limiting)となり，α, βはその律速の程度を反映する。

2.2 ◆ 不均一系触媒

気体中あるいは液体中の固体触媒が不均一系触媒の代表であるが，このような場合は「濃度」の考えが入れられない。現実に利用されている非常に多くの触媒が不均一系触媒であるが，その反応のほとんどにおいて気相，液相中の反応物が固体触媒表面に接触(吸着)する過程がキープロセスである。

固体表面への物質の吸着挙動にはさまざま種類があるが，そのうちもっとも単純なものがラングミュア型である(**図9.3**(a))[*13]。ラングミュア型の吸着では，

＊13　Irving Langmuir : 1881～1957(アメリカ)。1932年ノーベル化学賞受賞。

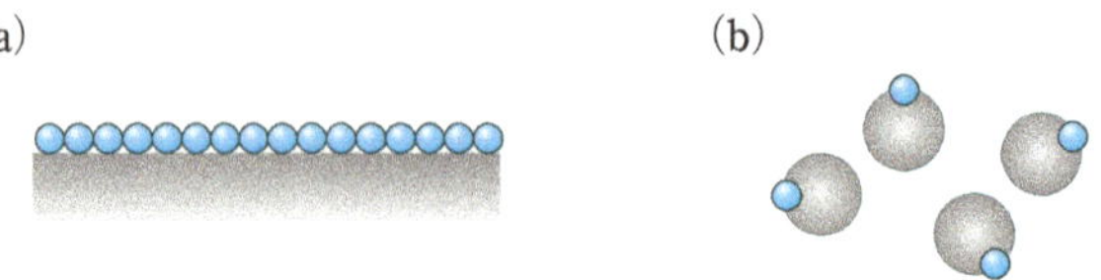

図9.3 ラングミュア型の吸着(a)および基質・酵素複合体(b)のイメージ

(1) 固体表面の吸着できるサイト(吸着サイト)には1つの分子しか吸着できない

(2) その吸着能力は表面の吸着された割合θに依存せず一定で，どのサイトでも等しい

という仮定をおく。したがって，吸着する速度(v_{on})は，気体の場合には分子の分圧と空いているサイトの割合$(1-\theta)$に比例し($v_{on}=k_{add}(1-\theta)P$, k_{add}は定数)，一方離れていく(脱着する)速度(v_{off})は吸着されているサイトの割合θに比例する($v_{off}=k_{des}\theta$, k_{des}は定数)。平衡状態に達していればこの2つの速度は等しいので，$k_{add}(1-\theta)P=k_{des}\theta$を$\theta$について解くと，

$$\theta=\frac{k_{add}P}{k_{des}+k_{add}P}=\frac{(k_{add}/k_{des})P}{1+(k_{add}/k_{des})P}=\frac{P}{(k_{des}/k_{add})+P} \tag{9.16}$$

という双曲線関数になる。k_{add}/k_{des}を吸着係数といい，Kで表す。この式は式(6.10)(スキャッチャードの式)と同じ形である。

この吸着された分子がk_0という反応速度定数で反応して変化すると，このような不均一系触媒による反応速度は

$$v=\frac{k_0KP}{1+KP} \tag{9.17}$$

となる。この式(9.17)は$k_0=V_{max}$, $K=1/K_m$, $P=[S]$とおけば式(9.2)と同じになる。酵素は不均一系触媒の1つであり，酵素触媒上への反応物(基質)の「吸着(結合)」が鍵となることが理解できる。ラングミュア型の吸着では吸着サイトが独立で等価なので，吸着面が連続表面として存在している必要はなく，1つ1つの吸着サイトがバラバラに漂っていても同じことになる。このように考えると，酵素は吸着点がバラバラになったラングミュア型の吸着をしていると考えることができる(**図9.3**(b))。つまり，酵素は可溶性であっても均一系触媒よりも不均一系触媒としての性格をもっており，ミクロ不均一系触媒といえる。

3 酵素反応速度の解析法と理論

3.1 ◆ 酵素反応速度の解析法

観測された反応速度が式(9.2), (9.17)のような基質濃度依存性を示すならば，2つのパラメータV_{max}, K_m (K_S, K_S')は実測されたvとそのときの[S]($[S]_0$)の値を用いて求めることができる。以下にそのためのいくつかの方法について示す。

(1) ラインウィーバー－バーク・プロット

式(9.2)を変形すると

Column

どのプロットがよいか?

L–BプロットとE–Hプロットのほかにヘインズ–ウルフ・プロット(Hanes–Woolf plot, H–Wプロット)というのもあり，この場合は横軸に基質濃度[S]，縦軸に[S]/vをとる。いったいどの解析法がよいのだろうか?

これらのデータ解析法では，いずれの方法も$[S]_0$とvの実測値のバラツキを念頭において検証すれば，特定の領域(特に低濃度域)の誤差や偏差が大きく効いてくる。[S]を逆数でなく扱っている点でE–HプロットやH–Wプロットの方が均等(に近い)だが，E–Hプロットは縦軸(v)切片を精度良く求めるためには，高い基質濃度まで測定する必要がある。一方，L–Bプロットではかなり容易に回帰直線を得ることができるが，**下図**に示すように1/v軸との交点はグラフ原点に近く，また低濃度の測定値の寄与が非常に大きいので，これも高濃度まで[S]を上げないと精度は良くならない。実際の測定では，濃度の誤差よりも速度測定の誤差の方が大きくなるので，vの誤差があまり影響を与えないプロットが好ましいとされる。非常に精度良く測定結果が得られた場合はE–Hプロットを，通常の場合はH–Wプロットを，あまり自信のない場合はL–Hプロットを選択することを勧めている向きもある。

今日のようにコンピュータで容易に計算ができる時代では，むしろ双曲線関数をそのまま非直線回帰プログラムにより解析する方が望ましいと思われるが，この場合は回帰値と測定値のずれをどのように最適化プログラムに取り込むかが焦点になる。

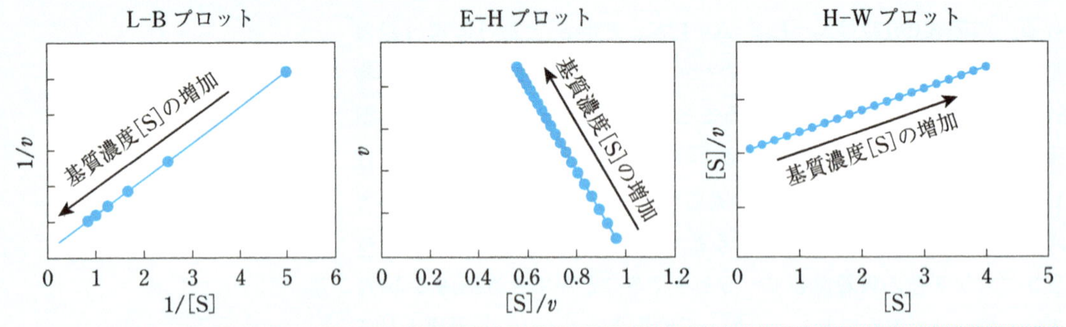

図 | **K_mの1/5から4倍までの濃度で[S]を均等間隔に変化させたときの測定値を，3つのプロットで解析した例(V_{max}の値，vと[S]の単位は任意の設定)**

$$\frac{1}{v}=\frac{1}{V_{\max}}+\frac{K_m}{V_{\max}}\cdot\frac{1}{[S]} \qquad (9.18)$$

とすることができる。したがって，1/[S] vs 1/vのプロットの縦軸切片からV_{max}を，横軸切片からK_mを求めることができる。これを**ラインウィーバー–バーク・プロット**(Lineweaver–Burk plot : L–Bプロット)という(**図9.4**(a))。

(2) **イーディー–ホフステー・プロット**

式(9.2)は

$$v([S]+K_m)=V_{\max}[S] \longrightarrow v[S]=V_{\max}[S]-vK_m$$
$$\longrightarrow v=V_{\max}-K_m\frac{v}{[S]} \qquad (9.19)$$

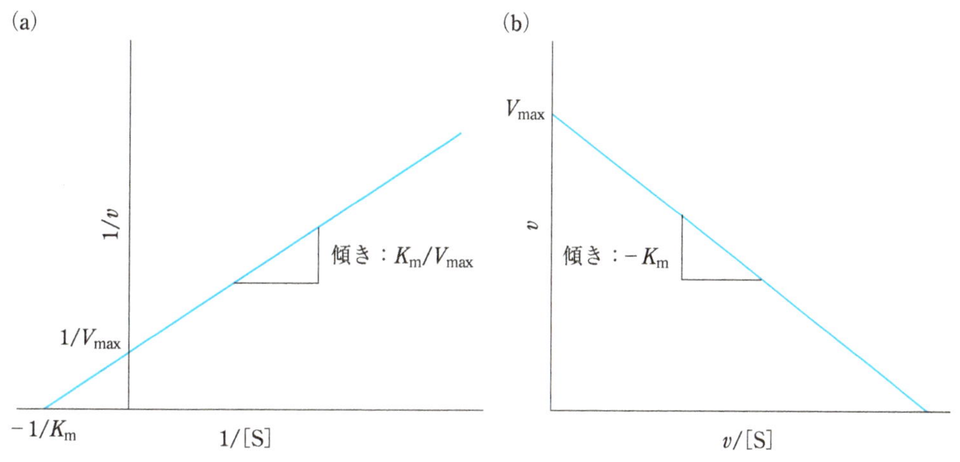

｜図9.4｜ラインウィーバー—バーク・プロット(L–Bプロット)(a)とイーディー—ホフステー・プロット(E–Hプロット)(b)

と変形することもできる。$v/[\mathrm{S}]$ vs vのプロットの縦軸切片からV_{max}を，傾きからK_mを求めることができる。これを**イーディー—ホフステー・プロット**(Eadie–Hofstee plot : E–Hプロット)という(**図9.4**(b))。

この2つのプロットは第6講で示したリガンド吸着の解析式であるクロッツ・プロットとスキャッチャード・プロットにそれぞれ対応する。$[\mathrm{E}]_0$を知ることができれば，得られたV_{max}から求めた$V_{max}/[\mathrm{E}]_0$がk_{cat}である。複雑な機構をもった酵素反応についてもK_mやk_{cat}を求めることができるが，これらのパラメータの意味するところはこのように単純でないことには留意しなければならない。

3.2 ◆ 複数の中間体

式(9.3)ではSがPに変化する間の中間状態としてE·Sという1種類だけを考えたが，酵素によっては①酵素上に基質が捕捉された後，②共有結合などの相互作用をして，明確に①のときとは異なると考えられる中間体を形成するものがある。このような場合，反応式としては

$$\mathrm{E+S} \rightleftharpoons \mathrm{E{\cdot}S} \rightleftharpoons \mathrm{ES'} \longrightarrow \mathrm{E+P} \qquad (9.20)$$

と書ける。例えば，基質を(加水)分解するような酵素反応では，分解生成物が2つ($\mathrm{P_1}$, $\mathrm{P_2}$)あり，その一部は先に脱離して，後から残りの部分が脱離するような場合が考えられ，この反応は

$$\mathrm{E+S} \underset{k_{-1}}{\overset{k_1}{\rightleftharpoons}} \mathrm{E{\cdot}S} \xrightarrow{k_2} \mathrm{ES'}(+\mathrm{P_1}) \xrightarrow{k_3} \mathrm{E+P_2} \qquad (9.21)$$

と表される。この式に対しては独立な微分式として

$$\frac{\mathrm{d}[\mathrm{P_2}]}{\mathrm{d}t} = k_3[\mathrm{ES'}] \qquad (9.22a)$$

$$\frac{\mathrm{d}[\mathrm{ES}']}{\mathrm{d}t} = k_2[\mathrm{E{\cdot}S}] - k_3[\mathrm{ES}'] \tag{9.22b}$$

$$\frac{\mathrm{d}[\mathrm{E{\cdot}S}]}{\mathrm{d}t} = k_1[\mathrm{E}][\mathrm{S}] - (k_2 + k_{-1})[\mathrm{E{\cdot}S}] \tag{9.22c}$$

の3つが立てられる。

$[\mathrm{ES}']$と$[\mathrm{E{\cdot}S}]$に定常状態を仮定すると，$\mathrm{d}[\mathrm{ES}']/\mathrm{d}t = 0$, $\mathrm{d}[\mathrm{E{\cdot}S}]/\mathrm{d}t = 0$より

$$\frac{[\mathrm{E}][\mathrm{S}]}{[\mathrm{E{\cdot}S}]} = \frac{k_{-1} + k_2}{k_1} = K_\mathrm{S}' \tag{9.23a}$$

$$\frac{[\mathrm{E{\cdot}S}]}{[\mathrm{ES}']} = \frac{k_3}{k_2} \tag{9.23b}$$

が成立する。したがって，Eの保存式（$[\mathrm{E}]_0 = [\mathrm{E}] + [\mathrm{E{\cdot}S}] + [\mathrm{ES}']$）より

$$[\mathrm{ES}'] = \frac{[\mathrm{E}]_0}{\left(\dfrac{K_\mathrm{S}'}{[\mathrm{S}]_0} + 1\right)\dfrac{k_3}{k_2} + 1} \tag{9.24}$$

であり，

$$v = k_3[\mathrm{ES}'] = \frac{\dfrac{k_2 k_3}{k_2 + k_3}[\mathrm{E}]_0}{\dfrac{K_\mathrm{S}'}{[\mathrm{S}]_0} \cdot \dfrac{k_3}{k_2 + k_3} + 1} \tag{9.25}$$

となるので，

$$k_\mathrm{cat} = \frac{k_2 k_3}{k_2 + k_3} \tag{9.26a}$$

$$K_\mathrm{m} = K_\mathrm{S}' \frac{k_3}{k_2 + k_3} \tag{9.26b}$$

が得られる。式(9.26)はk_2とk_3の大小関係によってパラメータのもつ意味合いが変わってくる。$k_2 \gg k_3$，つまりES′が生成する過程の方がPに移る過程よりも速いと，式(9.26)はそれぞれ$k_\mathrm{cat} \approx k_3$, $K_\mathrm{m} \approx K_\mathrm{S}'(k_3/k_2)$に近似されるが，逆に$k_3 \gg k_2$であると$k_\mathrm{cat} \approx k_2$, $K_\mathrm{m} \approx K_\mathrm{S}'$となり，$k_3$の過程がない場合と同じになる。このことは当然でありながらしばしば忘れられがちであるが，酵素反応に限らず反応速度の測定においては遅い過程（**律速過程**：rate-limiting process）より後ろの過程は見えないことを意味しており，その先にいくつ反応過程を考えてもそれを速度論的に立証することはできない。

3.3 ◆ 定常状態に至るまで：前定常状態過程

反応が定常状態になるまでに，基質や生成物の濃度はどのように変化するだろうか。これは第8講1.2で述べた連続反応の考え方で扱える。ここでは，$[\mathrm{E}]_0 \ll [\mathrm{S}]_0$の条件と反応の初期であるという仮定（$[\mathrm{S}] \approx [\mathrm{S}]_0$）だけを使う。

Eの保存式を用いて[E]を消去すると，式(9.22a〜c)のうちの2つは[ES′]と[E·S]について線形の連立二元微分方程式になる。$P = k_1[\mathrm{S}]_0 + k_{-1} + k_2 + k_3$, $Q = k_1[\mathrm{S}]_0(k_2 + k_3) + (k_{-1} + k_2)k_3$, $R = k_1 k_3 [\mathrm{S}]_0 [\mathrm{E}]_0$とおくと，この連立方程式の解は

$$\lambda_1 = \frac{1}{2}(P + \sqrt{P^2 - 4Q}), \quad \lambda_2 = \frac{1}{2}(P - \sqrt{P^2 - 4Q}) \qquad (9.27)$$

という$\lambda_1, \lambda_2\ (\lambda_1 > \lambda_2)$によって表される$e^{\lambda_1 t}$と$e^{\lambda_2 t}$の2つの項の和となる。E·S, ES′と生成物$P_1, P_2$の濃度は

$$C_1 = \frac{R(Q - k_3\lambda_2)}{k_3 Q(\lambda_2 - \lambda_1)}, \quad C_2 = \frac{R(k_3\lambda_1 - Q)}{k_3 Q(\lambda_2 - \lambda_1)}$$

とおけば，

$$[\mathrm{E \cdot S}] = \frac{R}{Q} + C_1 e^{-\lambda_1 t} + C_2 e^{-\lambda_2 t} \qquad (9.28a)$$

$$[\mathrm{ES'}] = \frac{k_2}{k_3}\left(\frac{R}{Q} + \frac{C_1}{1 - \lambda_1/k_3} e^{-\lambda_1 t} + \frac{C_2}{1 - \lambda_2/k_3} e^{-\lambda_2 t}\right) \qquad (9.28b)$$

$$[\mathrm{P_1}] = \frac{k_2 R}{Q} t + \frac{k_2 C_1}{\lambda_1}(1 - e^{-\lambda_1 t}) + \frac{k_2 C_2}{\lambda_2}(1 - e^{-\lambda_2 t}) \qquad (9.28c)$$

$$[\mathrm{P_2}] = \frac{k_2 R}{Q} t + \frac{k_2 C_1}{(1 - \lambda_1/k_3)\lambda_1}(1 - e^{-\lambda_1 t}) + \frac{k_2 C_2}{(1 - \lambda_2/k_3)\lambda_2}(1 - e^{-\lambda_2 t}) \qquad (9.28d)$$

のように変化する。反応時間tが無限大になると[E·S]も[ES′]もそれぞれR/Q, $k_2 R/k_3 Q$の一定値になる。この定常状態に行き着く前の段階は**前定常状態過程**(pre-steady state process)とよばれる。

前定常状態過程が観測できるのは前の反応が後の反応よりも速く進行する場合である。条件が満たされれば，通常[E·S]は一度増加して減少する($C_1 < 0$, $C_2 > 0$)挙動を示し，[ES′]は若干のタイムラグ(遅延時間)をともなって増加して一定値に収束する(C_1, $C_2 > 0$)。また，P_1は[ES′]に似た増加をして，それ以降は一定の速度で増加し，P_2はタイムラグの後，一定の勾配で増加していく。もちろん，実際には初期条件がいつまでも続くわけではないので，中間体の濃度は徐々に減少し，生成物の増加の度合いは徐々に減少していく。kに具体的な値を想定して計算したシミュレーション曲線を**図9.5**に示す。

ES′とP_1が定常状態の成立までに爆発的に生じる感じがするので，このような速度論を「burst kinetics」とよぶこともある。実測例を**図9.6**に示す。

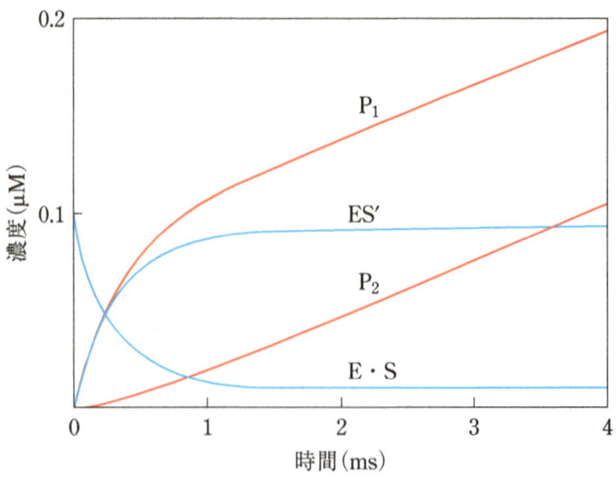

図9.5 前定常状態過程のシミュレーション

$k_1 = 1\times10^9\ \mathrm{M^{-1}\cdot s^{-1}}$, $k_{-1} = 500\ \mathrm{s^{-1}}$, $k_2 = 300\ \mathrm{s^{-1}}$, $k_3 = 30\ \mathrm{s^{-1}}$, $[\mathrm{E}]_0 = 1\times10^{-7}$ M として作成。

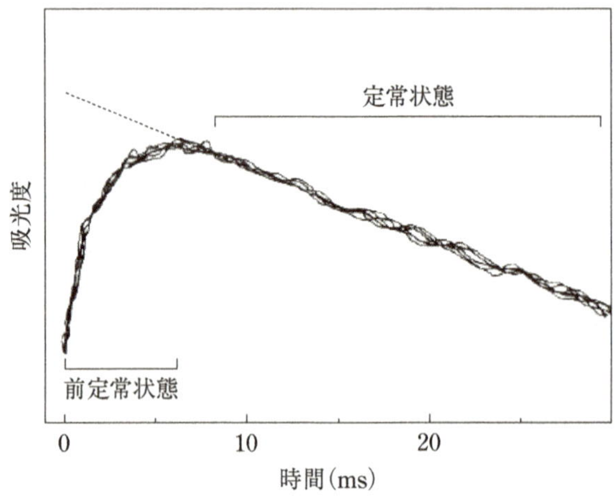

図9.6 α-キモトリプシンによるエステル加水分解反応における前定常状態過程

吸光度は E·S′>S>P であるため，いったん上昇してから直線的に減少する。E+S⇌E·S の過程は非常に遅いので観測されていない。

[S. Kunugi *et al.*, *Arch. Biochem. Biophys.*, **189**, 298 (1978) より作図]

演習問題

【1】式(9.2)は直角双曲線の式であり，2つの漸近線のうちの1つは $v = V_{\mathrm{max}}$ であるが，他の1つ(縦軸に平行な直線)はどのように表されるかを示しなさい。

【2】酵素反応の速度測定から，ミカエリス－メンテンの式のパラメータであるミカエリス定数 K_{m} と最大速度 V_{max} を得ようとするとき，酵素濃度 $[\mathrm{E}]_0$ を変えて測定すると，これら2つのパラメータはどのように変化するか。またターンオーバー数 k_{cat} はどうなるか。

【3】細菌由来のプロテアーゼによるトリペプチドエステルの加水分解を測定したところ，次表のような結果が得られた。このデータをL-B

プロットとE–Hプロット，H–Wプロットで解析し，V_{max}とK_mを求めなさい。

基質初期濃度[S]$_0$ (mM)	0.17	0.32	0.47	0.61	0.76	1.02	1.28	1.72
反応速度$v = v_{obs}/[E]_0$ (s^{-1})	37	56	67	78	87	98	105	115

【4】【3】のデータの速度に関する測定誤差が±5%であった場合，L–BプロットとE–Hプロット，H–Wプロットのエラーバー(誤差棒)はどのように現れるか説明しなさい。

【5】式(9.2)を書き直すと

$$v = -\frac{d[S]}{dt} = \frac{V_{max}[S]}{[S]+K_m}$$

から

$$V_{max}\,dt = \left(\frac{[S]+K_m}{[S]}\right)d[S]$$

となる。この両辺をそれぞれ$t=0\sim t$，$[S]=[S]_0\sim[S]$の区間で定積分すると

$$V_{max}t = -K_m \ln\left(\frac{[S]}{[S]_0}\right) - ([S]-[S]_0)$$

という式が得られる。これをミカエリス–メンテンの積分式という。この式を使うと，基質大過剰条件($[S]_0 \approx [S]$)を仮定せずに測定結果を解析することができる。

いまある酵素の反応を基質初期濃度$[S]_0 = 10$ mMで測定したところ，5分後には基質の5%が減少していた。この基質のミカエリス定数K_mが1 mMだとすると，基質の濃度が初期濃度の半分になるのは何分後かを計算しなさい。また，適当と思われる基質の減少量をいくつか設定し，基質濃度の反応時間による変化をグラフで示しなさい。

【6】α–キモトリプシンによる，あるアミノ酸エステルの加水分解反応の前定常状態過程を測定した結果，次表のような結果が得られた。式(9.28)から，この反応の見かけのミカエリス–メンテンの式のK_m, k_{cat}を算出しなさい。

次に同じアミノ酸のアミドを使って測定すると，前定常状態過程が観測できなかった。このことからk_2, k_3についてどんなことがいえるかを考えなさい。なお「同じアミノ酸」なので，エステルのときと同じ中間体ES′が生成されることに留意すること。

反応パラメータ	k_2	k_3	K_S'
単　位	s^{-1}	s^{-1}	mM
結　果	360	29	0.8

第10講 酵素反応の外部因子依存性と制御

1 反応速度と反応条件

酵素がその触媒活性を示すには，いくつかの条件が満たされなければならない。そのなかでも常に問題となるのは反応環境のpHと温度である。ここでは，この2つの変数に対する酵素反応速度の依存性を説明する。

1.1 ◆ 酵素活性のpH依存性

アンリによる酵素・基質複合体の提唱からミカエリスらによる反応機構の提唱までの年月は，pHを一定に保ったうえで実験することを可能にするために費やされたといわれるほど，酵素反応はpHに敏感である。

酵素活性のpH依存性がいわゆるベル(西洋のつり鐘)型になることは中学校の教科書にも記述されているほどであるが，これはタンパク質からできている酵素がその触媒活性を発現するには，タンパク質の側鎖などにある複数の官能基が最適な解離状態にある必要があるからである。解離基は，直接的に酵素反応に寄与する触媒残基として働く場合も，機能を示す高分子としての構造を保つために働く場合もある。

このことは，反応式の上では酵素Eにいくつかの酸(塩基)解離状態があり，そのうちのある型のものだけが触媒活性を有すると理解される。例えば，Eに3段階の酸解離状態(E, EH, EH_2)を考え，そのうちのEHだけが触媒活性を示すとして式(9.3)のような酵素反応を考えると，反応式は次のように書ける。

$$
\begin{array}{l}
\mathrm{EH_2} \\
K_{a1}\Big\downarrow\!\!\uparrow \\
\mathrm{EH} + \mathrm{S} \underset{k_{-1}}{\overset{k_1}{\rightleftharpoons}} \mathrm{EH{\cdot}S} \xrightarrow{k_2} \mathrm{EH} + \mathrm{P} \\
K_{a2}\Big\downarrow\!\!\uparrow \\
\mathrm{E}
\end{array}
\tag{10.1}
$$

この系に定常状態近似をあてはめる。2つの解離式

$$K_{a1} = \frac{[\mathrm{EH}][\mathrm{H}^+]}{[\mathrm{EH_2}]}, \quad K_{a2} = \frac{[\mathrm{E}][\mathrm{H}^+]}{[\mathrm{EH}]} \tag{10.2}$$

を考慮に入れると，Eの保存式$[\mathrm{E}]_0 = [\mathrm{EH_2}] + [\mathrm{EH}] + [\mathrm{E}] + [\mathrm{EH{\cdot}S}]$は，$K_S = (k_{-1} + k_2)/k_1$であることを用いると

$$[\mathrm{E}]_0 = [\mathrm{EH{\cdot}S}]\left\{1 + \frac{K_S}{[\mathrm{S}]}\left(1 + \frac{[\mathrm{H}^+]}{K_{a1}} + \frac{K_{a2}}{[\mathrm{H}^+]}\right)\right\} \tag{10.3}$$

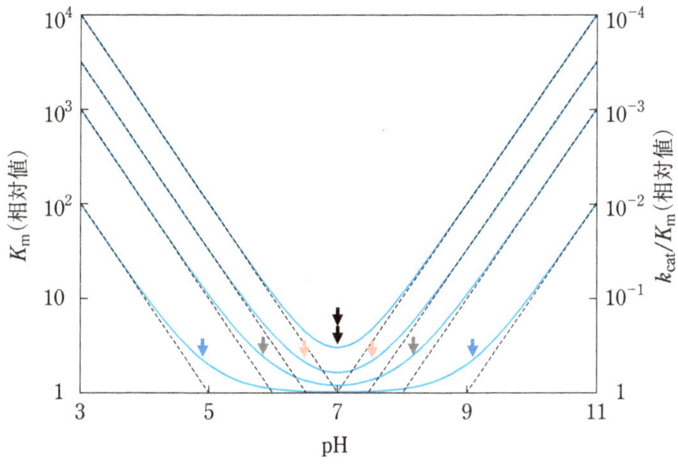

｜図10.1｜式(10.1)の場合におけるK_mおよびk_{cat}/K_mのpH依存性

pK_{a1}とpK_{a2}をそれぞれの曲線の↓印の値に設定したときの変化を示す。↓は5と9，↓は6と8，↓は6.5と7.5，↓は7と7。K_mおよびk_{cat}/K_mはpH＝7のときの値を1とした相対値で示した。

となり，反応速度は

$$v = k_2[\mathrm{EH \cdot S}] = \frac{k_2[\mathrm{E}]_0}{1 + (K_\mathrm{S}/[\mathrm{S}])(1 + [\mathrm{H}^+]/K_{a1} + K_{a2}/[\mathrm{H}^+])} \quad (10.4)$$

と得られる。

したがって，$k_{cat} = k_2$ではあるが，$K_m = K_S(1 + [H^+]/K_{a1} + K_{a2}/[H^+])$となり，$K_m$は2つの解離基の影響を受ける。$[H^+]$はpHとして対数尺度で変化させるので，$\log K_m$とpHの関係をながめてみると，$K_{a1}$と$K_{a2}$が十分離れているとき，この2つの関係は以下のような直線に漸近する（**図10.1**）。すなわち，

- $[H^+] > K_{a1} \gg K_{a2}$では，$K_m \approx K_S \cdot [H^+]/K_{a1}$となり，$\log K_m = -\mathrm{pH} + \log K_S + pK_{a1}$，つまり$\mathrm{pH} = pK_{a1}$で$K_m = K_S$となるような右下がりの直線になる。
- $[H^+] < K_{a2} \ll K_{a1}$では，$K_m \approx K_S \cdot K_{a2}/[H^+]$となり，$\log K_m = \mathrm{pH} + \log K_S + pK_{a2}$，つまり$\mathrm{pH} = pK_{a2}$で$K_m = K_S$となるような右上がりの直線になる。

$\mathrm{pH} = (1/2)(pK_{a1} + pK_{a2})$で$K_m$は最小値を示す。しかし，例えば$pK_{a2}$と$pK_{a1}$があまり離れていないときには，見かけの最小値は$K_S$より大きくなる。

式(10.1)を拡張して，酵素・基質複合体E·Sにも解離が生じることを考えると，

$$
\begin{array}{ccccc}
EH_2 & \rightleftharpoons & EH_2{\cdot}S & & \\
K_{a1}\updownarrow & & K'_{a1}\updownarrow & & \\
EH+S & \underset{k_{-1}}{\overset{k_1}{\rightleftharpoons}} & EH{\cdot}S & \xrightarrow{k_2} & EH+P \\
K_{a2}\updownarrow & & K'_{a2}\updownarrow & & \\
E & \rightleftharpoons & E{\cdot}S & &
\end{array}
\tag{10.5}
$$

のように書ける。この場合，EH_2かEに直接Sが結合できるかどうかという議論も生じるが，式の上では同じである。この場合の[E]の保存式についてはEH$_2$·SやEH·Sの項が増え，v, k_{cat}, K_mは

$$
v=\frac{k_2[E]_0}{(1+[H^+]/K'_{a1}+K'_{a2}/[H^+])+(K_S/[S])(1+[H^+]/K_{a1}+K_{a2}/[H^+])}
\tag{10.6a}
$$

$$
k_{cat}=\frac{k_2}{1+[H^+]/K'_{a1}+K'_{a2}/[H^+]}
\tag{10.6b}
$$

$$
K_m=\frac{K_S(1+[H^+]/K_{a1}+K_{a2}/[H^+])}{1+[H^+]/K'_{a1}+K'_{a2}/[H^+]}
\tag{10.6c}
$$

となる。つまり，見かけのk_{cat}も$[H^+]$の影響を受ける。少し複雑な式であるが，k_{cat}はEH·Sからの過程なのでEH·Sの解離状態を，K_mはEHとEH·Sとの間の過程なのでこの両者の解離状態を反映する。また，k_{cat}とK_mの比k_{cat}/K_mは[S]が小さいとき(図9.1の原点に近いところ)の二次速度定数であるが，式(10.6c)を式(10.6b)で割るとK_{a1}とK_{a2}のみを含む式が得られ，遊離の酵素EHの解離状態についての情報を得ることができる。

このようなpH依存性が何に由来するのかには，大きく分けて2つある。酵素による触媒作用はタンパク質にあるいくつかのアミノ酸や補欠因子の働きによって進行するが，その作用自体がpHに依存する場合がある。例えば，ある残基が共役塩基型で，別の残基が共役酸型でなければ触媒として働かないならば，最適な状態が実現されるpHはそれぞれのpK_aによって決まる。具体的な例としてRNAを分解するリボヌクレアーゼAの場合を示すと，**図10.2**に示すように12番目と119番目の2つのHis残基(His 12, His 119)のうち，His 12のイミダゾール基が塩基型(解離型)でもう1つの119番目のイミダゾール基が酸型である必要があ

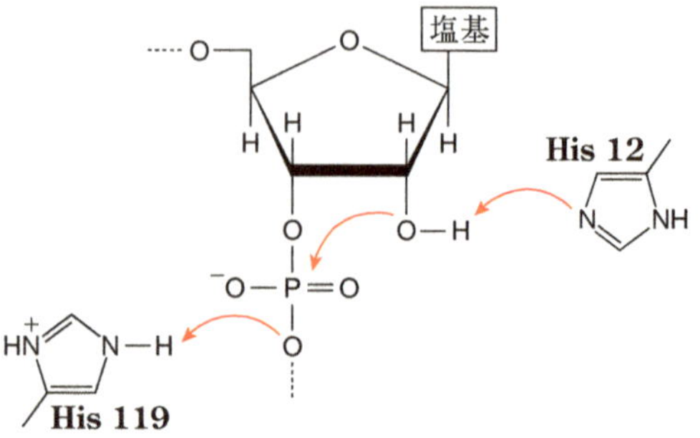

図10.2 | **リボヌクレアーゼAによる加水分解における2つのHis残基の作用**

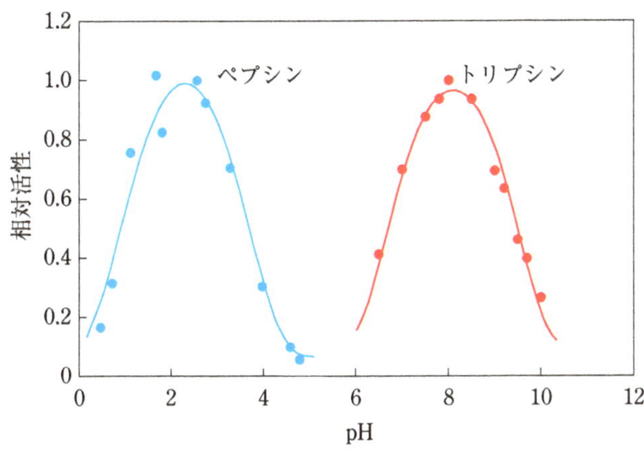

| 図10.3 | ペプシンとトリプシンの活性のpH依存性
相対活性の値として，ペプシンはk_{cat}/K_m，トリプシンはk_{cat}を用いた。
[データをそれぞれA. J. Cornish-Bowden, J. R. Knowles, *Biochem. J.*, **113**, 353(1969), H. P. Kasserra, K. J. Laidler, *Can. J. Chem.*, **47**, 4021(1969)より引用して作図]

る。塩基型は基質のリボースの2′-OHからH^+を受け取り，酸型はH^+を隣のヌクレオチド残基の5′-O-Pに与える。この両者は押し引き(push and pull)の関係にあり，これが可能なpH範囲でのみ活性を示す。pK_aについては，His 12は5.8，His 119は6.2と推定され，両者はかなり接近している。そのほかによく知られるものとして，酸性プロテアーゼに分類され，胃の中という酸性環境で機能するペプシンでは，2つのカルボキシ基(Asp 32, Asp 215)が働いており，この場合は式(10.5)と同様な機構でpK_{a1}, pK_{a2}, pK'_{a1}, pK'_{a2}はそれぞれ1.9, 5.0, ≪1, 5.6という報告がある*1。

もう1つの要因は，アミノ酸残基の酸・塩基状態がタンパク質である酵素の構造を変えてしまうことである。酵素はタンパク質からなるため，直接反応に関与しない部分の構造も酸/塩基によってしばしば微細な変化をして触媒能を損なってしまう。これもよく知られた例であるが，小腸で働くプロテアーゼであるトリプシンやキモトリプシンはペプチド鎖内の16番目のIle残基にあるα-アミノ基*2が酸型になりAsp 194のカルボキシレートアニオンと静電相互作用(塩橋)をしているが，これが塩基型になると塩橋を失い構造が変化する。そのため触媒反応速度はpH 9.5以上で小さくなってしまう。一方，触媒活性そのものには塩基型のHis 57が必要であり，ベル型になる。ペプシンとトリプシンの活性のpH依存性を**図10.3**に示す。

*1 Y. Lin *et al.*, *J. Biol. Chem.*, **267**, 18413(1992)

*2 トリプシンやキモトリプシンは不活性型(チモーゲン)として分泌されるが，酵素の活性化プロセスにおいて15番目と16番目の残基の間で切断され，新たなN末端が生じる。

1.2 ◆ 酵素活性の温度・圧力依存性

酵素反応といえども一般の反応における反応速度の温度依存性があてはまる。しかし，もともと酵素反応速度自体が複数のパラメータによって記述されるため，それらの温度依存性が個々に重ねあわされ，観測さ

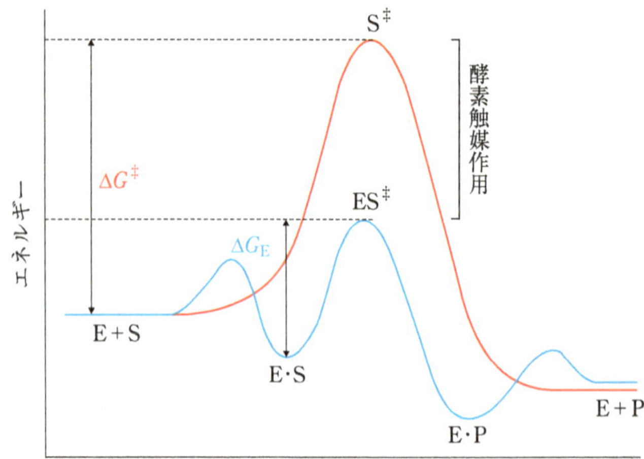

図 10.4 | 酵素反応と触媒がない反応におけるエネルギーの関係

青い線は2つの中間状態を考えたときの酵素反応，赤い線は触媒がない反応。E·Pは酵素・生成物複合体を表す。

表 10.1 | よく使われる緩衝剤の温度による性質の変化

緩衝剤（酸成分）	pK_a	使用pH範囲	$\Delta H°$ ($kJ \cdot mol^{-1}$)	ΔpH/10°C
酢　酸	4.8	3.8～5.8	0.48	−0.003
MES	6.2	5.5～6.7	16.5	−0.11
HEPES	7.5	6.8～8.2	21.01	−0.14
リン酸	7.2	6.2～8.2	5.12	−0.03
Tris	8.3	7.0～9.0	47.45	−0.28
炭　酸	10.3	8.9～10.8	19.25	−0.13

れたデータの「解釈」にはかなりの注意が必要となる。

温度に限らず何らかの依存性を見るときに，もっとも議論しやすいのは二次反応速度定数k_{cat}/K_mである。k_{cat}/K_mの依存性から得られる活性化ギブズ自由エネルギー$\Delta G^‡$は，酵素反応の開始系と，反応過程中のもっともGの高い地点との間のΔGを表しているので，必ずしも詳細な反応機構や素過程の解析をしなくても議論でき，またその温度（偏）微分である活性化エンタルピー$\Delta H^‡$についての解析もできる（**図 10.4**）。

さらに，pH依存性を考えるとより複雑になる。**表 10.1**に示すように緩衝剤の種類によっては10°Cの変化で0.3近くもpHが変わってしまうものがあり，あるpHでの測定は，温度による緩衝剤のK_{a1}, K_{a2}の変動（つまり緩衝剤のΔH）を含む結果を与える。

もう1つ複雑なのは，酵素の特長が「常温で働く触媒」と語られるように，高温では多くの酵素の機能が低下・喪失してしまうことである。一般的な酵素反応の温度依存性は，簡略化すると**図 10.5**のように表せるが，この曲線は

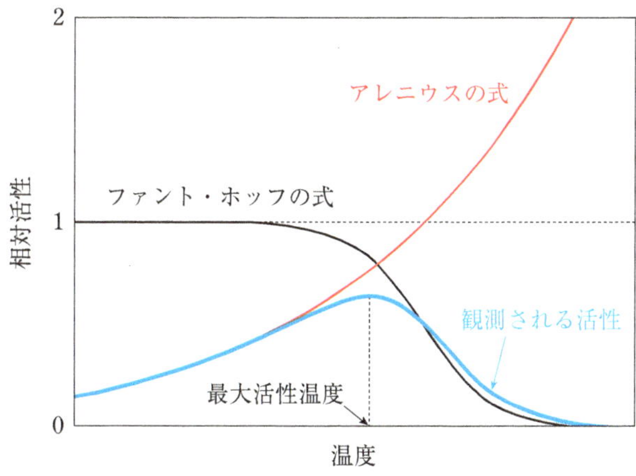

図10.5｜**酵素活性の温度依存性**

(1) 反応速度の温度依存性（アレニウスの式）：$\dfrac{\mathrm{d}(\ln k)}{\mathrm{d}T}=\dfrac{E_\mathrm{a}}{RT^2}$

(2) 2状態間の平衡の温度依存性（ファント・ホッフの式）：

$$\left(\frac{\partial(\ln K)}{\partial T}\right)_P=\frac{\Delta H^\circ}{RT^2}$$

の組み合わせと考えられる。つまり，ある温度までは酵素触媒反応の活性化エネルギーとの関係で反応速度は増加し，その温度以上では活性型の酵素の割合が減少するために反応速度は低下するという単純なモデルでもある程度説明できる。なお，温度依存性は(2)が平衡でなければさらに複雑になる。また，複数の過程から成り立っている場合，温度の変化によって律速過程が変わってしまうことも考えられる。第9講3.2で述べた複数の中間体がある場合の式(9.26)でいえば，低温では$k_3>k_2$だが高温では$k_3<k_2$となるといった変化であり，そのような場合は(1)の内容も変化する。

では圧力を変えればどうなるだろうか。第8講2.2で見た関係は酵素反応でも同様で，圧力を変えることで活性化体積$\Delta V^\ddagger$が求められる。しかし，温度の場合と同様，複数のパラメータの依存性が重なり，圧力を上げすぎると「圧力変性」が起こってしまう。さらに，緩衝液の作用にも圧力依存性がある。概ね温度の影響と逆の傾向を示し，温度の影響が比較的小さい酢酸やリン酸では圧力の影響が大きく（ΔpH/100 MPaにすると，それぞれ－0.42，－0.23），温度の影響が大きいHEPESやTrisなどでは圧力の影響が小さい（ΔpH/100 MPaはそれぞれ0.05, 0.02）。

変性が起こる前でも，圧力の影響には反応を加速させる場合と減速させる場合があり，反応機構の解明の一助になりうる。**図10.6**にはタンパク質加水分解酵素であるカルボキシペプチダーゼYとサーモライシンの$k_\mathrm{cat}/K_\mathrm{m}$の圧力依存性を例として示す。カルボキシペプチダーゼYの$k_\mathrm{cat}/K_\mathrm{m}$は圧力上昇とともに小さくなり，サーモライシンでは大きくなる。

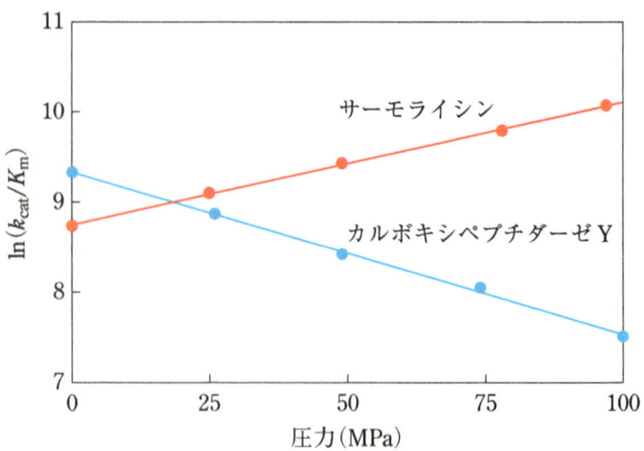

| 図10.6 | カルボキシペプチダーゼYとサーモライシンのk_{cat}/K_mの圧力依存性

カルボキシペプチダーゼYの基質はFuaGlyPhe，サーモライシンの基質は$FuaGlyLeuNH_2$。Fuaは3-(2-フリル)アクリロイル基で，Fuaのすぐ隣のペプチド結合の開裂を観測できるようにするために用いられる。

[M. Fukuda, S. Kunugi, *Eur. J. Biochem.*, **149**, 657(1985) およびM. Fukuda, S. Kunugi, *Eur. J. Biochem.*, **142**, 565(1984)より作図]

Column

PCR

いまやTVドラマにもしばしば出てくるDNA鑑定だが，その中で重要な技術の1つはPCR(polymerase chain reaction：ポリメラーゼ連鎖反応)法である。第6講で示したように，DNAの二重らせん構造は温度を上げるとほどける。十億単位の塩基対をもって存在する(ヒト)DNAの中から特定の塩基配列をもった部分を狙って増幅させるこの方法では，①鋳型DNAの熱変性，②狙い定めた部分をもつ一本鎖DNA(プライマー)の結合(アニーリング)，③酵素(DNAポリメラーゼ：DNA polymerase)によるDNA鎖の伸長という3段階を繰り返し，鋳型DNAは開始時には1組($n=1$)，1回り後には2組($n=2$)，m回り後には$n=2^m$組と増加していく。この間に温度の上下も繰り返されるが，いずれにしろDNAポリメラーゼは高温環境で活性を発揮しなければならない。大腸菌などの中温菌(mesophilic bacteria)由来の酵素では繰り返しプロセスの途中で失活してしまうので，*Thermus aquaticus*(Taq)などの好熱菌(thermophilic bacteria)由来の高温でも働く酵素が使われるようになって，PCR法は一気に広まった。

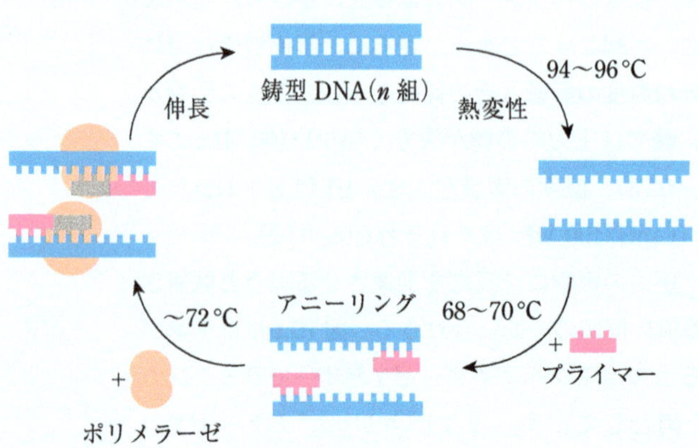

2 酵素反応の阻害

酵素が基質に対してどのような反応機構で触媒作用を示すのかを調べるには，酵素と基質の反応を研究するだけでは必ずしも十分ではない。ある酵素にとってどんなものが基質となりうるかということは，その酵素の「基質特異性」とよばれるが，数多くある化合物の中からある種類のものだけが基質となり，他は触媒作用を受けないという区別は，主として酵素と反応物分子との構造上の関係から決まる。しかし，触媒作用を受けないものがすべて酵素とまったく相互作用しないというわけでもない。あるものは酵素に結合はできるが反応は進まない，あるいは，反応の途中までしか変化できずに止まってしまうなどということがある。このようなものは，基質となる物質と共存させると，本来の基質に対する反応を進行しにくくする作用(阻害作用)を示すことがあり，**阻害剤**(inhibitor, I)とよばれる。どのような物質が基質となり，どのような速度で反応するかを調べることと，どのような物質が阻害剤となり，どのような機構で作用するかを調べることはきわめて密接に関係しており，両面からの研究によって酵素の触媒作用の機構が明らかにされてきた。さらにいえば，例えば構造と活性の関係(構造活性相関：structure-activity correlation)を調べる場合，基質としての反応性を残したまま種々の置換基を導入・変化させることよりも，むしろ阻害剤について同様の作業を行う方が，種々の構造の分子を得ることができ，阻害性の研究によって特異性の解明が進んできたという，より積極的な側面もある。

阻害作用の反応式は，阻害剤Iと酵素との相互作用の様式によっていくつかのパターンが考えられる。もっとも単純なものとしては，IがSの代わりにEと結合してE·Iを形成し，他の化学種としては式(9.6)と同じ，つまりE·SにはIは結合せず，またE·IにSも結合しないという場合である。これを式にすると次のようになる。

$$\begin{array}{ccccc} \mathrm{E} & \underset{K_\mathrm{S}}{\overset{+\mathrm{S}}{\rightleftharpoons}} & \mathrm{E{\cdot}S} & \xrightarrow{k_2} & \mathrm{E+P} \\ K_\mathrm{I} \updownarrow +\mathrm{I} & & & & \\ \mathrm{E{\cdot}I} & & & & \end{array} \tag{10.7}$$

K_Iは酵素・阻害剤複合体の解離定数であり，阻害定数ともよばれる。この場合，速度式の導出は，前節で述べた多段階の酸解離状態がある酵素のもっとも単純な形式に似た取り扱いになる。つまり，Eの保存式の中にE·Iが加わり，

$$[\mathrm{E}]_0 = [\mathrm{E}] + [\mathrm{E{\cdot}S}] + [\mathrm{E{\cdot}I}] \tag{10.8}$$

となるので，vは

$$v = \frac{k_\mathrm{cat}[\mathrm{E}]_0}{1 + K_\mathrm{S}(1 + [\mathrm{I}]/K_\mathrm{I})/[\mathrm{S}]} \tag{10.9}$$

(a) 競争阻害

$[\mathrm{I}]_0$

$1/v$

$1/V_{\max}$

$1/[\mathrm{S}]$

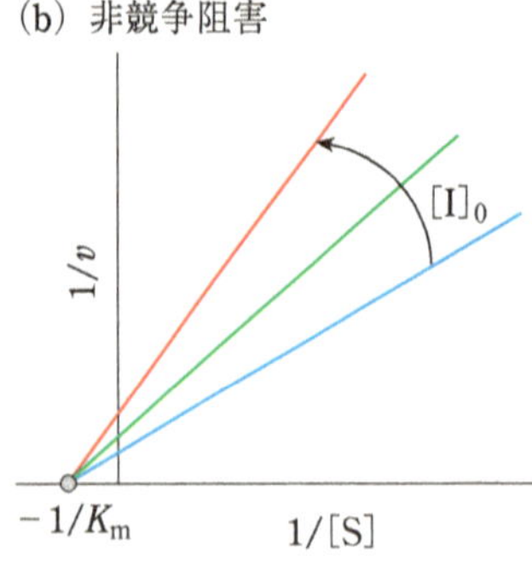

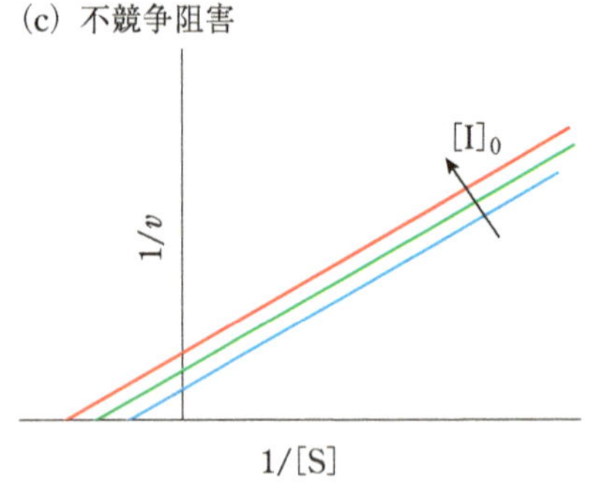

図10.7 阻害の形式によるL–Bプロットの変化
阻害剤濃度の増加(矢印)にともなうL–Bプロットの変化を示した。

となり，見かけのK_mが$K_S(1+[\mathrm{I}]/K_I)$になる。このような形の阻害は，基質と阻害剤がいす取りゲームのように競争して酵素を奪いあうので，**競争阻害**または競合阻害(competitive inhibition)とよばれる。

これに対してEとSとIが3つあわさったもの(三元錯体：E·S·I)を形成し，E·S·Iからも触媒反応が進行するという形を考えることもでき，この場合次式のように表される。

$$
\begin{array}{ccccc}
\mathrm{E} & \underset{K_S}{\overset{+\mathrm{S}}{\rightleftharpoons}} & \mathrm{E{\cdot}S} & \xrightarrow{k_2} & \mathrm{E+P} \\
K_I \updownarrow +\mathrm{I} & & K_I' \updownarrow +\mathrm{I} & & \\
\mathrm{E{\cdot}I} & \underset{K_S'}{\overset{+\mathrm{S}}{\rightleftharpoons}} & \mathrm{E{\cdot}S{\cdot}I} & \xrightarrow{k_2'} & \mathrm{E{\cdot}I+P}
\end{array}
\qquad (10.10)
$$

(1) $K_S = K_S'$かつ$k_2' = 0$である場合には

$$v = \frac{k_2[\mathrm{E}]_0/(1+[\mathrm{I}]/K_I)}{1+K_S/[\mathrm{S}]} \qquad (10.11)$$

と表せる。この式では分子だけに$[\mathrm{I}]/K_I$があるので，式(10.9)とは逆にK_mはIの存在による影響を受けず，$k_{cat} = k_2/(1+[\mathrm{I}]/K_I)$という見かけの値が得られる。一般的にこの特殊な場合は**非競争阻害**(non-competitive inhibition)とよばれる。

(2) K_I, K_S'が非常に大きく，IはE·Sにしか結合できない場合，$k_2' = 0$のときには

$$v = \frac{k_2[\mathrm{E}]_0}{(1+[\mathrm{I}]/K_I')+K_S/[\mathrm{S}]} \qquad (10.12)$$

が得られる。この場合には，Iの存在によってk_{cat}とK_mの双方が同じように影響を受ける($1/(1+[\mathrm{I}]/K_I')$倍になる)のでk_{cat}/K_mは変わらない。これを**不競争阻害**(uncompetitive inhibition)という。

上の競争阻害はこの式のK_S', K_I'が無限大であるという特殊なケースに相当する。L–Bプロット(式(9.18))でデータ解析を行うと，これら3つ

の場合は**図10.7**のような変化を与えるので，その様子からIの結合の仕方を知ることができる。

3 2つ以上の基質の酵素反応

いままで対象としてきた酵素反応では基質は1つであり，単に「S」と表記してきた。しかしながら多くの酵素は，2つ以上の基質が関与する反応を触媒する。これまでしばしば例として登場してきた加水分解酵素にしても，水中での反応では2つの基質のうちの片方(水)が常にほぼ一定濃度(55.6 M)で存在するために，事実上基質は1つとして扱ってきただけである。**表10.2**に示すように，一般に酵素は6つに分類されるが，このうち純粋に1基質として取り扱えそうなのは脱離酵素(リアーゼ)と異性化反応を触媒する酵素(イソメラーゼ)だけであり，他はいずれも電子の授受や官能基の授受をともない2つ以上の基質を前提としている。

2つ以上の基質を含む酵素反応の(定常状態における)反応速度を扱う場合の考え方は，基質と生成物の酵素からもしくは酵素への出入りの順番によって分類される。生成物ができる前にすべての基質が酵素へ結合する場合を逐次反応といい，その際，基質の種類によらずどの順番に結合してもよい場合を**ランダム**(random)**機構**，基質の結合する順番が決まっている場合を**オーダード**(ordered)**機構**という。これに対してある基質が入った後に最初の生成物が放出され，その後で残りの基質が入ってから後の生成物が出ていくといった，交互に基質と生成物が出入りする場合を**ピンポン**(ping pong)**機構**とよぶ。これらの関係をわかりやすく示すために，反応の進行を直線で表し物質の出入りを矢印で表すことが多い。2基質(A, B)，2生成物(P, Q)の反応(Bi Biと表す)を例にいくつかの機構について矢印を使った表し方を示す。

表10.2 | **酵素の分類**

名　称	EC番号*の1桁目	触媒反応の概略
酸化還元酵素(oxidoreductase)	1	酸素，水素あるいは電子を他の基質に渡す。
転移酵素(transferase)	2	官能基を他の基質に渡す。
加水分解酵素(hydrolase)	3	基質を加水分解する。
脱離酵素(lyase)	4	(加水分解でなく)官能基を脱離・付加する。
異性化酵素(isomerase)	5	基質の分子形を変化させる。
合成酵素(ligase)	6	2つの基質の間に新しい結合をつくる。

* EC番号(Enzyme Commission number)は国際生化学連合(現在の国際生化学分子生物学連合)によって定められた酵素の分類番号である。

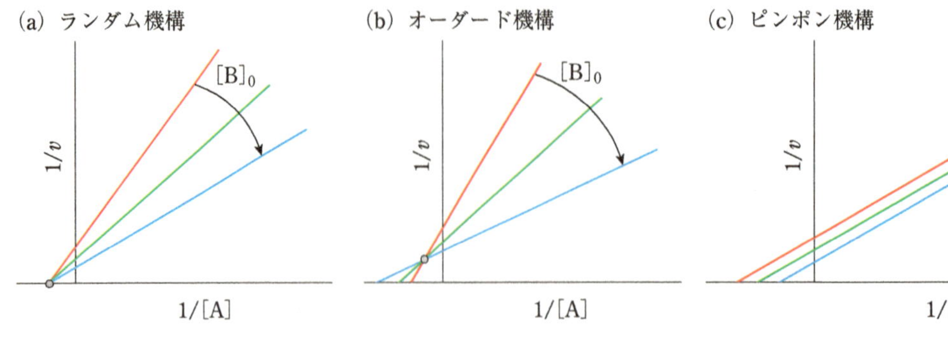

図10.8 | 2種類の基質の反応における結合順序の違いによるL–Bプロットの変化
基質濃度の増加(矢印)にともなうL–Bプロットの変化を示した。

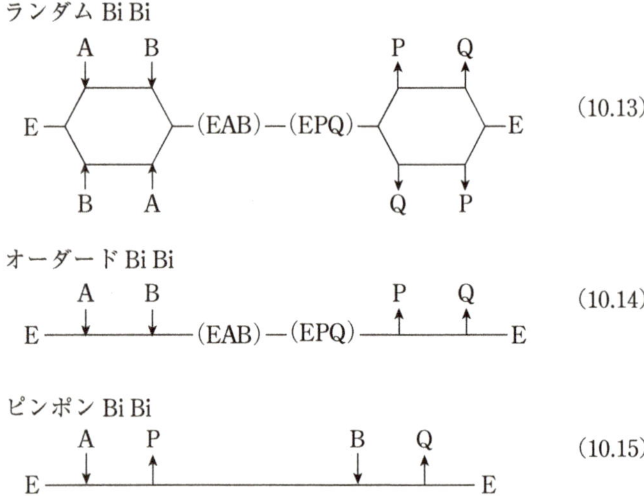

例えば，もっとも簡単なものの1つであるオーダード Bi Uni(2基質1生成物)ですら，

オーダード Bi Uni

$$\begin{array}{c} \text{A} \quad\quad \text{B} \\ k_1 \downarrow\uparrow k_{-1} \quad k_2 \downarrow\uparrow k_{-2} \quad\quad k_4 \\ \text{E} \quad \text{EA} \quad \text{EAB} \underset{k_{-3}}{\overset{k_3}{\rightleftarrows}} \end{array} \tag{10.16}$$

が通常の反応式の組で示すとすると，

$$\begin{aligned} &\text{E}+\text{A} \underset{k_{-1}}{\overset{k_1}{\rightleftarrows}} \text{E·A}, \quad \text{E·A}+\text{B} \underset{k_{-2}}{\overset{k_2}{\rightleftarrows}} \text{E·A·B} \\ &\text{E·A·B} \underset{k_{-3}}{\overset{k_3}{\rightleftarrows}} \text{E·P}, \quad \text{E·P} \underset{k_{-4}}{\overset{k_4}{\rightleftarrows}} \text{E}+\text{P} \end{aligned} \tag{10.17}$$

となり，後者は一見して理解するのは難しい。式(10.13)～(10.15)のような表示方法はクリーランド*3らによって確立された。式の誘導などは割愛するが，異なる[B]の値について[A]を変えてそれぞれ測定した反応速度vのL–Bプロット(**図10.8**)は，反応様式によって特徴的なグラフを描く。先に示した阻害反応の結果に類似しているが，濃度の増加に

*3 William W. Cleland : 1930～2013(アメリカ)

よる速度上昇の方向が反対であるのは，基質か阻害剤かの違いが生む当然の結果である。

4 酵素反応の制御

第6講2.1で紹介したアロステリック効果は，生体内の代謝過程での酵素反応の制御において数多く見ることができる。初期に示された例にアスパラギン酸カルバモイルトランスフェラーゼ(ATCase)がある。核酸塩基にはプリン誘導体とピリミジン誘導体があると第1講で紹介したが，ATCaseは後者を生合成する最初の段階を触媒する酵素である。ATCaseはカルバモイルリン酸とアスパラギン酸から*N*–カルバモイルアスパラギン酸を生成する反応(式(10.18))に対して触媒作用を示す。

$$\mathrm{H_2N{-}C(=O){-}O{-}P(=O)(O^-){-}O^-} + \mathrm{HOOC{-}CH(NH_2){-}CH_2{-}COOH} \longrightarrow \mathrm{H_2N{-}C(=O){-}NH{-}CH(COOH){-}CH_2{-}COOH} + \mathrm{Pi} \qquad (10.18)$$

ピリミジン誘導体生合成の最終生成物であるシチジン三リン酸(CTP)の存在によりATCaseの触媒活性は低下する。一方，プリン誘導体生合成の産物であるATPの存在によりATCaseの触媒活性は向上する。つまり，CTPが多くできすぎた場合はその第1段階を遅くし，逆にプリン(ATP)が過剰であれば，バランスを保つためにピリミジン系の合成を促進すると理解できる。

この反応について基質(Asp)濃度と反応速度の関係を図式化すると**図10.9**のようになる。CTPもATPも共存しない場合は，⓪のようなヒル係数1.4程度のシグモイド曲線を示す。CTPが共存すると①のように大きなヒル係数([CTP] = 0.5 mMで2.2程度)をもつ曲線となり，逆に

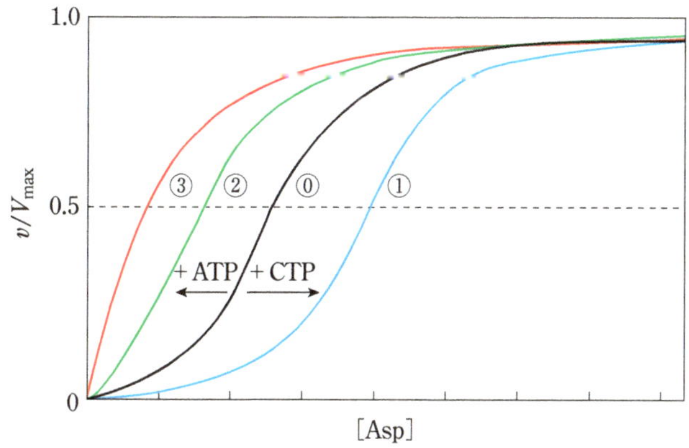

図10.9 | **ATCaseの活性のCTP，ATPの存在による変化のイメージ**

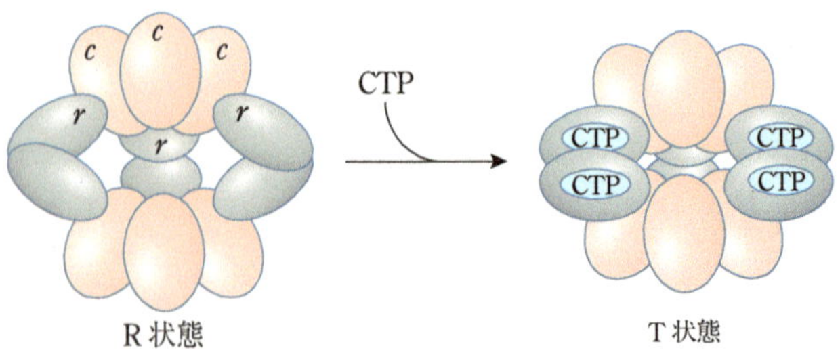

図 10.10 | ATCaseのR状態→T状態への変化のイメージ

ATPが存在すると穏やかな曲線②([ATP] = 2.0 mMでヒル係数1.2)となる。さらに，ATPが非常に多く共存すると③のようにアロステリック性はなくなり，通常の飽和曲線(図9.1のような曲線，ヒル係数1.0)となる。最大反応速度V_{max}の半分のvを得るための基質Aspの濃度(ミカエリス-メンテンの式ではK_mに相当)は①では高くなり，②, ③では低くて済む。第6講でも述べたがこのように酵素反応に直接関与していない分子によってアロステリック制御が行われることを**ヘテロトロピック制御**といい，ヘモグロビンやATCaseのアロステリック効果のうち基質によるものなどを**ホモトロピック制御**という。

このようなATCaseの状態変化をMWCモデルで説明すると，**図10.10**に示すように活性のあるR状態は基質およびATPの結合によって誘起されるが，不活性なT状態はCTPの結合により作り出されるということになる。

ATCaseタンパク質は，2種類のサブユニットがそれぞれ6つ，合計12あるオリゴマータンパク質である。*c*(触媒：catalytic)サブユニットといわれるものが3つずつ集まって触媒残基を構成し，*r*(制御：regulatory)サブユニットが2つずつ集まって制御部分を構成する。酵素活性の変化はこの*r*サブユニットにCTPなどが結合することによる，*c*サブユニットの空間的位置関係の変化によって引き起こされる。

✣ 演習問題

【1】式(10.5)において，ペプシンの$\mathrm{p}K_\mathrm{a}$が$\mathrm{p}K_{\mathrm{a}1} = 1.9$, $\mathrm{p}K'_{\mathrm{a}1} = 1.0$, $\mathrm{p}K_{\mathrm{a}2} = 5.0$, $\mathrm{p}K'_{\mathrm{a}2} = 5.6$であれば，$K_\mathrm{m}/K_\mathrm{S}$はどのようなpH依存性を示すか描きなさい。

【2】図10.6に示された$\ln(k_\mathrm{cat}/K_\mathrm{m})$の圧力依存性のデータをもとに，2つの酵素の反応について，およその$\Delta V^{\ddagger}$を求めなさい。

【3】酵素反応の阻害の様子(K_m, V_maxの阻害剤濃度[I]依存性)をまとめた次表の空欄を埋めなさい。

阻害の形式		見かけのK_m ($K_{\mathrm{m(app)}}$)	見かけのV_max ($V_{\mathrm{max(app)}}$)
阻害剤なし		K_m	V_max
競 争 阻 害	阻害剤は遊離の酵素にのみ結合		
非競争阻害			
不競争阻害			
混　合　型	阻害剤は遊離の酵素にも酵素・基質複合体にも結合	$K_\mathrm{m}(1+[\mathrm{I}]/K_\mathrm{I})$	$\dfrac{V_\mathrm{max}}{1+[\mathrm{I}]/\alpha K_\mathrm{I}}$

【4】競争阻害，非競争阻害，不競争阻害について，E–Hプロット(式(9.19))で表すと，阻害剤濃度の変化によってグラフの直線がどう変わるかを示しなさい。

【5】見かけのK_mが$K_\mathrm{m}(1+[\mathrm{I}]/K_\mathrm{I})$と表される場合に，$K_\mathrm{I}$の値をグラフから求めるにはどのようにすればよいかを示しなさい。

【6】表10.2に関連して説明したように，加水分解反応もA–B + H_2O → A–OH + B–Hという2基質・2生成物反応と理解できる。式(9.21)で表される加水分解酵素の反応は，式(10.13)〜(10.16)のどの様式と考えられるか説明しなさい。

光は生命と深くかかわっている。例えば，我々は光を感じて，物質の色や形を知ることができる。また，生命は光のエネルギーを変換して，エネルギーを蓄えることができる。そして，必要なときにそのエネルギーを用いて，生命活動を行っている。

Part 5では，光と生体分子の相互作用を物理化学の観点から理解することに重点をおいて，生命と光のかかわりを解説する。まず，光の基本的な性質を学び，その本質は電磁波であることを見ていく。そして，この電磁波が生体分子の電子状態に変化を与えることが生体分子と光の相互作用の本質であることを解説する。さらに，この生体分子と電磁波の相互作用を利用して，生体分子の分子構造や運動性，さらには反応性を理解する分光学の原理と手法について解説する。

Part 5
生命と光

第11講

生体分子と光の相互作用

1 光の波動性と粒子性

1.1 ◆ 光の波動性と電磁波

光とは何だろうか。光を発生するもっとも身近な存在は太陽であろう。我々が物体を見ることができるのは，太陽や蛍光灯などの光源から発せられた光が物体の表面で反射して我々の目に入るからである。光がなければ，我々は物体を見ることができない。自然科学において「光」は波長が200〜800 nmの領域にある電磁波と定義される。このように光を定義するに至った過程を見ていこう。

1.1.1 ◇ 光は波の性質をもつ

太陽光などの白色光(実際には透明光である)をプリズムに通すと，赤から紫までの連続的に変化する色の帯が得られる(**図11.1**)。この現象を光の分散(dispersion)といい，光の波長によって屈折率が異なるために生じる。得られた虹色の帯を光の**スペクトル**(spectrum)という。

17世紀中頃，この現象を研究していたイギリスの物理学者ニュートンは[*1]，分散された光を再びあわせると白色光が現れることを示した。つまり，白色光は均一な光ではなく，多くの異なる色の重ねあわせであることを明らかにした。その後，太陽光のスペクトルを研究していたイギリスの天文学者ハーシェル[*2]は，1800年に赤色の外側に置いた温度計の温度が上昇することを見出した。つまり，目には見えないが熱を伝える光線として赤外線を発見したのである。さらに，その翌年，ドイツの物理学者リッター[*3]は，同じく目には見えないが紫色の外側に化学

＊1　Isaac Newton : 1643〜1727

＊2　F. William Herschel : 1738〜1822

＊3　Johann W. Ritter : 1776〜1810

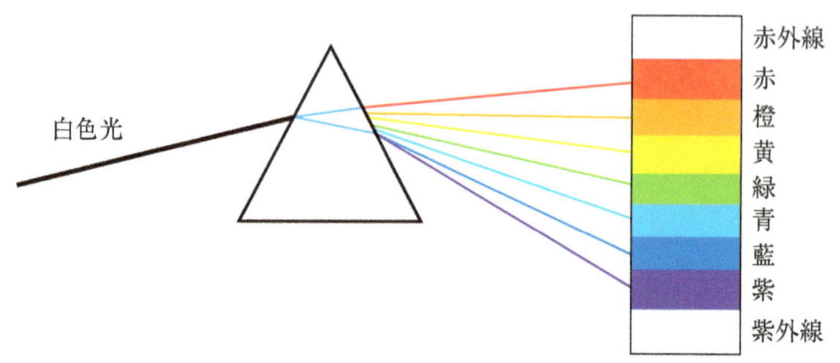

図11.1 | プリズムによる光の分散

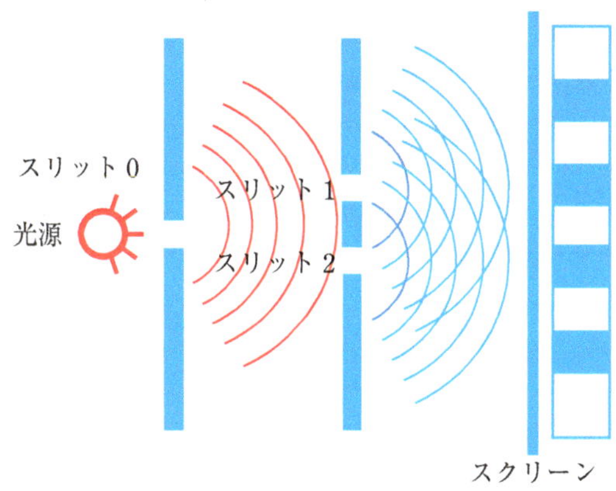

図11.2 | 2つのスリットを通過した光の回折・干渉による縞模様の発生

反応を起こすことができる光線として紫外線の存在を発見している。こうして，目には見えない光線の存在が明らかにされた。

光の正体が波であるか，粒子であるかについては，昔から議論の的であった。物体の運動に関する法則を確立したニュートンは，光を粒子と考えていたようである。その主な根拠は，光が**回折**(diffraction)を起こさないことであった。回折とは波が小さな隙間を通り抜けて障害物の背後に回り込む現象をいう。例えば，音は空気の振動による疎密波(縦波)であるが，音源の前に壁があっても，音を聞くことができる。これは音源から広がって進んできた音が壁を回り込んできたためである。また，水面の波は防波堤の裏側にも回り込む。しかし，光は壁を回り込んでこないので，壁の向こうの光源を見ることはできない。

1805年頃，ヤング*4は，2つのスリット(狭い隙間)を通過した光がスクリーンに明るい部分と暗い部分からなる縞模様を与えることを発見した(**図11.2**)。この実験は，スリットを通った光が壁の向こう側にも回り込めること，すなわち回折することのみならず，光が波の重要な性質の1つである**干渉**(interference)を起こすことを示した。干渉とは波の山と山が重なって強めあったり，山と谷が重なって弱めあったりする現象である。

*4 第2講p. 25，*5参照。

こうして，ヤングの実験により，光が波の性質をもつことが確定した。光の波としての性質は波長λ(m)，振幅A(m)，および1秒間の振動の回数を表す振動数ν(s^{-1}あるいはHz)で表される(**図11.3**)。波の速さv($m \cdot s^{-1}$)はνとλを用いて次の式で表される。

$$v = \nu \cdot \lambda \tag{11.1}$$

波の回折のしやすさは波長に依存し，波が通り抜ける隙間よりも波の波長が短い場合には，回折現象を観測することは難しくなる。すなわち，壁の向こうの光源が見えないのは，光の波長が10^{-7} m (100 nm)程度ときわめて短いからである。

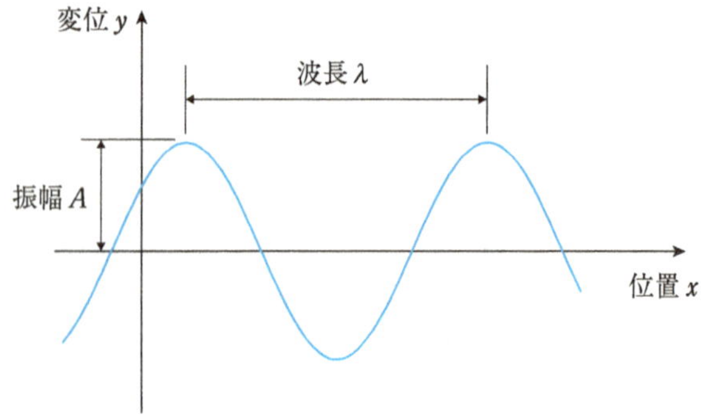

図11.3 | 光の波長と振幅

1.1.2 ◇ 光の速さ

光の速さ，すなわち光速は無限に大きいものと考えられていたが，17世紀になって稲妻や天体運動の観測から光速は有限の値をもつことがわかってきた。1728年，イギリスの天文学者ブラッドリー[*5]は恒星位置変動の精密な観測から，光速の値として$3.01 \times 10^8\ \mathrm{m \cdot s^{-1}}$を得ている。

＊5　James Bradley : 1693～1762

地上での実験によって光速を最初に測定したのはフランスの物理学者フィゾー[*6]であった。1849年にフィゾーは歯車の回転を利用して，光が観測者と約9 km先においた反射鏡との間を往復する時間を測定し，光速の値として$3.13 \times 10^8\ \mathrm{m \cdot s^{-1}}$を得た。

＊6　Armand Hippolyte L. Fizeau : 1819～1896

その後，さまざまな工夫と測定機器の進歩により，光速について精度の高い値が得られるようになっていった。1973年には，ある光の振動数$\nu\,(\mathrm{s^{-1}})$と波長$\lambda\,(\mathrm{m})$の精密な測定から，光速$c\,(\mathrm{m \cdot s^{-1}}) = \nu \cdot \lambda$が9桁の精度で決定された。この値の精度は長さの定義の不確かさによることがわかったので，1983年に光速の値を定義し，その値をもとに長さを決めるようになった。すなわち，現在では，光速cの値は測定値ではなく，厳密に$c = 299{,}792{,}458\ \mathrm{m \cdot s^{-1}}$と定義されている。そして長さの基準である1 mは，光が1秒間に進む距離の299,792,458分の1と決められている。

1.1.3 ◇ 光の正体は電磁波

ヤングの実験により，光が波としての性質をもつことが実証されたが，光を波と考えるには，まだ重大な疑問があった。波には波を伝える媒質が必要であるが，光はそのような媒質がないところ(真空中)でも伝わるからである。

1865年，イギリスの物理学者マクスウェル[*7]は，電気と磁気のふるまいを記述する法則をまとめた方程式(マクスウェル方程式)を提案し，古典電磁気学を完成させた。電場(electric field)とは電気を帯びた物体に力を及ぼすことができる空間であり，磁場(magnetic field)とは磁石の性質をもつ物体に力を及ぼすことができる空間である。電場と磁場には密接な関係があり，磁場を時間的に変化させると，そのまわりに電場

＊7　James C. Maxwell : 1831～1879

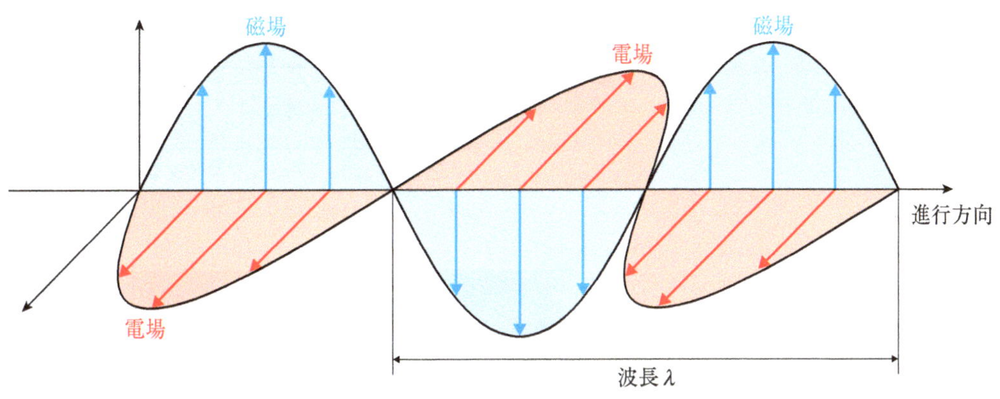

図11.4｜電磁波において電場と磁場が連続的に振動して空間を伝わる様子

が生じる。この現象は電磁誘導とよばれ，モーターが作動するのはこの原理による。マクスウェルは，逆に電場を時間的に変化させるとそのまわりに磁場が生じると考え，これによって，電気と磁気に関する法則が矛盾なく成り立つことを示した。

この考えをさらに進めると，導線に流す電流の時間変化により周囲に磁場が発生するが，この磁場も時間とともに変化するので，その磁場によって新たに時間変化する電場が生じると考えられる。マクスウェルはこのように電場と磁場が次々と連続的に発生しながら空間を伝わっていく波の存在を予言し，これを**電磁波**(electromagnetic wave)とよんだ(**図11.4**)。

マクスウェルはさらに理論を発展させ，電磁波の速度vは次式で表されることを示した。

$$v = \frac{1}{\sqrt{\varepsilon_0 \mu_0}} \qquad (11.2)$$

ここで，ε_0（$= 8.85419 \times 10^{-12}\ \mathrm{F \cdot m^{-1}}$）は真空の誘電率，$\mu_0$（$= 1.25664 \times 10^{-6}\ \mathrm{H \cdot m^{-1}}$）は真空の透磁率とよばれ，真空中において，電場や磁場が物質に対して及ぼす力の大きさに関係した物理定数である。マクスウェルはこの式に基づいて真空中の電磁波の速度を$3.0 \times 10^8\ \mathrm{m \cdot s^{-1}}$と求めたが，この値はフィゾーが実験的に求めた光速$c$と，きわめて近いことに気がついた。

電磁波に関するマクスウェルの予言は，1887年にドイツの物理学者ヘルツ[*8]によって実験的に証明された。ヘルツは電磁波を受信する装置を開発して，確かに電場と磁場が空間を伝わっていくことを確認し，さらに，その速度は光速cに等しいことを示した。

＊8　Heinrich R. Hertz：1857〜1894

こうして，19世紀の終わりになって，それまで光とよばれていたものは，電磁波の一種であることが明らかになった。また，電磁波は物質の振動ではなく電場と磁場の振動であるために，媒質のない真空中でも伝わることが説明できた。

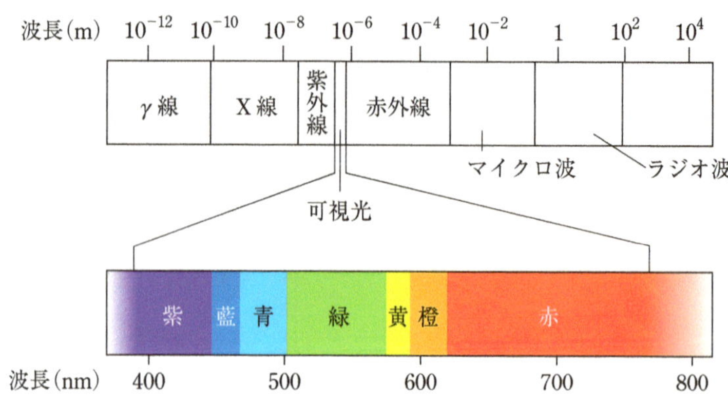

図11.5 | 電磁波の種類と波長および可視光の波長と色の関係

1.1.4 ◇ 電磁波の定義と種類

電磁波は波長によって特徴づけられる。1895年にドイツのレントゲン[*9]によって発見されたX線や，1900年に電荷をもたない放射線としてフランスのヴィラール[*10]により発見されたγ線も，波長がきわめて短い電磁波であることが判明した。**図11.5**に電磁波の種類とそれに対応するおよその波長領域を示す。これらの電磁波はすべて真空中では光速cで伝わり，その波長λと振動数νは式(11.3)の関係をもつ。

*9 Wilhelm C. Röntgen：1845～1923, 1901年ノーベル物理学賞受賞。

*10 Paul U. Villard：1860～1934年

$$\nu = \frac{c}{\lambda} \tag{11.3}$$

人はおよそ400～800 nmの波長領域の電磁波に限って見ることができ，しかも波長の違いを色として識別することができる。この波長領域の電磁波を可視光(visible light)という。

1.2 ◆ 光の粒子性とエネルギー

1905年，ドイツ生まれの米国の物理学者アインシュタイン[*11]は1887年に前出のヘルツによって発見された光電効果(金属表面にある固有振動数以上の光を照射すると，金属から自由電子(光電子)が放出される現象，**図11.6**(a))を説明するため，「光は多数の粒子の流れである」と考えた。彼はさらに考えを発展させて「それぞれの粒子は，光の振動数νに比例したエネルギー$h\nu$ ($h = 6.62607 \times 10^{-34}$ J·s：プランク定数)をもつ」とする説を提唱し，その粒子を**光子**(photon)，あるいは**光量子**とよんだ(**光量子仮説**：light quantum hypothesis)。このアインシュタインの光量子仮説により，光子1つのエネルギーは振動数のみに依存することが示された。次項では，光子がどの程度のエネルギーをもっているのかを計算してみよう。

*11 Albert Einstein：1879～1955, 1921年ノーベル物理学賞受賞。

(a)

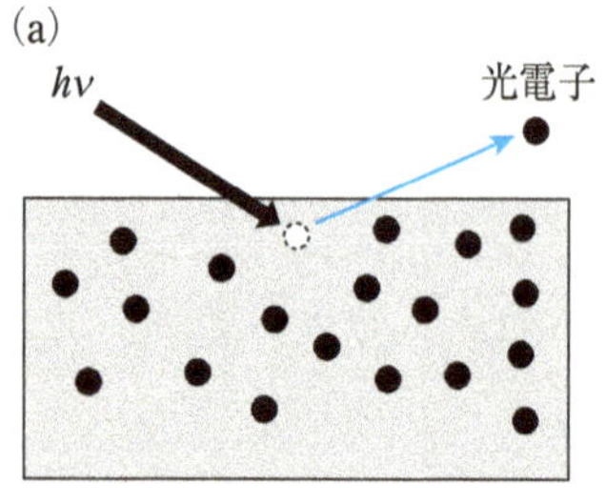

(b)

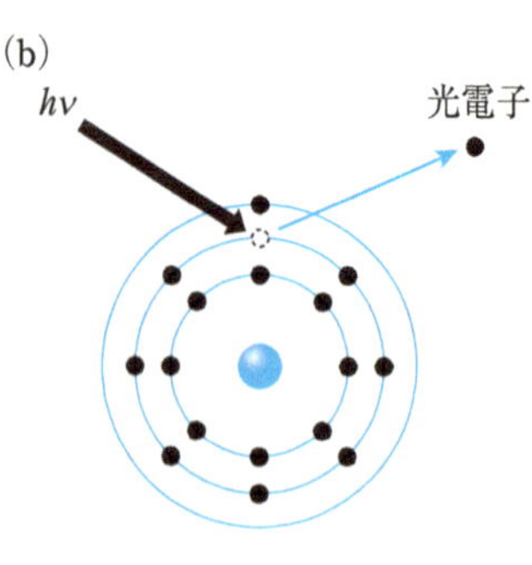

図11.6 | 光電効果の模式図
(a)光子による金属表面からの光電子の放出。(b)光子による内殻軌道からの光電子の放出。

1.2.1 ◇ 1つの光子がもつエネルギー

上述のように，光量子仮説において，振動数νをもつ電磁波の光子1

Column

プランク定数

19世紀の半ばにドイツのキルヒホッフ(Gustav R. Kirchhoff：1824～1887)が黒体(外から入射する電磁波を波長によらずすべて吸収できるとともに，逆に熱を電磁波として放射できる物体)を命名して以来，黒体に与えられるエネルギーの値と放出される電磁波(黒体輻射)の波長について多くの実験が行われ，さまざまな理論式が提案された。そのうちヴィーン(Wien)の式とレイリー－ジーンズ(Rayleigh–Jeans)の式が比較的よく知られているが，実験結果との比較では，ヴィーンの式は高波長(低振動数)領域で，レイリー－ジーンズの式は低波長(高振動数)領域で実験結果と合わなかった。

ドイツの物理学者プランク(Max K. E. L. Planck：1858～1947，1918年ノーベル物理学賞受賞)は「電磁波のエネルギーは，ある最小単位の整数倍の値しかとれない」と仮定して，全波長域で輻射スペクトルを正しく導くことに成功した(1900年)。

これを式に直すと(Eはエネルギー，νは振動数，nは整数)

$$E = nh\nu$$

となる。比例定数hはその名を取って，「プランク定数」とよばれる。

彼の業績は20世紀に入って急速に進む量子論・量子力学の幕開けといえるものであり，プランクは「量子論の父」といわれている。彼を讃え，ドイツの旧カイザー・ウィルヘルム研究所群は第二次大戦後にマックス・プランク研究所群となった。現在ドイツ各地および海外に物理学・医学から社会科学にわたる合計83の研究所などがある。

つのエネルギーEは，プランク定数hを用いて次式で与えられる。

$$E = h\nu \qquad (11.4)$$

電磁波の振動数νと波長λの間には式(11.3)の関係があるから，このエネルギーEは次式のように表すことができる。

$$E = \frac{hc}{\lambda} \qquad (11.5)$$

この式からわかるように，光子のエネルギーは電磁波の波長λに反比例する。

例えば，我々の目には青緑色に見える波長500 nmの可視光の光子1つのエネルギーは次のように求まる。

$$E = \frac{(6.63\times10^{-34}\ \mathrm{J\cdot s})\times(3.00\times10^{8}\ \mathrm{m\cdot s^{-1}})}{500\times10^{-9}\ \mathrm{m}} = 3.98\times10^{-19}\ \mathrm{J} \qquad (11.6)$$

同様に殺菌灯などに用いられる波長254 nmの紫外線の光子1つのエネルギーは$E = 7.83\times10^{-19}$ Jとなり，可視光よりも大きなエネルギーをもつことが確認できる。

1.2.2 ◇ 1モルの光のエネルギー

原子や分子が化学反応を起こすときには，反応にかかわる原子や分子の数に一定の量論関係がある。光化学反応においても，光子と原子・分子との間に量論関係が成り立つ。例えば，分子1つが光子1つを吸収して，別の分子に変化するとする。このとき，光は物質ではないが，光化学反応を解析する際には光についても物質量の考え方を適用することができる。

したがって，光子1 molのエネルギーは，光子1つのエネルギーEにアボガドロ数N_Aを乗じたものとして求められる。例えば，波長500 nmの可視光の光子1 molあたりのエネルギーは式(11.6)の結果を用いて次のように計算される。

$$N_A E = N_A h\nu = \frac{N_A hc}{\lambda} = (6.02 \times 10^{23}\ \mathrm{mol^{-1}}) \times (3.98 \times 10^{-19}\ \mathrm{J}) = 239\ \mathrm{kJ \cdot mol^{-1}} \qquad (11.7)$$

同様に，波長254 nmの紫外線の光子1 molあたりのエネルギーは471 kJ·mol^{-1}と計算される。光子は質量をもたないエネルギーのかたまりなので，振動数νの光が$N_A h\nu$の大きさのエネルギーをもつとき，それを1 molの光とする。

1.2.3 ◇ 結合解離エネルギー

図11.5に示した電磁波の種類とその波長と前項の議論から，可視光の波長領域の電磁波は光子1 molあたり，およそ150〜600 kJ·mol^{-1}のエネルギーをもつと計算される。物質が光を吸収するとき，物質を構成する原子や分子は，このエネルギーを光子から受けることになる。この大きさのエネルギーは，原子や分子にとってどのような意味をもつのかについて結合解離エネルギーを例に考えてみよう。

表11.1にいろいろな分子について結合解離エネルギーの値を示した。結合解離エネルギーは「ある分子やイオンなどの特定の結合を解離させるために必要な最小のエネルギー値」と定義される。この表から，可視光のエネルギーは分子を形成する原子間の結合エネルギーと同じ程度の大きさであることがわかる。化学反応では必ず結合の解離をともなうから，光のエネルギーを受けた分子は，結合を解離して，さまざまな化学反応を起こす可能性がある。

可視光より波長の長い電磁波，すなわち赤外線やマイクロ波を物質に吸収させても，結合を解離するのに十分なエネルギーが得られないので化学反応は起きない。一方，分子が赤外線を吸収すると，結合の振動数が増加するため，物質の温度が上昇する(第12講4参照)。この作用のため，赤外線は熱線ともよばれている。

一方，可視光より波長の短い電磁波であるX線やγ線は，結合解離エネルギーよりはるかに大きなエネルギーをもつ。そのため，これらの電

表11.1 | 結合解離エネルギー D

結合	D (kJ·mol⁻¹) [波長 (nm)]	結合	D (kJ·mol⁻¹) [波長 (nm)]
H−H	432 [277]	CH_3−CH_3	366 [327]
Cl−Cl	239 [500]	CH_3−F	472 [253]
Br−Br	190 [629]	CH_3−Cl	342 [349]
HO−H	493 [242]	CH_3−Br	290 [412]
CH_3−H	432 [277]	CH_3−I	231 [517]

[ ]内の値は結合解離エネルギーに相当するエネルギーをもつ光の波長を表す。

磁波が物質に照射されると，結合電子ではなく，より内側の原子核の周囲を回っていた電子がはじき出され，原子や分子のイオン化が起こる(**図11.6**(b))。

生体分子に関連する例として，我々が可視光を認識できるのは，目に存在していて視覚に関連するタンパク質であるロドプシンに含まれるレチナールが可視光のエネルギーによって異性化反応を起こすことが原因である(第15講「Column 光受容タンパク質」を参照)。また，X線やγ線がもつような大きなエネルギーを受けると，遺伝物質であるDNAに損傷が起こり，がんなどを発症する危険性が高まる。

2 光と物質の相互作用に関する量子化学

2.1 ◆ シュレーディンガー方程式と量子力学

光の粒子性が明らかになると，フランスの物理学者ド・ブロイ*12は，光が粒子性を示すのであれば，電子などの物質粒子には逆に波の性質があるのではないかと考え，1924年に「物質波」の理論的な予測を学位論文で発表した。この予測は数年後に実験的に検証された*13。物質波は「ド・ブロイ波」ともよばれる。これにより電子の挙動を「波動」として扱うことが可能となった*14。ド・ブロイの論文を読んだオーストリアの理論物理学者シュレーディンガー*15は，1926年に物質波に関する運動方程式(シュレーディンガー方程式)を打ち立てた。

物質粒子の波動性を表すド・ブロイの関係式は

$$\lambda = \frac{h}{mv} \tag{11.8}$$

で表される。ここで，λは波長，mは粒子の質量，vは粒子の速度を表す。一方，古典力学において両端を固定したヒモの振動を表す一次元の波動方程式は

$$\frac{\mathrm{d}^2\Psi(x,t)}{\mathrm{d}x^2} = -\frac{4\pi^2}{\lambda^2}\Psi(x,t) \tag{11.9}$$

*12 Louis-V. P. R., 7e duc de Broglie : 1892〜1987

*13 1928年にイギリスの物理学者トムソン(C. F. Thomson, 1882〜1978)は，薄い金箔に電子をぶつけたとき，波の性質を示す同心円のパターンを観測した。

*14 電子の波動性は「電子顕微鏡」の実現において顕著に見ることができる。

*15 Erwin R. J. A. Schrödinger : 1887〜1961

と書ける。ここで，$\Psi(x,t)$は位置x，時刻tでの振幅，vは波の速度を表す。ただし，波動が定常状態の場合，式(11.9)においてtは定数となるため，$\Psi(x,t)$は$\Psi(x)$に置き換えることができる。この場合は，時間を含まない定常状態の波動方程式という。式(11.9)に式(11.8)を代入し，粒子の運動エネルギーE_kが

$$E_\mathrm{k}=\frac{1}{2m}\frac{h^2}{\lambda^2} \tag{11.10}$$

であることを考慮すると，定常状態の波動方程式から

$$-\frac{\hbar^2}{2m}\frac{\mathrm{d}^2\Psi(x)}{\mathrm{d}x^2}=E_\mathrm{k}\Psi(x) \tag{11.11}$$

が得られる。ここでは，$\hbar=h/2\pi$（hはプランク定数）を用いている。

さらに，ポテンシャルエネルギーV（＝粒子間の相互作用など）を考慮すると，Vと粒子の全エネルギーE，運動エネルギーE_kの間には$E=E_\mathrm{k}+V$の関係があるので，ポテンシャルの存在する条件では，上式は

$$-\frac{\hbar^2}{2m}\frac{\mathrm{d}^2\Psi(x)}{\mathrm{d}x^2}+V(x)\Psi(x)=E\Psi(x) \tag{11.12}$$

となる。これが一次元の定常状態のシュレーディンガー方程式である。粒子の全エネルギーEは固有値とよばれる。

このシュレーディンガー方程式は量子力学の基本法則である。上式を三次元に拡張すると次式のようになる。

$$\left\{-\frac{\hbar^2}{2m}\left(\frac{\partial^2}{\partial x^2}+\frac{\partial^2}{\partial y^2}+\frac{\partial^2}{\partial z^2}\right)+V(x,y,z)\right\}\Psi(x,y,z)=E\Psi(x,y,z) \tag{11.13}$$

ここで，$\Psi(x,y,z)$は波動関数（x,y,zを変数とする波を表す方程式）である。この式を，

$$\hat{H}=-\frac{\hbar^2}{2m}\left(\frac{\partial^2}{\partial x^2}+\frac{\partial^2}{\partial y^2}+\frac{\partial^2}{\partial z^2}\right)+V(x,y,z) \tag{11.14}$$

を用いて書き換えることにより，

$$\hat{H}\Psi(x,y,z)=E\Psi(x,y,z) \tag{11.15}$$

という形のシュレーディンガー方程式が得られる。$\hat{H}$はエネルギーを定義する演算子であり，ハミルトニアン（Hamiltonian）とよばれる。そして，式(11.15)は固有方程式とよばれる。この固有方程式を解くことで，エネルギー固有値Eとその固有関数（波動関数）$\Psi(x,y,z)$が得られる。この固有関数$\Psi(x,y,z)$は粒子の波の振幅にあたり，その絶対値の2乗

$$|\Psi(x,y,z)|^2=\Psi(x,y,z)\cdot\Psi^*(x,y,z) \tag{11.16}$$

は位置(x,y,z)における粒子の存在確率を表すと解釈する。したがって，

$$\int\Psi(x,y,z)\Psi^*(x,y,z)\,\mathrm{d}x\,\mathrm{d}y\,\mathrm{d}z=1 \tag{11.17}$$

で表される規格化条件を満たす必要がある。ここで，$\Psi^*(x, y, z)$ は $\Psi(x, y, z)$ の複素共役関数である。

このように，シュレーディンガー方程式から，物質粒子すなわち電子，原子，分子レベルの微小な系の状態を表す波動関数とエネルギーなどの物理観測量を求めることが可能になる。

2.2 ◆ 電子のもつエネルギー

以下では，シュレーディンガー方程式を用い，簡単な例として一次元（変数としてxのみをもつ）の箱の中に閉じ込められている質量mの粒子[*16]のエネルギーを考えてみよう（**図11.7**）。

箱の中および外の粒子については，以下の条件が成り立つ。

一次元の箱に対するポテンシャルエネルギーVは，箱の外では∞であり，箱の内部ではゼロである（一次元の運動エネルギーだけをもつ）。つまり，次式が成り立つ。

$$V = \begin{cases} 0 & (0 \leq x \leq a) \\ +\infty & (x < 0,\ a < x) \end{cases} \tag{11.18}$$

このとき，箱の中の粒子についてのシュレーディンガー方程式は以下のように表される。

$$-\frac{\hbar^2}{2m}\frac{\mathrm{d}^2\Psi(x)}{\mathrm{d}x^2} = E\Psi(x) \tag{11.19}$$

この式を解くと，波動関数は式(11.20)およびエネルギー固有値は式(11.21)のように得られる。

$$\Psi_n = \sqrt{\frac{2}{a}}\sin\left(\frac{n\pi x}{a}\right) \tag{11.20}$$

＊16　粒子としては電子を想像すればよい。

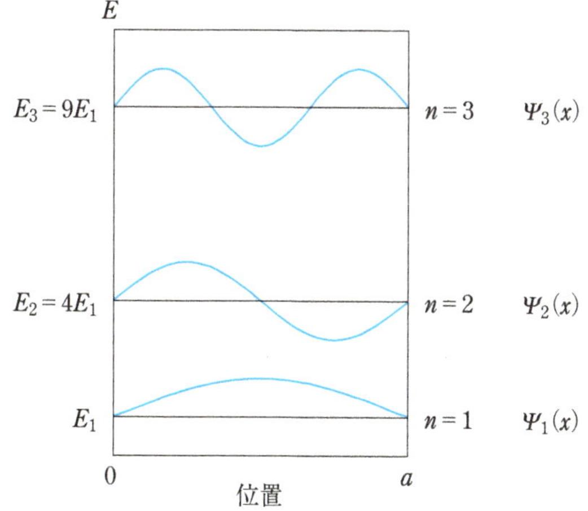

図11.7 | 一次元の箱の中に閉じ込められている粒子の波動関数とエネルギー

$$E_n = \frac{\hbar^2 \pi^2 n^2}{2ma^2} = \frac{h^2 n^2}{8ma^2} \tag{11.21}$$

ここで，nは自然数であり，nのときのΨ, EをΨ_n, E_nとした。つまり，一次元の箱の中において，粒子はとびとびのエネルギー値(離散値)しかとることができない。箱の中の粒子の波は，箱の両端を越えることはできないので，「定常波(standing wave，定在波)」となる。

nは**量子数**(quantum number)といわれ，離散的なエネルギーの(低位からの)順番を表す。$n=1$は**基底状態**(ground state)，$n=2, 3, 4, \cdots\cdots$は**励起状態**(excited state)を表す。エネルギーE_nは量子数nの2乗に比例して増大する(図11.7)。

とびとびのエネルギーレベル(エネルギー準位)の間隔は，粒子の質量に比例し，箱の長さの2乗に反比例する。以下ではこの箱の中の粒子のエネルギーについての考察を発展させて，原子や分子の中の電子はなぜ量子論的なふるまいをするのかを考えていこう。

2.3 ◆ 水素原子中の電子の軌道

水素原子の場合，原子核は$+e$の電荷をもち原子核のまわりに存在する電子は$-e$の電荷をもつ。原子核から距離$r=\sqrt{x^2+y^2+z^2}$離れた位置にある電子の静電ポテンシャルエネルギーは

$$V(r) = -\frac{e^2}{4\pi\varepsilon_0 r} \tag{11.22}$$

で表される。ここで，ε_0は真空の誘電率である。このポテンシャルエネルギーの存在下でのシュレーディンガー方程式を解くことにより水素原子中の電子の波動関数とエネルギーを求めることができる。シュレーディンガー方程式を解いていく過程で，波動関数について主量子数n，角運動量子数l，磁気量子数mとよばれる3つの量子数が出てくる。この値に応じて波動関数の式は異なる。水素原子について得られる波動関数は原子核のまわりにおける電子の分布を示しており，電子の軌道あるいは**原子軌道**(atomic orbital, AO)とよばれる。この各量子数に対応する原子軌道を**表11.2**および**図11.8**に示す。

一方，水素原子中の電子のエネルギー固有値は主量子数nを用いて

$$E_n = -\frac{\mu e^4}{32\pi^2 \varepsilon_0{}^2 \hbar^2 n^2} \tag{11.23}$$

で表される。ここで，μは換算質量とよばれるもので，電子の質量m_eと核の質量m_nを用いて$m_e m_n/(m_e+m_n)$と表されるが，$m_n \gg m_e$なので，$\mu = m_e$と近似できる。式(11.23)から，原子軌道のエネルギー準位は主量子数が大きくなるほど不安定になるが，エネルギー準位の間隔はnが大きくなるほど小さくなることがわかる*17。

*17　水素原子中の電子がある高いエネルギー準位$E(n_i)$から低いエネルギー準位$E(n_f)$に遷移する場合(n_i, n_fはそれぞれ始めおよび終わりの状態の量子数)，

$$\Delta E = E(n_f) - E(n_i) = h\nu$$

を満たす波長νの光を発光する。この発光については，量子数に応じて以下のような名前が付けられている

- $n_f=1$, $n_i=2, 3, \cdots$：ライマン系列
- $n_f=2$, $n_i=3, 4, \cdots$：バルマー系列
- $n_f=3$, $n_i=4, 5, \cdots$：パッション系列

｜表11.2｜水素原子中の電子の波動関数

n	l	m	原子軌道	波動関数	電子のエネルギー
1	0	0	1s	$\phi(1\mathrm{s})=\dfrac{1}{\sqrt{\pi}}a_0^{-3/2}e^{-r/a_0}$	$E_1=-\dfrac{\mu e^4}{32\pi^2{\varepsilon_0}^2\hbar^2}$
2	0	0	2s	$\phi(2\mathrm{s})=\dfrac{1}{4\sqrt{2\pi}}a_0^{-3/2}\left(2-\dfrac{r}{a_0}\right)e^{-r/2a_0}$	$E_2=-\dfrac{\mu e^4}{128\pi^2{\varepsilon_0}^2\hbar^2}$
2	1	0	$2\mathrm{p}_z$	$\phi(2\mathrm{p}_z)=\dfrac{1}{4\sqrt{2\pi}}a_0^{-5/2}(z)e^{-r/2a_0}$	
2	1	±1	$2\mathrm{p}_x$	$\phi(2\mathrm{p}_x)=\dfrac{1}{4\sqrt{2\pi}}a_0^{-5/2}(x)e^{-r/2a_0}$	
			$2\mathrm{p}_y$	$\phi(2\mathrm{p}_y)=\dfrac{1}{4\sqrt{2\pi}}a_0^{-5/2}(y)e^{-r/2a_0}$	

$z=r\cos\theta$, $x=r\sin\theta\cos\phi$, $y=r\sin\theta\sin\phi$, $r=\sqrt{x^2+y^2+z^2}$, $a_0=0.529$ Å（ボーア半径）。r, θ, ϕ は x, y, z の極座標表示。$n=3$以上についても同様に得られるが，ここでは示していない。

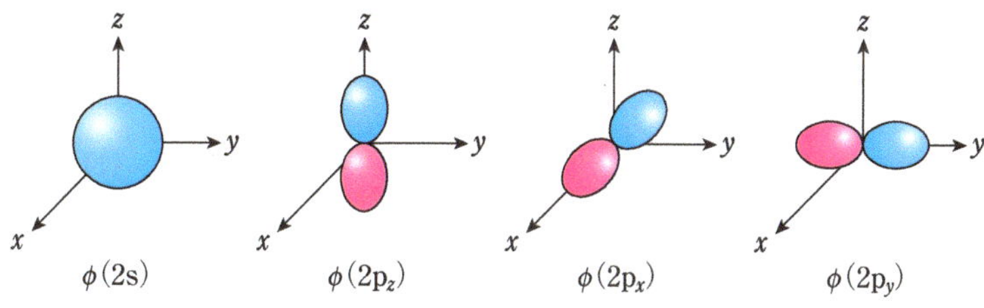

｜図11.8｜水素原子中の電子の軌道（水素原子の原子軌道）の形

2.4 ◆ 分子の電子状態

2.4.1 ◇ 水素分子中の電子の軌道

水素原子が2つ結合したものが水素分子である。水素分子を構成する水素原子をA, B，それぞれがもつ電子を1, 2とし，各水素原子と各原子核の距離をr_{1A}, r_{1B}, r_{2A}, r_{2B}，原子核Aと原子核Bの距離をr_{AB}，電子1と電子2の距離をr_{12}とすると，ポテンシャルエネルギーは以下のように表される。

$$V(r)=-\frac{e^2}{4\pi\varepsilon_0 r_{1A}}-\frac{e^2}{4\pi\varepsilon_0 r_{1B}}-\frac{e^2}{4\pi\varepsilon_0 r_{2A}}-\frac{e^2}{4\pi\varepsilon_0 r_{2B}}+\frac{e^2}{4\pi\varepsilon_0 r_{12}}+\frac{e^2}{4\pi\varepsilon_0 r_{AB}} \tag{11.24}$$

このように複雑な式となるため，シュレーディンガー方程式を厳密に解くことはできず，解を得るためには何らかの近似を用いる必要がある。以下では，水素分子より大きい一般的な分子の電子状態を計算するために用いられる分子軌道法について説明する。

原子軌道ϕ_1, ϕ_2, ϕ_3, ……, ϕ_nを足しあわせて，次式のように分子軌道（molecular orbital, MO）を記述する方法を**LCAO法**（linear combination of atomic orbitals method）という。

$$\Psi = c_1\phi_1 + c_2\phi_2 + c_3\phi_3 + \cdots\cdots + c_n\phi_n \tag{11.25}$$

ここで，$c_1, c_2, c_3, \cdots\cdots, c_n$は原子軌道係数とよばれ，それぞれは分子軌道$\Psi$における原子軌道$\phi_1, \phi_2, \phi_3, \cdots\cdots, \phi_n$の寄与の程度を表している。$\Psi$をシュレーディンガー方程式に代入して解くことにより，c_nの組とそれに対応するエネルギーE_nが求められる。分子軌道を組み立てるためにn個の原子軌道を用いれば，n個の分子軌道が得られる。電子のエネルギーが分子全体としてもっとも小さくなる係数をもつ分子軌道は，その分子がもつ構造を反映している。

LCAO法を用いて水素分子H_2を取り扱ってみよう。H_2の分子軌道を2つの水素原子による結合の1s軌道ϕ_1(1s)とϕ_2(1s)から組み立て，次式

$$\Psi = c_1\phi_1(1\mathrm{s}) + c_2\phi_2(1\mathrm{s}) \tag{11.26}$$

を得る。この波動関数を式(11.15)のシュレーディンガー方程式に代入し，両辺からΨをかけて全空間にわたって積分すると，

$$\int \Psi \hat{H} \Psi^* \mathrm{d}v = E \int \Psi\Psi^* \mathrm{d}v \tag{11.27}$$

を得る。dvは体積素片である。これからEを求めると

$$E = \frac{\int \Psi \hat{H} \Psi^* \mathrm{d}v}{\int \Psi\Psi^* \mathrm{d}v} = \frac{c_1{}^2 H_{11} + 2c_1c_2H_{12} + c_2{}^2 H_{22}}{c_1{}^2 S_{11} + 2c_1c_2S_{12} + c_2{}^2 S_{22}} \tag{11.28}$$

を得る。ここで，

$$H_{12} = \int \phi_1 \hat{H} \phi_2 \mathrm{d}v \tag{11.29}$$

は共鳴積分とよばれ，$H_{12} = H_{21}$であり常に負の値をもつ。

$$H_{11} = \int \phi_1 \hat{H} \phi_1 \mathrm{d}v, \quad H_{22} = \int \phi_2 \hat{H} \phi_2 \mathrm{d}v \tag{11.30}$$

はクーロン積分とよばれ，これも負の値をもつ。

$$S_{12} = \int \phi_1 \phi_2 \mathrm{d}v \tag{11.31}$$

は重なり積分とよばれ，$S_{12} = S_{21}$であり0〜1の値をもつ。ここで，Eが最小値をとる係数は変分原理[*18]から，次式

$$\frac{\partial E}{\partial c_1} = 0 = \frac{\partial E}{\partial c_2} \tag{11.32}$$

を満たしている。したがって

$$c_1(H_{11} - ES_{11}) + c_2(H_{12} - ES_{12}) = 0 \tag{11.33a}$$

$$c_1(H_{12} - ES_{12}) + c_2(H_{22} - ES_{22}) = 0 \tag{11.33b}$$

＊18　エネルギーを最小にするLCAO波動関数が真の波動関数に一番近いとする原理。これを満たすとき，エネルギーが最小のEに含まれる近似関数のc_1およびc_2による偏微分値は0になる。

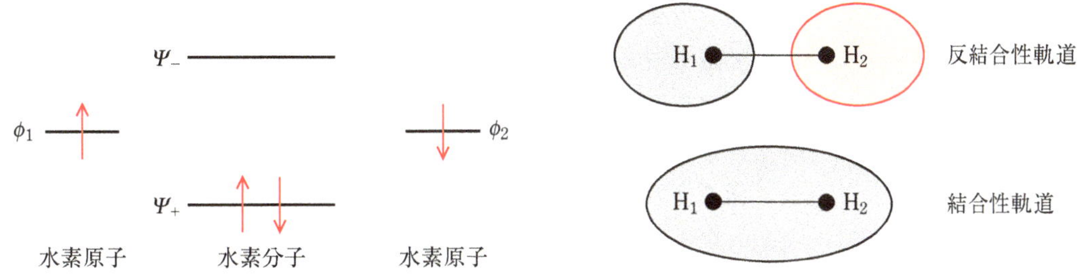

| 図11.9 | **水素分子の分子軌道のエネルギー準位と電子配置(a)および軌道の形状(b)**
↑, ↓は電子のスピンを表している。

を得る。式(11.33)は永年方程式とよばれている。等核二原子分子の場合，$H_{11}=H_{22}$であるので$c_1/c_2=\pm 1$となる。さらに，$S_{12}=S_{21}$（$=S$とする）であり，ϕ_1とϕ_2は規格化されているので$S_{11}=S_{22}$となる。

したがって，水素分子について，次式に示す2つの分子軌道Ψ_+, Ψ_-が得られる。分子軌道Ψ_+の方がΨ_-よりもエネルギーが低い安定な軌道である。

$$\Psi_+=N(\phi_1(1\mathrm{s})+\phi_2(1\mathrm{s})) \tag{11.34a}$$

$$\Psi_-=N(\phi_1(1\mathrm{s})-\phi_2(1\mathrm{s})) \tag{11.34b}$$

ここで，NはΨ_+とΨ_-について全空間における電子の存在確率が1になるように決められる定数であり，規格化定数とよばれる。この波動関数に対する固有値は

$$E_+=\frac{H_{11}+H_{12}}{1+S} \tag{11.35a}$$

$$E_-=\frac{H_{11}-H_{12}}{1-S} \tag{11.35b}$$

となる。したがって，E_+は負の値をとりE_-より小さな値であることがわかる。

図11.9に水素分子の分子軌道の形状と，基底状態の電子配置を示した。分子軌道Ψ_+は，分子軌道を組み立てた水素原子の1s軌道より低いエネルギーをもっており，**結合性軌道**(bonding orbital)という。一方，分子軌道Ψ_-は水素原子の1s軌道より高いエネルギーをもつ軌道であり，**反結合性軌道**(antibonding orbital)とよばれる。Ψ_-では原子核を結ぶ軸の中央で電子の存在確率がゼロになる面があり，これを節面という。節面の左右で原子軌道の符号が切り替わっているので，波動関数の符号も+から−に切り替わっている。図11.10において黒が+，赤が−の符号の波動関数を表している。反結合性軌道は結合の形成には寄与しない分子軌道である。

分子軌道についても「1つの軌道にはスピンの向きが異なる2つの電

子しか占有できない」という原理(パウリの排他原理)が適用され，分子軌道Ψ_+を2つの電子が占有した状態が，水素分子の基底状態の電子配置である。

2.4.2 ◇ エチレン分子中の電子の軌道

次に，エチレン$CH_2=CH_2$について，LCAO法によって求められた分子軌道の形状と基底状態の電子配置を**図11.10**に示す。エチレンの分子軌道を構成する原子軌道は，2つの炭素原子の2s軌道，$2p_x$軌道，$2p_y$軌道，$2p_z$軌道，および4つの水素原子の1s軌道という合計12の軌道である。炭素原子の1s軌道を占有する電子は1s軌道が閉殻であり安定であるために結合に関与しないので，このエチレンの分子軌道を構成する原子軌道としては考慮しない。結合に関与する電子(価電子)の数は全部で12なので，エネルギーの低い軌道からパウリの排他原理に従って12個の電子を配置したものが，エチレンの基底状態の電子配置となる。エネルギーがもっとも低い分子軌道Ψ_1から6番目の分子軌道Ψ_6までが結合性軌道であり，それよりエネルギーが高いΨ_7からΨ_{12}までが反結合性軌道である。

エチレンは平面分子であり，6つの原子はすべて同一平面上にある[*19]。図11.10に示されたエチレンの分子軌道の形状からわかるように，多原子分子の分子軌道は分子全体に広がるので，それぞれの分子軌道が個々の結合に対応しているわけではない。ただし，Ψ_6とΨ_7は分子平面

反結合性 π*軌道

結合性 π 軌道

図11.10 | エチレン分子の分子軌道のエネルギー準位と電子配置および軌道の形状

Ψ_6, Ψ_7については分子軌道の模式図を示す。分子軌道を構成する主な原子軌道は次のとおりである。Ψ_1 : $\phi_{C1}(2s)$, $\phi_{C2}(2s)$, $\phi_{C1}(2p_x)$, $\phi_{C2}(2p_x)$, $\phi_{C1}(2p_y)$, $\phi_{C2}(2p_y)$, Ψ_2, Ψ_3, Ψ_4, Ψ_5 : $\phi_{H1}(1s)$, $\phi_{H2}(1s)$, $\phi_{H3}(1s)$, $\phi_{H4}(1s)$, $\phi_{C1}(2s)$, $\phi_{C2}(2s)$, $\phi_{C1}(2p_x)$, $\phi_{C2}(2p_x)$, $\phi_{C1}(2p_y)$, $\phi_{C2}(2p_y)$, Ψ_6 : $\phi_{C1}(2p_z)$, $\phi_{C2}(2p_z)$, Ψ_7 : $\phi_{C1}(2p_z)$, $\phi_{C2}(2p_z)$, Ψ_8, Ψ_9, Ψ_{10}, Ψ_{11} : $\phi_{H1}(1s)$, $\phi_{H2}(1s)$, $\phi_{H3}(1s)$, $\phi_{H4}(1s)$, $\phi_{C1}(2s)$, $\phi_{C2}(2s)$, $\phi_{C1}(2p_x)$, $\phi_{C2}(2p_x)$, $\phi_{C1}(2p_y)$, $\phi_{C2}(2p_y)$, Ψ_{12} : $\phi_{C1}(2s)$, $\phi_{C2}(2s)$, $\phi_{C1}(2p_x)$, $\phi_{C2}(2p_x)$, $\phi_{C1}(2p_y)$, $\phi_{C2}(2p_y)$
[村田 滋，光化学―基礎と応用，東京化学同人(2013)を参考に作図]

＊19 量子化学的にエチレン分子が平面構造をとることとH–C–H, H–C–C結合角が120°であることを説明するため，混成軌道の考えを導入する。すなわち，炭素原子の2s軌道と$2p_x$, $2p_y$軌道を使ってh_1, h_2, h_3という3つのsp^2混成軌道を作成する。

$$h_1=\sqrt{\frac{1}{3}}(2s)-\sqrt{\frac{2}{3}}(2p_y)$$

$$h_2=\sqrt{\frac{1}{3}}(2s)+\sqrt{\frac{1}{2}}(2p_x)+\sqrt{\frac{1}{6}}(2p_y)$$

$$h_3=\sqrt{\frac{1}{3}}(2s)-\sqrt{\frac{1}{2}}(2p_x)+\sqrt{\frac{1}{6}}(2p_y)$$

h_1, h_2, h_3はxy平面にあって正三角形の頂点の方向を向いている(下図)。

$2p_z$軌道はこの混成軌道には含まれず，平面に垂直な方向を向いている。この混成軌道では2つのh_1軌道が結合し，さらに$2p_z$軌道が結合することにより，$H_2C=CH_2$分子が平面構造をとることが説明できる。

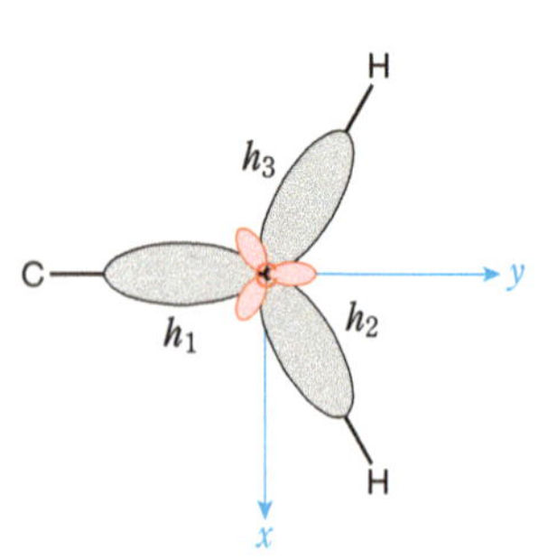

に対して垂直な方向に伸びている炭素原子の $2p_z$ 軌道だけから形成される分子軌道であり，炭素−炭素二重結合のまわりだけに広がっている。

すなわち，2つの炭素原子A, Bの $2p_z$ 軌道の波動関数を $\phi_A(2p_z)$, $\phi_B(2p_z)$ とすると，N_1 と N_2 を規格化定数として，Ψ_6 と Ψ_7 は次式のように書くことができる。

$$\Psi_6 = N_1(\phi_A(2p_z) + \phi_B(2p_z)) \tag{11.36a}$$

$$\Psi_7 = N_2(\phi_A(2p_z) - \phi_B(2p_z)) \tag{11.36b}$$

p軌道が節面をもつため，これらの分子軌道の電子は，結合している原子をつなぐ軸上には存在せず，その上下に分布することになる。このような分子軌道を**π軌道**という。一方，Ψ_6, Ψ_7 以外の分子軌道では，その軌道の電子は，結合している原子をつなぐ軸のまわりに分布している。このような分子軌道を**σ軌道**という（図11.12参照）。

2.4.3 ◇ 電子遷移と分子軌道

室温では，ほとんどすべての分子が，もっとも低いエネルギーをもつ電子配置の状態，すなわち基底状態にある。例えば，エチレンは図11.10に示した電子配置をとっている。しかし，エチレンの電子配置には Ψ_6 の電子が Ψ_7 へ移った状態，Ψ_6 の電子が Ψ_8 へ移った状態，Ψ_5 の電子が Ψ_7 へ移った状態など，多くの状態が考えられる。これらの状態はすべて基底状態よりも高いエネルギーをもつので，励起状態とみなすことができる。

基底状態と励起状態のエネルギー準位をそれぞれ E_g, E_e とすると，2つの電子状態間での遷移（電子遷移）にともなって吸収される光子の振動数 ν と波長 λ は次式を満たす。

$$h\nu = \frac{hc}{\lambda} = E_e - E_g \tag{11.37}$$

加えて，量子論から，電磁波を吸収して遷移を起こすには，基底状態 Ψ_g と励起状態 Ψ_e を結びつける電気双極子モーメント $\boldsymbol{\mu}$ を用いて次の式で記述される遷移双極子モーメント μ_{eg} が0でないことが必要条件である。

$$\mu_{eg} = \int \Psi_e \boldsymbol{\mu} \Psi_g \, dv \neq 0 \tag{11.38}$$

ここで，積分は全空間にわたって行う。電子の電荷分布の対称性が変化する遷移では $\mu_{eg} \neq 0$ となるが（**図11.11**(a)），電荷分布の対称性が変化しない遷移では $\mu_{eg} = 0$ となる（**図11.11**(b)）。また分子軌道の空間的重なりが小さい場合も $\mu_{eg} = 0$ となる（**図11.11**(c)）。すなわち，式(11.37)の関係を満たすエネルギーをもつ光子が分子に衝突すると，光子がもっていたエネルギーは分子を構成する電子のエネルギーに変換される。光子は消滅し，電子のエネルギーは E_g から E_e に上昇する。これが分子に

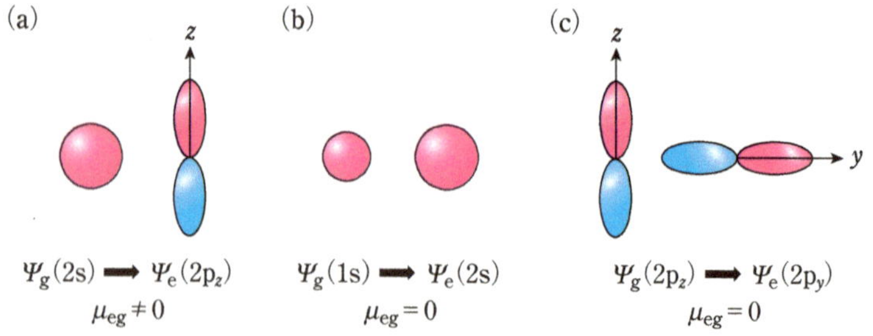

(a) $\Psi_g(2s) \longrightarrow \Psi_e(2p_z)$ $\mu_{eg} \neq 0$

(b) $\Psi_g(1s) \longrightarrow \Psi_e(2s)$ $\mu_{eg} = 0$

(c) $\Psi_g(2p_z) \longrightarrow \Psi_e(2p_y)$ $\mu_{eg} = 0$

図11.11 (a)電子の分布に変化のある遷移双極子モーメント。(b)電子の分布に変化のない遷移双極子モーメント。(c)分子軌道の重なりが小さい遷移双極子モーメント。

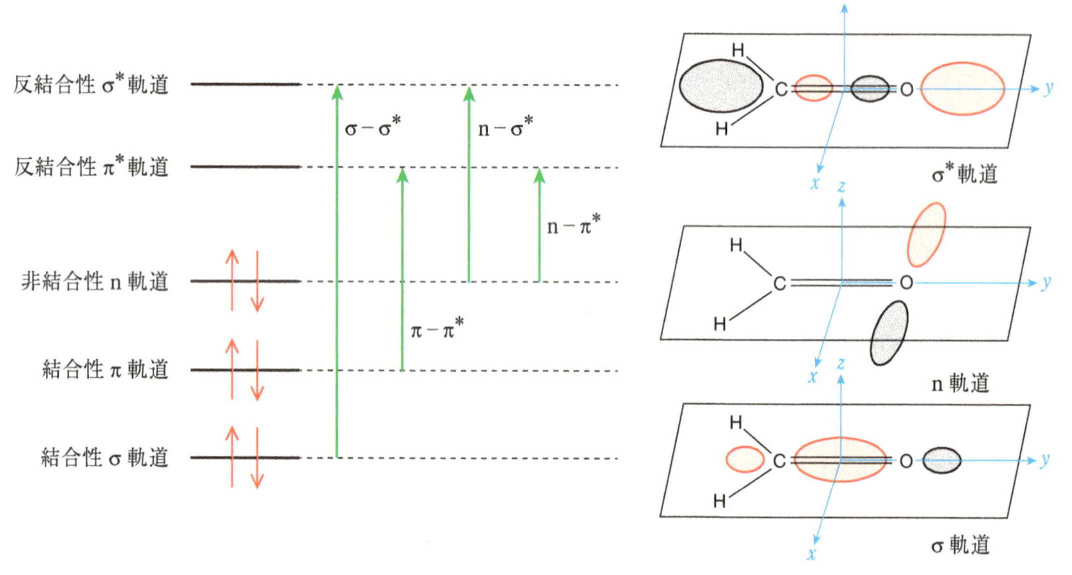

図11.12 ホルムアルデヒド分子の主な分子軌道と電子遷移の種類

σ軌道, n軌道, σ^*軌道については分子軌道の模式図を示す。分子軌道を構成する主な原子軌道は次のとおりである。σ軌道:$\phi_C(2s)$, $\phi_C(2p_x)$, $\phi_C(2p_y)$, $\phi_O(2p_y)$, π軌道:$\phi_C(2p_z)$, $\phi_O(2p_z)$, n軌道:$\phi_O(2p_x)$, π^*軌道:$\phi_C(2p_z)$, $\phi_O(2p_z)$, σ^*軌道:$\phi_C(2s)$, $\phi_C(2p_x)$, $\phi_C(2p_y)$, $\phi_O(2p_y)$

よる光の吸収である。

多数の原子から構成される分子は多数の分子軌道をもつから，可能な電子遷移の数も多い。しかし，すべての電子遷移が等しい期待値で起こるわけではない。

分子における基底状態から励起状態への電子遷移の種類について，ホルムアルデヒド $CH_2=O$ を例として考えてみよう。**図11.12**はホルムアルデヒドの分子軌道のうち，代表的なものについて，軌道の模式的な形状と名称を示している。慣用的に反結合性軌道には*印を付けている。また，n軌道は**非結合性軌道**(non-bonding orbital)とよばれ，酸素原子上の孤立電子対(lone pair)による。パウリの排他原理により，1つの分子軌道は2つの電子しか占有できない。したがって，分子軌道間の電子の遷移は電子が存在している軌道(被占有軌道)から電子が存在していない軌道(空軌道)へと起こる。これらの分子軌道間で起こる電子遷移は軌道の名称で表され，例えば，結合性のπ軌道にあった電子が反結合性のπ^*軌道に遷移することをπ–π^*遷移という。同様にσ軌道からσ^*軌道への遷移はσ–σ^*遷移とよばれる。

基底状態からある励起状態への電子遷移の起こりやすさ，すなわち電子遷移に由来する光の吸収の強さは，上述の遷移双極子モーメントに依存する。

分子による光の吸収を調べると，200～800 nmの波長領域では，一般にπ–π^*遷移，n–π^*遷移，n–σ^*遷移に由来する吸収が観測される。σ–σ^*遷移に由来する吸収は200 nm以下の紫外線領域に現れることが多い。芳香族化合物のπ–π^*遷移の波長が長くなるのは，二重結合の鎖(共役系)が長くなり，基底状態と励起状態のエネルギー差が小さくなるためである。σ–π^*遷移やπ–σ^*遷移は分子軌道の重なりが小さく(図11.11(c))，μ_{eg}が0に近くなるため観測されない。

❖演習問題

【1】波長200 nmの紫外線と波長900 nmの赤外線について，光子1つのエネルギーと1 molの光子のエネルギーをそれぞれ求めなさい。また，紫外線は殺菌効果，赤外線は加熱効果があることをエネルギーの観点から説明しなさい。

【2】ヘモグロビンは波長400～450 nmの光と波長500～600 nmの光を強く吸収する。図11.5を参照して，ヘモグロビンが赤色を示すことを説明しなさい。

【3】一次元の箱の中に閉じ込められた電子のエネルギーは式(11.11)で表される。

(i) 箱の長さを2.0 Åとするとき，電子の質量$m_e = 9.11 \times 10^{-31}$ kg，プランク定数$h = 6.626 \times 10^{-34}$ J·sを用いて，もっとも低いエネルギー状態E_1と2番目に低いエネルギー状態E_2のエネルギー差ΔE(単位J)を求めなさい。

(ii) E_1からE_2への励起エネルギーに対応する電磁波の振動数を求めなさい。

第12講

生体分子の分光学

分光学とは電磁波と物質との相互作用を研究する学問分野である。原子や分子の分光測定から分子内および分子間のさまざまな電子移動の過程や，分子の構造・結合についての詳細な情報が得られる。生命科学分野で広く用いられている分光法には，紫外可視分光法，蛍光分光法，赤外分光法，核磁気共鳴分光法，電子スピン共鳴分光法がある。本講ではこれらのうち，紫外可視分光法，蛍光分光法，赤外分光法について説明する。

1 吸収スペクトルと励起状態の分子の緩和

分子に対して照射する光の波長を変化させて，それぞれの波長成分が吸収される強さを示したグラフを吸収スペクトルという。分子軌道のエネルギー準位はとびとびの値をもつので，原理的には式(11.37)を満たす特定の波長の光だけが，その分子に吸収されることになる。分子軌道のエネルギー準位はその分子に固有であるので，分子の吸収スペクトルもまたその分子に固有のものとなる。

分子に光を照射したときのエネルギー状態の変化を**図12.1**(a)に示す。**HOMO**(highest-energy occupied molecular orbital：**最高被占有分子軌道**)に電子が占められている状態を基底一重項状態といい，S_0と表される。**LUMO**(lowest-energy unoccupied molecular orbital：**最低空分子軌道**)に1つの電子がスピンの向きを変えずに励起した状態を最低(第一)励起一重項状態といい，S_1と表される。一方，LUMOに1つの電子がスピンの向きを変えて励起した状態を励起三重項状態といい，T_1と表される。電子がLUMOよりも高い状態へ励起する可能性もあり，エネルギーの低い順から，第二励起一重項状態S_2，第三励起一重項状態S_3，…とよばれる。なお後述するが，S_0からT_1への遷移は禁制遷移であるため，通常は直接遷移することはなく，いったんS_1に励起した後に，項間交差によりT_1へと遷移する。

ここまでの議論では，分子の吸収スペクトルも不連続のスペクトルになるはずであるが，実際には幅広い線幅をもつスペクトルが得られる(**図12.1**(b))。この理由として，複数の原子から構成される分子では，電子遷移の際に原子間の運動の状態も変化することがあげられる。二原子分子A–Bを例として，電子遷移と原子間の運動の関係について考え

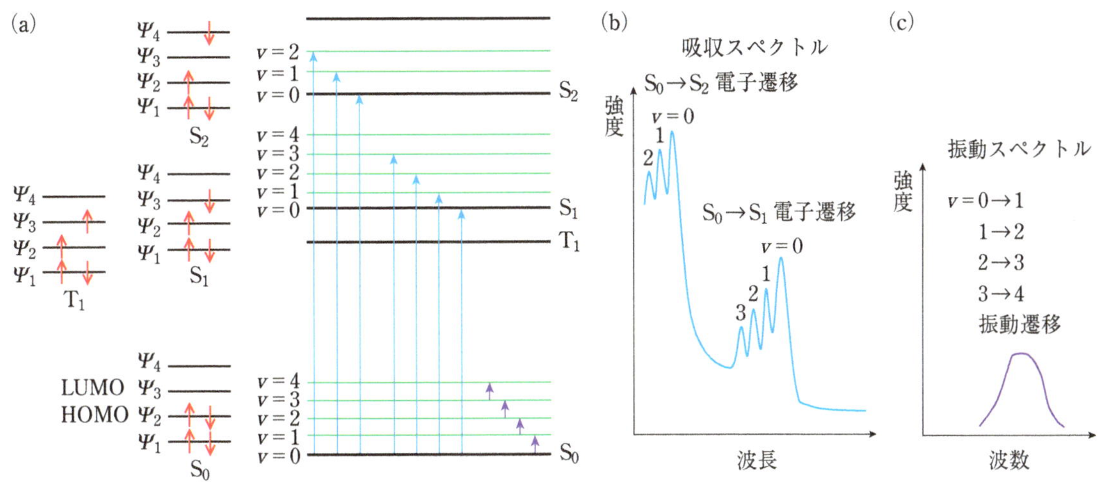

図12.1　二原子分子の電子エネルギー準位と振動エネルギー準位(a)および吸収スペクトル(b)と振動スペクトル(c)

てみよう。

二原子分子A–BにおけるA–B間の距離は，ある安定な値を中心に伸びたり縮んだりしている。このような原子間距離の変化が振動運動である。原子や分子のようなごく微小の世界においてエネルギーなどの物理量は不連続になることが量子論から示されており，原子核の振動のエネルギーもとびとびの値しかとることができない。二原子分子A–Bの振動エネルギー E_{vib} は，その振動に関するシュレーディンガー方程式を解くことにより次式で与えられる。

$$E_{\mathrm{vib}} = \left(v + \frac{1}{2}\right)\frac{h}{2\pi}\sqrt{\frac{k}{\mu}} \quad (v = 0, 1, 2, 3, \cdots\cdots) \qquad (12.1)$$

ここで，v は振動量子数である。k は力の定数とよばれ，結合の強さによって決まる。μ は式(11.23)で定義した原子Aと原子Bの換算質量を表す。E_{vib} のエネルギーの幅は電子遷移に必要なエネルギー 150〜600 kJ・mol^{-1} に比べてはるかに小さい数kJ・mol^{-1} 程度である。室温での熱エネルギーと同じオーダーであるため，室温において振動励起状態にある分子もわずかに存在するが，ほとんどは振動基底状態($v = 0$)にある。この分子が光を吸収して電子基底状態(S_0)から電子励起状態(S_1 や S_2)に遷移する際，$v = 0$ の振動基底状態だけではなく $v = 1, 2, 3, \cdots\cdots$ の振動励起状態へも遷移が起こる。図12.1(b)に示すようにこれらの遷移に必要なエネルギーは少しずつ異なるので，1つの電子励起状態への遷移がいくつもの異なる波長の光によって起こる。

さらに二原子分子A–Bは重心のまわりに回転運動をしており，そのエネルギーも不連続である。回転エネルギー準位の幅は振動エネルギーよりもさらに小さく 10^{-2}〜10^{-1} kJ・mol^{-1} 程度である。このため，振動エネルギー準位 $v = 0$ と $v = 1$ の間にも少しずつエネルギーの異なる多くの回転エネルギー準位がある。振動エネルギー準位間の遷移は $\Delta v = \pm 1$ の

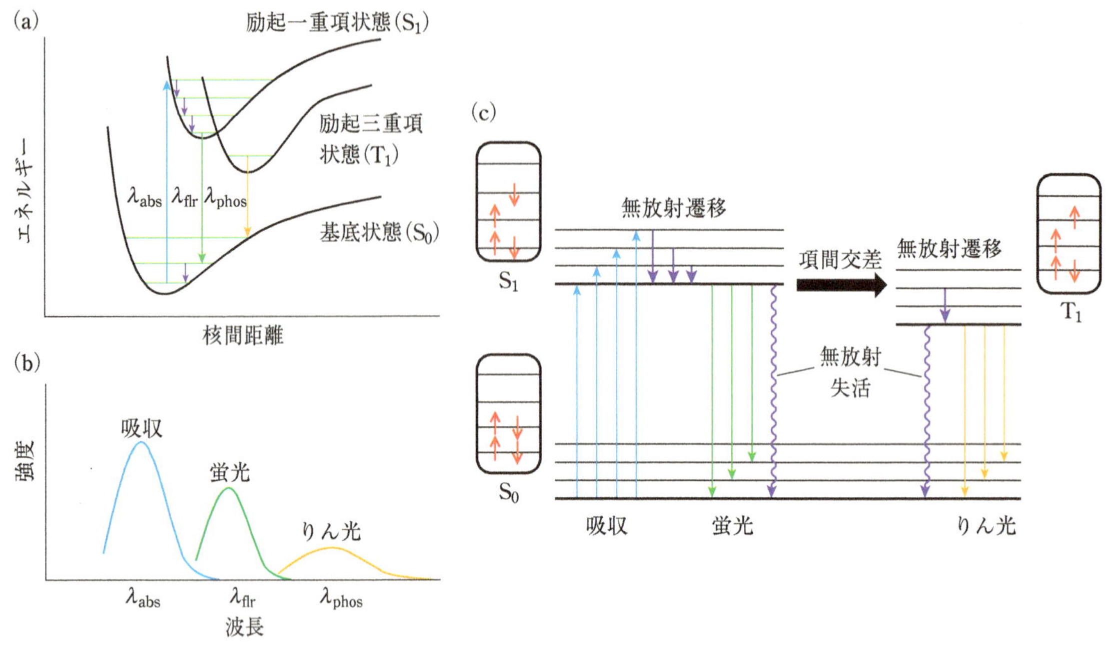

図12.2 (a)芳香環を含む大きな分子の基底状態S_0，最低励起一重項状態S_1，励起三重項状態T_1。(b)吸収スペクトル，蛍光スペクトル，りん光スペクトルの波長依存性。(c)光の吸収および緩和過程を示すヤブロンスキー図。

ときに起こるので，多数の原子からなる分子の振動スペクトルは広幅の吸収帯を示す(**図12.1**(c))。

電子遷移に相当するエネルギーである紫外・可視光を用いて吸収スペクトルを測定する方法を紫外可視分光法とよび，振動遷移や回転遷移に相当するエネルギーである赤外光を用いて振動スペクトルを測定する方法を赤外分光法とよぶ。

図12.2に芳香環を含むより大きな分子の基底状態S_0，最低励起一重項状態S_1，励起三重項状態T_1のエネルギー準位を示す。**図12.2**(a)には核間距離に依存するポテンシャルエネルギー曲線として示している。**図12.2**(c)にはエネルギー準位間の励起および緩和の過程を模式的に表すヤブロンスキー図[*1]を示した。

＊1 Aleksander Jabłoński : 1896〜1980

分子による光の吸収は10^{-15}秒(フェムト秒)のオーダーで生じる。分子が光を吸収した直後は，原子核の位置が変わる方が遅いので，分子は基底状態の構造(核間距離)を保持している。このような励起状態を**フランク−コンドン状態**(Franck–Condon state)という。そのため，光を吸収した直後は，図12.2(a)のように基底状態から核間距離を変えずに垂直に励起した振動準位の高い最低励起一重項状態となる。高い振動準位にある分子は無放射遷移(振動緩和)により，数十フェムト秒という非常に短い時間で振動準位のもっとも低い最低励起一重項状態となる。

最低励起一重項状態S_1の分子はいくつかの過程により基底状態S_0へと戻る。これを**緩和**(relaxation)という。最低励起一重項状態の分子が基底状態に緩和する過程において光としてエネルギーを放出することを

Column

電子スピン

電子には磁場に対する挙動から2つの異なる磁気的性質がある。電荷をもつ球体がその回転(自転)によって磁場への反応が異なる性質を示すことへの類似性から，これを「スピン(spin)」とよんでいる。また自転という言葉も使われる(第13講3参照)。

電子の基底状態ではパウリの排他原理に従って，1つの分子軌道はスピンの向きが異なる2つの電子により占有される。しかし，励起状態では電子遷移にともなって，1つの電子しかもたない分子軌道が2つ生じる(図12.1参照)。この2つの電子は別々の分子軌道を占有しているので，これらの間にはパウリの排他原理は働かない。したがって，同じ分子軌道間で電子遷移が起こっても，2つの電子スピンの向きが異なる場合と，同じ場合の2通りの状態があることになる。基底状態と同様に2つの電子スピンの向きが異なる状態を一重項状態(S)といい，2つの電子スピンの向きが同じ状態を三重項状態(T)という。

基底状態は一重項状態(S_0)なので，基底状態の分子の性質だけを見る場合には電子スピンの向きを考える必要はない。しかし，励起状態の分子を取り扱う化学(例えば光化学)では，このような2種類のスピン状態を考慮しなければならない。

電子遷移の際には，スピン状態は変化しない。すなわち，基底状態が一重項である分子が光を吸収すると，一重項の励起状態(S_1)が生じる。一重項の基底状態から，三重項の励起状態(T_1)への電子遷移は起こらない。これを禁制遷移という。励起一重項状態と励起三重項状態のエネルギーは近い値をもつが，三重項状態の方がややエネルギーが低い。これは，スピンの向きが同じ2つの電子は互いに近づかないため，三重項状態では電子間の静電反発が相対的に弱くなるためであると考えられる。

放射失活といい，励起一重項状態S_1から放出された光を**蛍光**(fluorescence)，励起三重項状態T_1から放出された光を**りん光**(phosphorescence)という(図12.2(a),(b))。一方，光を放出せずに他の分子の衝突などにより熱としてエネルギーを放出する過程を無放射失活という。図12.2(c)ではこのような無放射失活が紫の波線矢印で示されている。同じスピン状態間で無放射失活を**内部変換**(internal conversion)という。また，励起一重項状態S_1から励起三重項状態T_1へは**項間交差**(intersystem crossing)によって遷移する。

2 紫外可視分光法

光と分子のかかわりを調べるときに重要なのは，分子がどのような波長の光をどのような強さで吸収するかという点である。前節でも述べたように，紫外・可視光を用いて電子遷移による光の吸収スペクトルを観測する方法を紫外可視分光法とよぶ。

2.1 ◆ ランベルト－ベールの法則

分子の紫外可視吸収スペクトルは，気相・固相でも測定できるが，あ

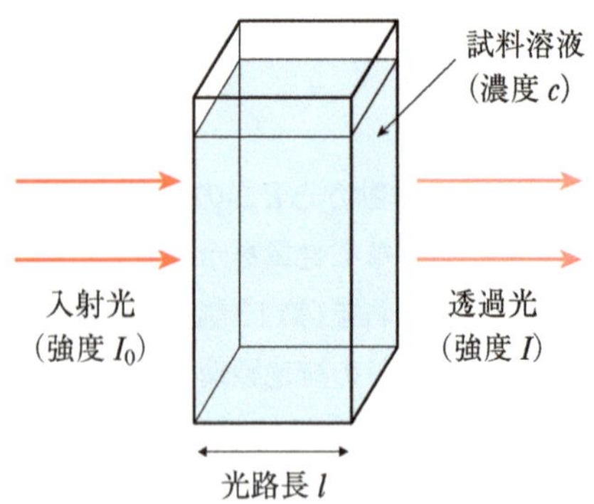

図12.3 | 吸収スペクトル測定の模式図

る適切な溶媒に溶かして溶液状態で測定されることが多い。測定には，一般に石英製の容器（セル）が用いられる（**図12.3**）。

ある電子遷移に由来する光の吸収は，その吸収の位置と強度によって特徴づけられる。一般に1つの電子遷移は幅広の吸収帯を示すので，吸収の位置は，その吸収帯のうちでもっとも強い吸収を与える波長を用いて表されることが多い。その波長を**極大吸収波長**といい，λ_{max}で表す。

吸収の強度は測定する条件によって異なるので，以下のような法則に基づいて定量的に評価される。ある物質を適切な溶媒に溶かして試料溶液とし，セルに入れてある波長の光を照射したとき，物質によって吸収が起こったとする。このとき，入射する光の強度をI_0，試料溶液を透過した光の強度をIとすると，Iはセルの長さlの増大とともに次式に従って減少する。

$$I = I_0 e^{-al} \tag{12.2}$$

この式の常用対数をとると，次式のように表される。

$$A = \log\left(\frac{I_0}{I}\right) = bl \tag{12.3}$$

ここで，aおよびbは定数である（$a = 2.303b$）。この法則は，1760年代に，数学や物理学のなどの分野でさまざまな業績をあげたドイツのランベルト[*2]によって確立され，ランベルトの法則とよばれている。$\log(I_0/I)$を吸光度といい，Aで表される。式(12.3)の比例定数bを吸光係数とよぶ。

さらに，1850年代にはドイツの物理学者ベール[*3]によって，吸光係数bは試料溶液の濃度cに比例することが示された。これをベールの法則という。この法則は，試料分子間で会合などの相互作用が起こらない希薄な溶液ではよく成立する。現在では，これら2つの法則を組み合わせた次式で表される**ランベルト－ベールの法則**が利用される。

$$A = \log\left(\frac{I_0}{I}\right) = \varepsilon cl \tag{12.4}$$

特に，試料溶液の濃度cをモル濃度（$\mathrm{M = mol \cdot dm^{-3}}$）で表し，セルの長さ

＊2 Johann H. Lambert : 1728～1777

＊3 August Beer : 1825～1863

lをcm単位で表したときの比例定数εを**モル吸光係数**(molar extinction coefficient)という。モル吸光係数は，波長や溶媒の種類によって決まり，濃度やセルの長さに依存しない物質固有の定数となる。

物質のモル吸光係数εは，その波長における吸収の強さの尺度となる。電子遷移において，π–π*遷移は起こりやすく，n–π*遷移は起こりにくいことを前講で述べた。一般に，π–π*に由来するモル吸光係数は10^3〜10^4 $M^{-1}\cdot cm^{-1}$であるのに対し，n–π*遷移に由来するモル吸光係数は10^1〜10^2 $M^{-1}\cdot cm^{-1}$程度と小さな値となる。

2.2 ◆ 紫外可視分光光度計

一般に，電磁波の波長分布を測定する装置を分光光度計といい，吸収スペクトルは紫外可視分光光度計で測定される(図6.9にはDNAの吸収スペクトルを示した)。

図12.4に，紫外可視分光光度計の構成を模式的に示した。光源から放射された光は，モノクロメーターにより任意の波長の光だけが取り出され，ビームスプリッターにより同じ強度をもった2つの光に分けられる。モノクロメーターは，プリズムや回折格子による光の屈折や回折を利用して，入射する光の角度を変えることで，連続的な波長をもつ光から特定の波長の光だけを取り出す装置である。2つに分けられた光はそれぞれ，試料溶液および参照溶液を透過し，検出器で2つの透過光の強度比が決定される。一般に，参照溶液には試料溶液の調製に用いた溶媒が使用され，溶媒を透過した光の強度をI_0とする。強度比は吸光度$A = \log(I_0/I)$に変換され，これが波長ごとに記録され，紫外可視吸収スペクトルとなる。

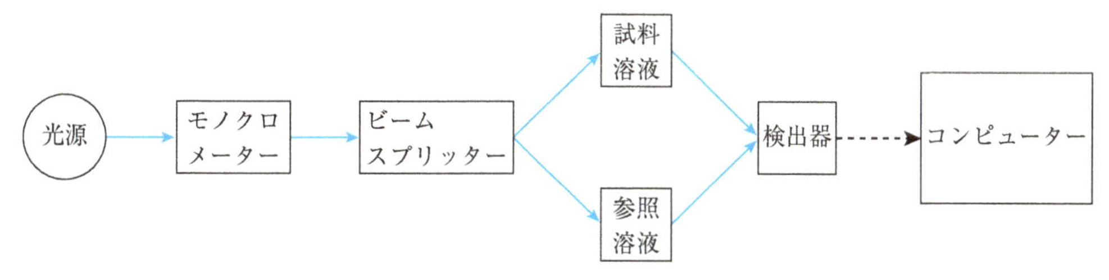

図12.4｜紫外可視分光光度計の構成

2.3 ◆ タンパク質の紫外可視吸収スペクトル

図12.5にタンパク質である血清アルブミンの紫外可視吸収スペクトルを示す。280 nm付近には特徴ある吸収が，190〜210 nmにはさらに強い吸収が現れている。芳香族残基をもつトリプトファン，チロシン，およびフェニルアラニンの吸収極大は230 nm以上に存在し，280 nmの吸収帯はトリプトファンとチロシンのπ–π*遷移に帰属される。芳香族化

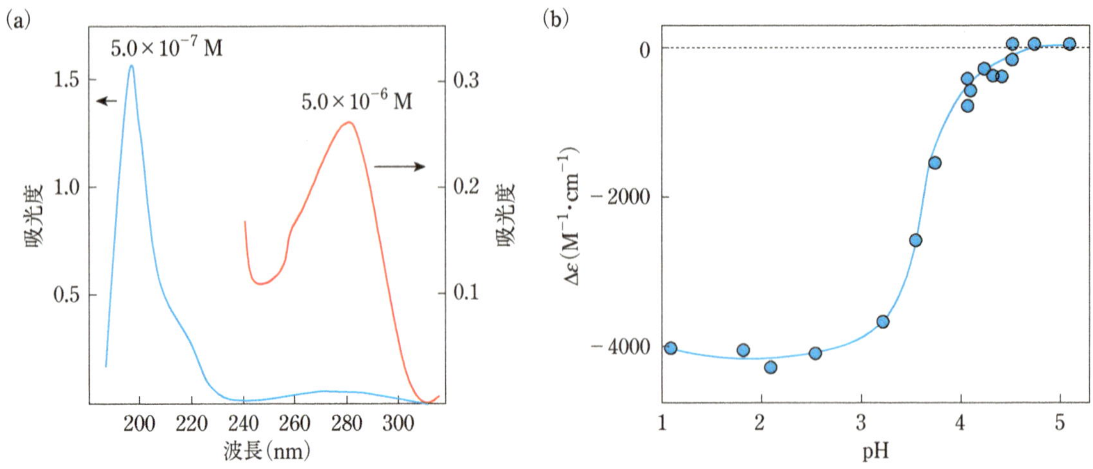

図12.5 **ウシ血清アルブミンの紫外可視吸収スペクトル(a)とpHによる吸収強度の変化(b)**

(a) 200 nmに吸収極大を示すスペクトル(青)は5.0×10^{-7} Mの濃度で測定し，280 nmに吸収極大を示すスペクトル(赤)は5.0×10^{-6} Mの濃度で測定している。(b) $\varepsilon_{287\,\mathrm{nm}}$のpHによる変化。pH 5.1での値を0として示した。至適条件での$\varepsilon_{280\,\mathrm{nm}}$は44,000 M^{-1}・cm^{-1}程度。

[(a)はI. Tinoco *et al.*, *Physical Chemistry*, *Principles and Applications in Biological Science*, *5th Edition*, Pearson(2013)，(b)はA. N. Glazer *et al.*, *Biochim. Biophys. Acta*, **69**, 240(1963)より作図]

合物のπ–π*遷移の波長が長くなるのは二重結合の鎖(共役系)が長くなり，基底状態と励起状態エネルギー差が小さくなるためである。200 nmの吸収帯はペプチド結合のアミド基のπ–π*遷移に帰属される。280 nmの極大吸収にはトリプトファンとチロシンの芳香環のみが寄与することから*4，アミノ酸の組成・分子量や配列がわかっているタンパク質に関しては，280 nmの吸光度からランベルト−ベールの法則を用いてタンパク質の濃度を定量することが可能となる。また，pHや温度などの環境因子によるスペクトルの変化によって，タンパク質の構造的変化を知ることもできる。図12.5でいえば，ウシ血清アルブミンのモル吸光係数が酸性溶液中では10%程度低下しているが，これはタンパク質が(酸)変性し分子中に埋もれていた疎水性残基(チロシン，トリプトファン)が水環境に移行していることが原因であると考えられる。このように，芳香環のπ–π*遷移の遷移双極子モーメントは分子が疎水的環境から親水的環境に移ることにより一般に減少する。

*4 トリプトファンとチロシンのモル吸光係数$\varepsilon_{280\,\mathrm{nm}}$はそれぞれ5,700 M^{-1}・cm^{-1}, 1,300 M^{-1}・cm^{-1}程度なので，4倍以上の違いがある。

3 蛍光分光法

蛍光は10^{-9}秒(ナノ秒)の時間オーダーで生じるため分子の会合や運動を強く反映し，また測定の感度が高いため生命科学の研究において有用な情報を提供する。

蛍光を特徴づける第一のパラメータは分子が放出または吸収する光の波長である。図12.2(b)でわかるように，分子が放出する光の波長は，吸収する光の波長よりも長い(エネルギーが小さい)。第二のパラメータは蛍光の効率を表す**量子収率**(quantum efficiency) Qであり，次のように定義される。

$$Q=\frac{\text{放出された光子の数}}{\text{吸収された光子の数}} \tag{12.5}$$

量子収率は0と1の間の値をとる。ランベルト－ベールの法則から，入射光の強度I_0と透過光の強度Iの関係は式(12.4)で表され，logを取り外すと

$$I=I_0\times 10^{-\varepsilon lc} \tag{12.4$'$}$$

が得られる。ここでの強度は光のエネルギーの大きさを示している。他の振動数では，1つの光子あたりのエネルギーが異なるので，光子の数と光の強度との比例定数は異なってくる。そのため，ある振動数をもつ光子の数をI'とおく。吸収された光は入射光と同じ振動数をもつので，式(12.4′)は光子の数で表した次の式に置き換えることができる。

$$I'=I'_0\times 10^{-\varepsilon lc} \tag{12.6}$$

したがって，吸収された光子の数I'_{abs}は

$$I'_{\mathrm{abs}}=I'_0-I'=I'_0(1-10^{-\varepsilon lc}) \tag{12.7}$$

であるので，蛍光として放出される光子の数はQを用いて

$$I'_{\mathrm{flr}}=QI'_{\mathrm{abs}}=QI'_0(1-10^{-\varepsilon lc}) \tag{12.8}$$

で与えられる。希薄溶液では吸収される光の量が少なくなるので，εlcはほとんど0である。このとき，式(12.8)の右辺は次のように展開できる。

$$\begin{aligned}I'_{\mathrm{flr}}&=QI'_0\{1-\exp(-2.303\varepsilon lc)\}\\&=QI'_0\{1-(1-2.303\varepsilon lc+\cdots)\}\approx 2.303QI'_0\varepsilon lc\end{aligned} \tag{12.9}$$ [*5]

この式から，希薄溶液での蛍光の強度は濃度cに比例することがわかる。吸収スペクトルでは吸収強度の対数が濃度に比例するのに対し，蛍光スペクトルでは式(12.9)で表されるように蛍光強度が濃度に比例するため，濃度の変化に対する蛍光強度の変化は吸収強度の変化に比べて格段に大きくなる。そのため，微量の蛍光物質を定量分析するための感度と

＊5　第2式への展開においてはマクローリン展開

$$e^x=1+x+\frac{x^2}{2!}+\frac{x^3}{3!}+\cdots$$

を用いた。

精度の高い分析手法として利用されている。

蛍光スペクトルは蛍光分光光度計で測定する。試料溶液を図12.3のようなセル（蛍光測定の場合は四側面透明のセルを用いる）に入れ，励起光に対して直角の方向から発光を観測する。このため，入射光の迷光を受けることなく，蛍光強度を測定することができる。この点も蛍光測定の感度が高い理由である。セル内で反応する分子を混合した場合は，蛍光強度の変化から，小さな分子と高分子の結合やコンフォメーションの変化などについての情報が得られる。レーレルとファスマンによってなされた酵素リゾチームと基質の反応についての研究（1966年）*6はその一例である。彼らは酵素に基質が結合するとき，335 nmの蛍光の強度が増加することを発見し，335 nmはトリプトファンの蛍光の波長に対応することから，基質の結合にトリプトファン残基が関与していると結論した。

＊6 S. S. Lehrer, G. D. Fasman, *Biochem. Biophys. Res. Commun.*, **23**, 133 (1966)

Column

オワンクラゲの発光物質イクオリンと緑色蛍光タンパク質（GFP）の発見

清流に生息するホタル，海にすむホタルイカ（firefly squid），ウミホタル（sea-firefly）などは光を発生する。こうした生物が光を発生する現象を生物発光という。生物発光を示す生物は，生物の体内にルシフェリン（luciferin）と総称される発光体の前駆物質をもっている。発光する必要が生じると生物の体内でルシフェラーゼという酵素が分泌され，この酵素が触媒となりルシフェリンの酸化反応を促進して発光体の励起状態が作り出される。この発光体の励起状態が基底状態に変化するときに発生するエネルギーが光エネルギーに変換されることで生物発光が起こる（**下図**）。

図 | **ホタルルシフェリンの化学発光の原理**

1950年代後半，名古屋大学の平田義正教授の下でウミホタルの発光物質を研究していた下村脩（1928～：2008年ノーベル化学賞受賞）はウミホタルのルシフェリンの精製と結晶化に初めて成功した。この業績に注目したプリンストン大学（アメリカ）のジョンソン（Frank H. Johnson：1908～1990）から招待を受け，同じく発光生物として知られていたオワンクラゲ（crystal jelly）の発光物質の研究を行った。

1961年から下村はアメリカ東海岸プリンストンから西海岸（ワシントン州）のフライデーハーバー

に通い，オワンクラゲの発光物質の採取を行った。オワンクラゲの発光物質はルシフェリンのような低分子天然物ではなく，タンパク質ではないかと発想し，その発光のオン・オフはpHでコントロールできることを見出した。この結果，オワンクラゲの発光物質イクオリン(aequorin)を発見した。

さらに，オワンクラゲの抽出溶液に海水を入れると青色に発光することを発見した。海水に含まれるカルシウムイオンが発光活性を増加させることがわかったが，発光色がオワンクラゲの緑色と一致しなかったため，オワンクラゲには青色の発光を示すタンパク質イクオリンに加えて緑色の蛍光を発するタンパク質が存在することを1962年に報告した。このタンパク質は後に緑色蛍光タンパク質(green fluorescence protein, GFP)と命名された。つまり，イクオリンの青色の発光を励起光として，GFPが緑色の蛍光を発していたのである。

タンパク質イクオリンの中心部分には，蛍光物質に見られるセレンテラジンとよばれる物質が含まれている。セレンテラジンは，周囲にカルシウムイオンが存在するとセレンテラミドに変化し，このときに青色の蛍光を発する。一方，GFPは238のアミノ酸がつながったタンパク質であり，中心部分に位置する(Ser 65, Tyr 66, Gly 67)によって，蛍光発光に関与する化学構造が形成され，さらに周囲に酸素原子が存在すると，この構造が発色団に変化して蛍光を発する(**下図**)。

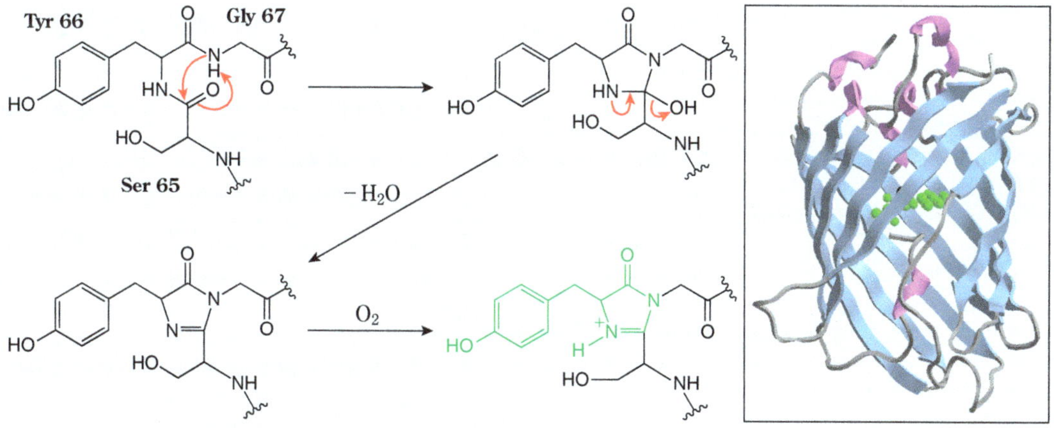

Tyr 66　Gly 67　HO　HN　O　N　H　O　HO　NH　Ser 65

$-H_2O$　O_2

HO　HN　OH　N　O　NH　H　$\overset{+}{N}$

図｜緑色蛍光タンパク質(GFP)の発色団の化学構造と立体構造

右図の発色団(緑)は大きく描いてある。

[PDB ID : 1EMB, K. Brejc *et al.*, *Proc. Natl. Acad. Sci. USA*, **94**, 2306(1997)]

1962年に下村がオワンクラゲから発見したGFPはそれから30年後の1990年代になって遺伝子が解析され，その遺伝子を細胞に導入するだけで細胞が蛍光を発することがわかり，それ以来，生物学の多くの研究で特定の細胞を蛍光標識できる方法として使われるようになった。

また，下村と同時にノーベル賞を受賞したツエン(Roger Y. Tsien : 1952〜2016)はGFPの発光メカニズムを解明し，蛍光タンパク質の一部のアミノ酸を別のアミノ酸に置換すると，発色団の構造やエネルギー準位がわずかに変化して，蛍光強度や蛍光色が変化することを発見し，GFPとは発色の異なる蛍光タンパク質を数多く開発することに成功した。

細胞に蛍光タンパク質の遺伝子を組み入れると，励起光を当てることで細胞が光ることを最初に示したのは，やはり下村と同時にノーベル賞を受賞したチャルフィー(Martin L. Chalfie : 1947〜)である。チャルフィーは1994年にGFPを用いて線虫の細胞を蛍光標識し，GFPが生化学的な現象を解明するうえで有用なツールであることを示した。

4 赤外分光法

振動準位間のエネルギーに対応する赤外光を用いて吸収スペクトルを観測する方法が赤外分光法である。小さな気体分子では，結合の力の定数や結合エネルギーに関する情報が得られる。また，回転スペクトルを組み合わせると，結合距離と結合角の情報が高精度で得られる。大きな分子や複雑な系の場合には，分子内の官能基の分析に用いられる。さらに，分子振動は分子のまわりの環境によっても変化するので，特定の振動の変化を調べることにより，水素結合の強さや，高分子のコンフォメーション変化を調べることができる。

4.1 ◆ 分子構造と振動スペクトル

すべての原子が空間軸上で同じ振動数・同じ位相で起こす振動を**基準振動**(normal vibration)という。多原子分子の振動は，基準振動の一次結合によって表される。なお，同じ位相とは，原子核がそれぞれの平衡位置を同時刻に通り，また同時刻に回帰点(変位が最大の点)を通ることである。

二原子分子であるHBrは基準振動を1つだけもつ。原子間距離が伸びたり縮んだりする振動であり，伸縮振動とよばれる。HBrは式(12.1)で表されるエネルギー E_{vib} をもち，ν_v の振動数で振動していると考えられる。振動の遷移は，基準振動の量子数 v が1つ増えるか1つ減る場合にだけ起こる。その理由は，$\Delta v = \pm 1$ のときだけ遷移双極子モーメントが0でないからである。振動スペクトルは

(1) ポテンシャルエネルギー曲線(図12.2(a)参照)が完全な放物線ではないために，エネルギー間隔が完全に等しくない。

(2) それぞれの振動準位が回転の量子状態をいくつかもっており，これらの回転準位間で遷移が起こる。(この場合も，回転の量子数 J が1つ増えるか，1つ減る遷移($\Delta J = \pm 1$)だけが許される。)

という理由から，吸収帯は1本の線ではなく，正確にはいくつかの吸収線の束からなっている。

図12.6(a)からわかるように，H_2O 分子は3つの基準振動をもつ。ν_1 と ν_3 は伸縮振動で，ν_2 は変角振動である。H_2O 分子におけるどのような振動も，この3つの基準振動の組み合わせか，またはその2倍の振動数(倍音)で表される。H_2O の場合には基準振動が3つあるので，振動スペクトルにはたくさんの吸収帯が現れる。

三次元空間で n 個の原子の位置を決めるためには，$3n$ の座標($x, y, z \times n$)が必要である。この動かせる座標の数を自由度という。そのうちの3つが分子の重心を定める。また，もう3つの座標を使って，分子の回転運動を定める。残りの $3n-6$ の座標で振動運動を記述する。直線分子の場合には，原子核は一直線上に並んでいるので，この場合は回転運動の自

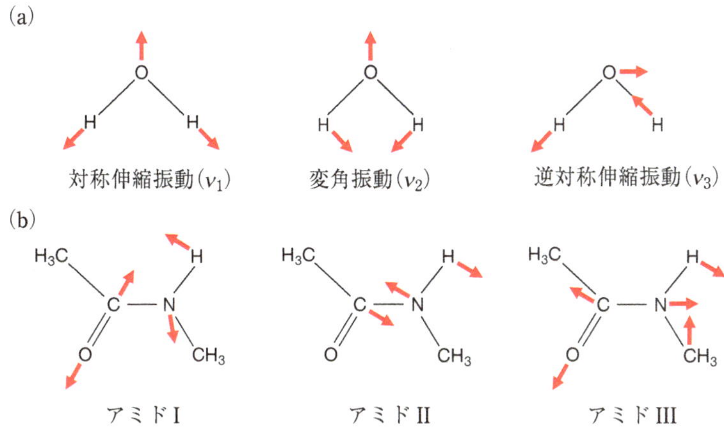

図12.6｜水(a)および*N*–メチルアセトアミド(b)の基準振動

N–メチルアセトアミドは，CH_3を1原子と考えると6原子で構成されている。このため3×6−6＝12の基準振動をもつが，ここではタンパク質の研究で重要なアミドI，アミドII，アミドIIIとよばれる基準振動のみを示す。

由度が下がり$3n-5$の振動運動の自由度(基準振動)がある。なぜならば，この場合，回転運動は2通りしかないからである[*7]。

4.2 ◆ 大きな分子の基準振動

分子に含まれる原子の数が増えると，運動の自由度が上がり基準振動の数が急速に増大し，振動スペクトルは非常に複雑になると予想される。**図12.6**(b)の*N*–メチルアセトアミドでさえ，それぞれの基準振動での原子核の動きを決定し，赤外吸収スペクトルの吸収極大を特定の基準振動に帰属することは難しい。

生体分子の場合には，多数の基準振動の問題に加えて，別の因子により振動スペクトルの説明が難しくなる。すなわち，振動スペクトルは，たいていの場合，水溶液で測定されることである。溶媒分子は互いに相互作用し，さらに溶質とも相互作用する。これらの相互作用は分子のエネルギー準位を変化させ，分子の振動エネルギー準位を幅広にする。この結果，溶液での振動スペクトルは気体状態でのスペクトルに比べて幅広い吸収帯になる。

4.2.1 ◇ 複雑な分子の振動スペクトル

振動スペクトルを完全に理解するためには，基準振動を解析しなければならない。しかし，この解析が不可能な場合でも，振動スペクトルから多くを学ぶことができる。その理由は，O–H, N–H, C＝Oのような官能基の結合の波数(**図12.7**)が，分子が異なってもあまり大きくは変化しないからである。

図12.8に示す*N*–メチルアセトアミドの赤外吸収スペクトルにおいて3000～3400 cm^{-1}の領域[*8]にある3つの極大をもつ幅広い吸収帯は，気

＊7　直線三原子分子における運動の自由度は下の図で表される。
1：分子軸まわりの回転
2：分子軸に垂直な軸まわりの回転
3：対称伸縮振動
4：逆対称伸縮
5：縮重変角振動
6：縮重変角振動(紙面に対して上下方向)

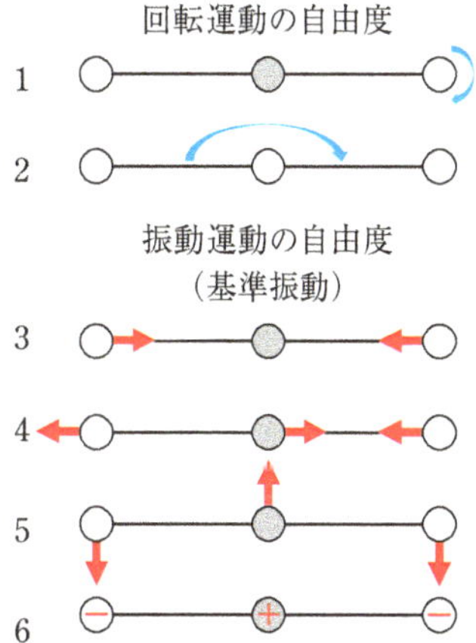

＊8　cm^{-1}＝1 cmの幅に含まれる波の数。波数(wavenumber)の単位で，日本ではカイザーと読むこともある。前項までと異なり，赤外分光では一般に波長ではなく波数で議論される。

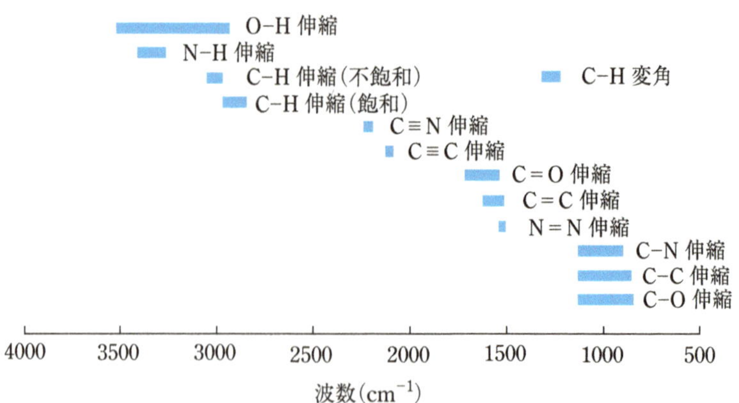

図12.7 | **各官能基の波数表**

[尾崎幸洋，岩崎秀夫，生体分子分光学入門，共立出版(1992)]

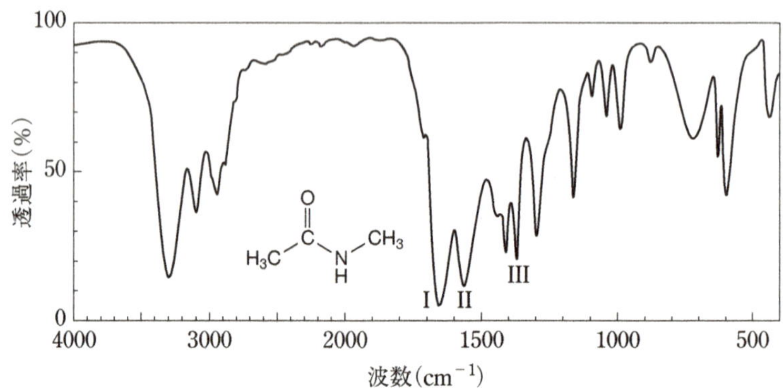

図12.8 | ***N*–メチルアセトアミドの赤外吸収スペクトル**

I, II, III はタンパク質の二次構造を表すバンドとして知られている。

表12.1 | **タンパク質の二次構造と対応するアミドバンドの赤外吸収波数**

二次構造の種類	アミドI	アミドII
αヘリックス構造	1655～1650	～1540
βシート構造	～1690，1680～1675	～1550
ランダムコイル構造	1655～1645	1535～1530
βターン構造	～1680，～1660，～1640	
3_{10}ヘリックス構造	1645～1640	
3_1ヘリックス構造	～1640	～1550

体のNH_3のN–H伸縮振動に近い(3336 cm^{-1})。これは，この吸収帯に関係する基準振動が，主としてN–H伸縮振動であることを示唆している。また，**表12.1**に示すように1600 cm^{-1}付近に現れるバンドI, IIはタンパク質の二次構造情報を反映しているので，生体分子の構造解析に有用である。表12.1には第1講で説明したαヘリックス，βシート以外のいくつかの二次構造についても示した。

4.2.2 ◇ タンパク質水溶液の赤外吸収スペクトル

タンパク質の赤外吸収スペクトルにおいてアミドの基準振動バンドはそれぞれI(1690〜1620 cm^{-1}), II(1590〜1510 cm^{-1}), III(1320〜1210 cm^{-1})の領域に観測され，これらのバンドはポリペプチドやタンパク質の二次構造情報を与える(表12.1)。図12.6(b)に示すようにアミドIバンドは主にC＝O伸縮振動で決まっているが，アミドIIあるいはアミドIIIバンドはN–H変角振動の寄与を含むので，D_2O中で観測する場合にはN–Dに変わるため大きな同位体シフトが現れる。

図12.9(a)に示すシトクロムb_5の水溶液と重水溶液の赤外吸収スペクトル(1700〜1500 cm^{-1}:水あるいは重水のスペクトルを差し引いたもの)において，1650 cm^{-1}と1550 cm^{-1}付近に観測されるバンドは，それぞれアミドIバンドとアミドIIバンドである。一方，重水溶液で1640 cm^{-1}付近に観測されるのはアミドIバンドであり，アミドIIバンドはN–HがN–Dに置き換わるため1450 cm^{-1}付近までシフトしている(図の範囲外)。1570 cm^{-1}付近に現れているのは，Asp, Glu残基のカルボニル基の

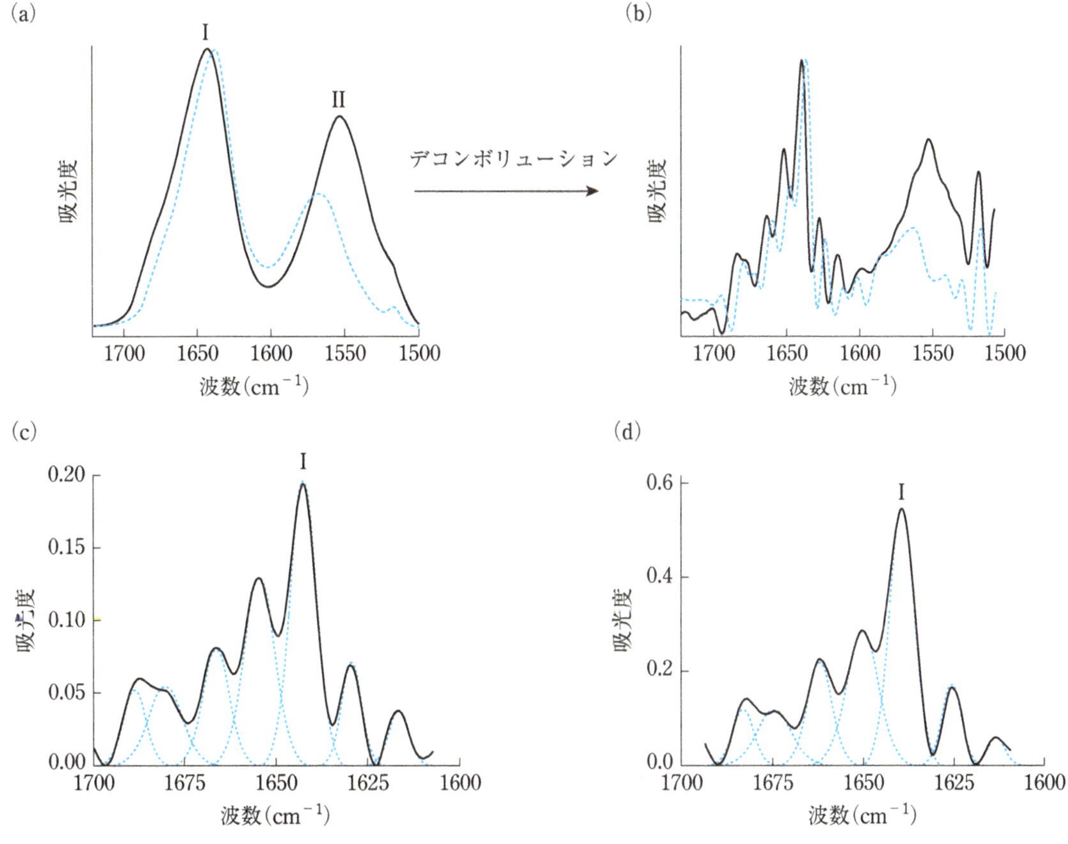

図12.9｜シトクロムb_5の赤外吸収スペクトル

(a)水溶液中(実線)と重水溶液中(破線)におけるアミドI, II領域のスペクトル。(b)(a)をデコンボリューションにより精細化したスペクトル。(c)水溶液中と(d)重水溶液中におけるアミドI領域の赤外吸収スペクトルのカーブフィッティング。黒い実線は観測されたスペクトル，青い点線はカーブフィッティングして得られた7つのバンド。

[P. W. Holloway, H. H. Mantsch, *Biochemistry*, **28**, 931(1989)より作図]

逆対称伸縮振動である。

このスペクトルに対してデコンボリューション(deconvolution，分解)[*9]という操作を行うことにより精細なスペクトルを得ることができる。アミドI領域に7つのバンドを見ることができ(**図12.9**(b))，さらにカーブフィッティングを行うと7成分に分解することができる(**図12.9**(c),(d))。一番低波数の1614.5 cm^{-1}のバンドはTyr残基によるもので，高波数側にある残り6つはアミドIによるバンドである。この6つのバンドにはタンパク質の二次構造情報が含まれており，二次構造の割合はαヘリックス25%，3_{10}ヘリックス33%，β構造28%，ターン構造14%と決定されている。

＊9　デコンボリューションとは，スペクトルを構成する成分の線幅を減少させてスペクトルの分解能を向上する操作のこと。

演習問題

【1】ベンゼンのモル吸光係数は260 nmで100 M^{-1}·cm^{-1}であった。この値は溶媒に依存しないと仮定する。

(i) 光路長1 cmのセルでベンゼンを溶媒に溶かした溶液の260 nmでの吸光度が1.0であった。このベンゼン溶液の濃度を求めなさい。

(ii) 光路長1 cmのセルに260 nmの光を通したところ，1%だけ光が透過した。このとき，セルの中のベンゼンの濃度はいくらか計算しなさい。

【2】リゾチーム(ニワトリ卵由来)にはTrpが6残基，Tyrが3残基含まれている。単独のTyr分子の紫外光吸収極大波長は274 nmで，Trp分子は280 nmであるが，それぞれの蛍光強度が最大になる波長は303 nm，348 nmと離れている。また，Tyr分子，Trp分子それぞれのモル吸光係数は1,400 M^{-1}·cm^{-1}，5,600 M^{-1}·cm^{-1}であり，量子収率はそれぞれ0.14, 0.20である。

レーレルとファスマンは，このリゾチーム(ニワトリ卵由来)を280 nmで励起した蛍光スペクトルは，阻害剤であるトリ(*N*-アセチル-D-グルコサミン)(基質類似体)を0.1%共存させると，強度が40%増加し，ピーク波長が340 nmから331 nmに移動することを観察した(S. S. Lehrer, G. D. Fasman, *J. Biol. Chem.*, **242**, 4644(1967))。このことから彼らは，阻害剤の結合により3つのTrp残基の環境がより疎水的になっていると考察した。

同時期にアメリカのフィリップス(David C. Phillips : 1924〜1999)のグループはこの酵素について初めてX線結晶構造解析に成功し，6つのTrp残基のうちの3つが基質の結合部位付近に位置していることを示した(C. C. Blake *et al.*, *Nature*, **206**, 757(1965))。

6つのTrp残基は28, 62, 63, 108, 111, 123番目に位置しているが，結合部位付近にある3つのTrp残基はどれか，また基質と直接相互作用するTrp残基はどれだと考えられているかについて，参考書などで調べて答えなさい。

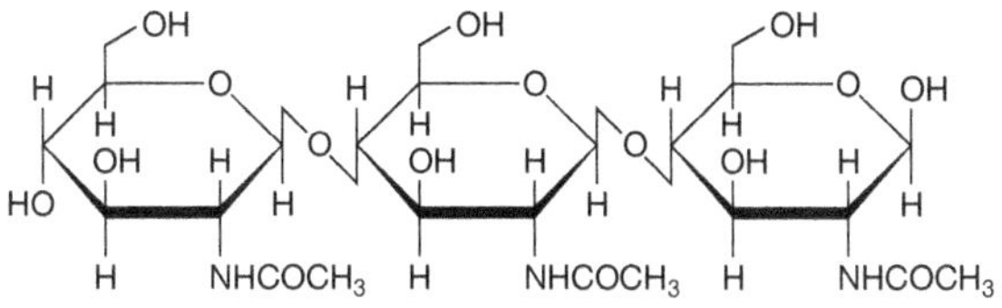

トリ(N-アセチル-D-グルコサミン)

【3】チロシンのフェノール性OH基の$\mathrm{p}K_\mathrm{a}$は10.0である。プロトン化チロシン(TH)のモル吸光係数は$\varepsilon_\mathrm{TH}(280\ \mathrm{nm}) = 1900\ \mathrm{M^{-1}\cdot cm^{-1}}$, $\varepsilon_\mathrm{TH}(295\ \mathrm{nm}) = 0\ \mathrm{M^{-1}\cdot cm^{-1}}$, 脱プロトン化チロシン($\mathrm{T^-}$)のモル吸光係数は$\varepsilon_\mathrm{T^-}(280\ \mathrm{nm}) = 1400\ \mathrm{M^{-1}\cdot cm^{-1}}$, $\varepsilon_\mathrm{T^-}(295\ \mathrm{nm}) = 2400\ \mathrm{M^{-1}\cdot cm^{-1}}$である。あるpHのチロシン水溶液の吸光度を測定したところ，波長280 nmで0.85，波長295 nmで1.05であった。このpHでのチロシン水溶液中のプロトン化チロシンの濃度と脱プロトン化チロシンの濃度を求めなさい。また，この値から測定溶液のpHの値を求めなさい。

【4】N-メチルアセトアミドのN-H伸縮振動にあたる赤外吸収バンドの波数は$3000\ \mathrm{cm^{-1}}$である。このバンドの波長と振動エネルギーを求めなさい。また，300 Kでの熱エネルギーを求めて，この振動エネルギーと比較しなさい。なお，熱エネルギーは$E = k_\mathrm{B}T$で表される。

第13講

生体分子の磁気共鳴分光学

強い磁場中に分子などが置かれたとき，原子核スピンや電子スピンはその固有の磁気モーメントによってエネルギーが量子化し電磁波を吸収する。この特性を生かした分光測定法を磁気共鳴分光法という。本講では，原子核スピンの共鳴(核磁気共鳴：NMR)，電子スピンの共鳴(電子スピン共鳴：ESR)について説明する。

1 核磁気共鳴(NMR)分光法

強い磁場中に置かれた原子核は**ゼーマン分裂**(Zeeman splitting)とよばれるエネルギー分裂を起こす(**図13.1**(a))。この分裂幅に相当する電磁波(ラジオ波)のエネルギーを分子に照射したとき，原子核はエネルギーを吸収して励起状態に遷移する。この現象を**核磁気共鳴**(nuclear magnetic resonance, **NMR**)といい，これを利用した分光法を**核磁気共鳴(NMR)分光法**という。ラジオ波のエネルギーと吸収強度の関係を示すNMRスペクトル(**図13.1**(b))には，原子核のまわりの電子の密度(化学シフト値)と核スピン間の相互作用(スピン結合定数)の情報に加えて，分子の運動性に関する情報(線幅)が含まれている。本節ではNMR現象およびNMR測定について見ていく。

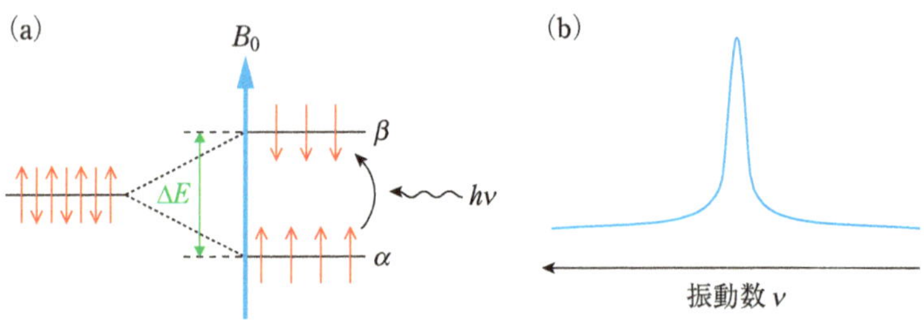

図13.1 ゼーマン分裂(a)およびNMRスペクトル(b)

1.1 ◆ 磁気モーメント

原子核は固有の核スピン量子数Iをもつ。Iがゼロでない核は**磁気モーメント**(magnetic moment)をもち，静磁場との相互作用によりエネルギーが分裂する(ゼーマン分裂，**図13.2**(a))。この分裂幅に相当する電磁波を照射することで，NMR測定が可能になる。また，核スピン量子数が1以上の核は核の静電荷が球対称からずれることに由来する核四

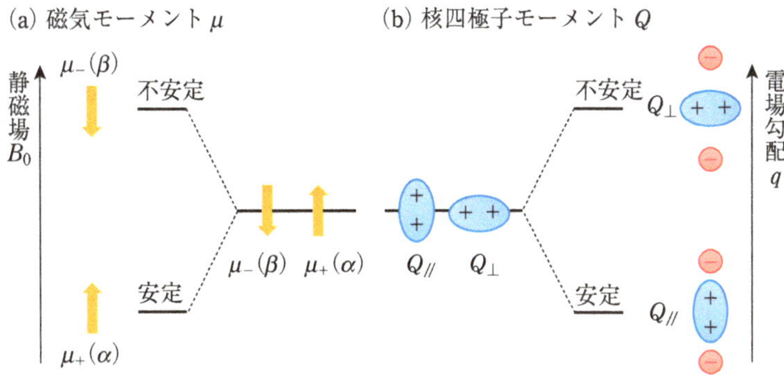

図13.2 | **磁気モーメントと静磁場(a)および核四極子モーメントと電場勾配(b)の相互作用**

(a)核スピンによって生じる磁気モーメントμは静磁場と相互作用をもつ。磁場に平行な磁気モーメント$\mu_+(\alpha)$は反平行な磁気モーメント$\mu_-(\beta)$より安定である。(b)核スピン量子数が1以上の核では原子核の静電荷が球対称からずれることから，核四極子モーメントQをもつ。核四極子モーメントは核のまわりの電荷の分布(電場勾配q)と相互作用し，エネルギー準位が変化する。

表13.1 | **種々の核種のNMRパラメータ**

核　種	核スピン量子数	磁気回転比 (10^7 rad·s^{-1}·T^{-1})	9.4 Tの磁場下での共鳴周波数 (MHz)	天然存在比 (%)	核四極子モーメント (10^{-28} m^2)
^{1}H	1/2	26.75	400	99.985	
^{2}H	1	4.11	61.4	0.015	2.73×10^{-3}
^{13}C	1/2	6.73	100.6	1.108	
^{14}N	1	1.93	28.9	99.63	7.1×10^{-2}
^{15}N	1/2	−2.71	40.5	0.37	
^{17}O	5/2	−3.63	54.3	0.037	-2.6×10^{-2}
^{19}F	1/2	25.18	376.5	100.0	
^{31}P	1/2	10.84	162.1	100.0	

極子モーメントをもつ。この核四極子モーメントは核のまわりの電荷の分布(電場勾配)との相互作用(**図13.2**(b))によりNMRスペクトルの線幅を増加させる。**表13.1**に代表的な核種の共鳴周波数を決める因子である核スピン量子数I，磁気回転比γ，共鳴周波数，天然存在比，相対感度，核四極子モーメントをまとめた。^{12}C, ^{16}Oなどの原子核は，核スピン量子数がゼロであるためNMR測定は不可能であるが，同位体である^{13}C, ^{17}OなどはNMR測定を行うことができる。

磁気モーメントμは，磁気回転比γ，スピン角運動量pすなわち核スピン量子数Iと換算プランク定数$\hbar(=h/2\pi)$の積[*1]

$$\mu=\gamma p=\gamma I\hbar \tag{13.1}$$

で表される。核スピンが静磁場中にあるとき，その磁気モーメントベクトル$\boldsymbol{\mu}$と静磁場$\boldsymbol{B}_0$の相互作用エネルギーは

$$E=-\boldsymbol{\mu}\cdot\boldsymbol{B}_0 \tag{13.2}$$

＊1　角運動量や角周波数を議論するときには，プランク定数hよりも，hを2πで除した$\hbar$を使う方が簡潔な表式になるので使われる。$\hbar$は換算プランク定数あるいはディラック定数(Dirac's constant)とよばれる。

で表される。

量子論的な取り扱いでは，核スピンと磁場（$\boldsymbol{B}_0$の方向をZ軸とする）の相互作用エネルギーを定義するハミルトニアンは

$$\hat{H} = -\boldsymbol{\mu}\cdot\boldsymbol{B}_0 = -\gamma\hbar B_0 \hat{I}_Z \tag{13.3}$$

で表される。ここで，$\hat{I}_Z$はスピン角運動量演算子のZ成分であり，その固有値mは$m=-I, -I+1, \cdots\cdots, I-1, I$の計$2I+1$の離散値に限定されるので，式(13.3)のハミルトニアンの固有値である相互作用エネルギーE_mは

$$E_m = -\gamma\hbar m B_0 \tag{13.4}$$

となる。これは，核スピンが磁場中で$2I+1$の異なる状態（波動関数）をとり，そのエネルギー準位E_mが$2I+1$に分裂することを意味している。このようなエネルギー分裂がゼーマン分裂である。^{1}H, ^{13}C, ^{15}N, ^{31}Pなど，核スピン量子数が1/2の核スピンは図13.1で示したようにm=1/2, −1/2の2つの準位に分かれる。それぞれの核スピンの状態は磁場方向（↑，αスピン），および反対方向（↓，βスピン）に対応している。

1.2 ◆ 共鳴条件

ここで，強度が強く安定した静磁場B_0に対して直角方向に角周波数ω（周波数$\nu=\omega/2\pi$）で振動（回転）する高周波磁場（電磁波）B_1を与えることを考える。角周波数ωの電磁波のエネルギーが隣りあった磁気モーメントのエネルギー準位mと$m\pm1$の間でのエネルギー差に等しいときに電磁波は吸収されて遷移が起こる。これを許容遷移という。すなわち，$I=1/2$の核スピンの場合，αスピンとβスピンの状態のエネルギー差ΔE（図13.1(a)）については式(13.4)から

$$\Delta E = E_\beta - E_\alpha = \gamma\hbar B_0 = h\nu = \frac{h\omega}{2\pi} = \hbar\omega_0 \tag{13.5}$$

が成り立ち，これにより

$$\omega_0 = \gamma B_0 \qquad (13.6)^{*2}$$

＊2　ω_0の回転の方向まで考慮すると$\boldsymbol{\omega}_0 = -\gamma\boldsymbol{B}_0$と表される。

が得られる。これをNMRの共鳴条件という。ω_0はラーモア周波数（共鳴周波数）とよばれている。すなわち，磁場B_0が決まれば，観測核種のラーモア周波数は式(13.6)を用いて計算できる。

1.3 ◆ 巨視的磁化

これまで，1つの核スピンが静磁場存在下および静磁場と高周波磁場の存在下で，どのようにふるまうかを見てきた。実際の系は1つの核スピンではなく，アボガドロ数のオーダーの分子が集まった核スピンの集合体である。量子論によれば，核スピン量子数$I=1/2$の核スピンは磁

場方向に向いた上向き(↑)のαスピンと，その逆方向の下向き(↓)のβスピンの2種類からなる。このエネルギー差は電子遷移や振動遷移・回転遷移のエネルギーに比べてきわめて小さく，熱エネルギー$k_{\mathrm{B}}T$と同程度であるため，基底状態ですべての核スピンが低い方の準位にあるわけではない(図13.1(a))。

実際，静磁場存在下で$I=1/2$の全核スピン数nのうち磁場と平行の核スピンの数をn_α，反平行の核スピンの数をn_βとすると，両者の比n_β/n_αはボルツマン分布に従い，

$$\frac{n_\beta}{n_\alpha}=\exp\left(-\frac{\Delta E}{k_{\mathrm{B}}T}\right)=\exp\left(-\frac{\gamma\hbar B_0}{k_{\mathrm{B}}T}\right) \tag{13.7}$$

で表される。2つの状態の占有数の差の全核スピン数n（$=n_\alpha+n_\beta$）に対する割合は

$$\frac{n_\alpha-n_\beta}{n_\alpha+n_\beta}=\frac{n_\alpha-n_\beta}{n}=\frac{\gamma\hbar B_0}{k_{\mathrm{B}}T} \tag{13.8}$$ *3

となる。9.4 Tの磁場(^{1}Hの共鳴周波数400 MHz)*4においては，この値は3.2×10^{-5}ときわめて小さい値である。このことから，NMR分光法は測定感度が非常に低い分光法であることがわかる。また，静磁場の強度が大きいほど感度が上がることもわかる。

単位体積あたりの磁気モーメントの総和を**磁化**(magnetization)という。分子集合体に関して，磁場と平行，反平行のそれぞれの状態にある核スピンの占有数を考慮すると，個々のスピンの磁化ベクトルの総和(巨視的磁化ベクトル)$\boldsymbol{M}$は

$$\boldsymbol{M}=\sum\boldsymbol{\mu}_i \tag{13.9}$$

で表され，静磁場に対して平行である(**図13.3**(a))。ここで，$\boldsymbol{\mu}_i$はi番目の核スピンの磁気モーメントである。

巨視的磁化ベクトル$\boldsymbol{M}$の運動はNMR現象を視覚的に理解するうえで重要である。巨視的磁化ベクトル$\boldsymbol{M}$が静磁場$\boldsymbol{B}_0$中での高周波磁場$\boldsymbol{B}_1$の照射によりθの角度をつけて置かれたとき，$\boldsymbol{M}$の時間変化は

$$\frac{\mathrm{d}\boldsymbol{M}}{\mathrm{d}t}=\gamma\boldsymbol{M}\times\boldsymbol{B}_0 \tag{13.10}$$

と表される。ここで，ベクトル$\boldsymbol{M}$とベクトル$\boldsymbol{B}_0$の外積($\boldsymbol{M}\times\boldsymbol{B}_0$)*5は$\boldsymbol{M}$と$\boldsymbol{B}_0$のつくる面に垂直な方向を向くベクトルである。すなわち，**図13.3**(b)に示すように$\boldsymbol{M}$は$\boldsymbol{B}_0$のまわりを歳差運動*6する。この歳差運動の角周波数ω_0は$\omega_0=\gamma B_0$(式(13.6))で表される。

ここで，静磁場の方向(Z軸)のまわりを高周波磁場$\boldsymbol{B}_1$の角周波数ω_{rf}で回転する座標系(回転座標系という)を用いると，$\boldsymbol{M}$の運動の記述がより単純になる。特に，ω_{rf}が$\boldsymbol{B}_0$による歳差運動の角周波数ω_0と等しい場合($\omega_{\mathrm{rf}}=\omega_0$)は，回転座標系(rotating frame, rot)から見ると，$\boldsymbol{M}$は$\boldsymbol{B}_0$のまわりを動かなくなる(**図13.3**(c))。すなわち

＊3　$n_\alpha+n_\beta=n$および$n_\alpha>n/2>n_\beta$であり，$\gamma\hbar B_0/2k_{\mathrm{B}}T\ll1$が成立するので，

$$\frac{n_\beta}{n/2}=\exp\left(-\frac{\gamma\hbar B_0}{2k_{\mathrm{B}}T}\right)\approx1-\frac{\gamma\hbar B_0}{2k_{\mathrm{B}}T} \quad \text{(a)}$$

$$\frac{n_\alpha}{n/2}=\exp\left(\frac{\gamma\hbar B_0}{2k_{\mathrm{B}}T}\right)\approx1+\frac{\gamma\hbar B_0}{2k_{\mathrm{B}}T} \quad \text{(b)}$$

と近似できる。ここで，式(b)から式(a)を引くと

$$\frac{n_\alpha-n_\beta}{n}=\frac{\gamma\hbar B_0}{k_{\mathrm{B}}T}$$

が得られる。

＊4　NMR分光計における磁場の強度は^{1}Hの共鳴周波数で表されることが多い。

＊5　外積$\boldsymbol{A}\times\boldsymbol{B}$はベクトル$\boldsymbol{A}$とベクトル$\boldsymbol{B}$のつくる面に垂直な方向のベクトルを表す。

＊6　回転体が回転軸の方向を変えながら行う回転運動のこと。静磁場$\boldsymbol{B}_0$中の磁化ベクトル$\boldsymbol{M}$は，$\boldsymbol{B}_0$と一定の角度を保って回転する(図13.3(b)参照)。

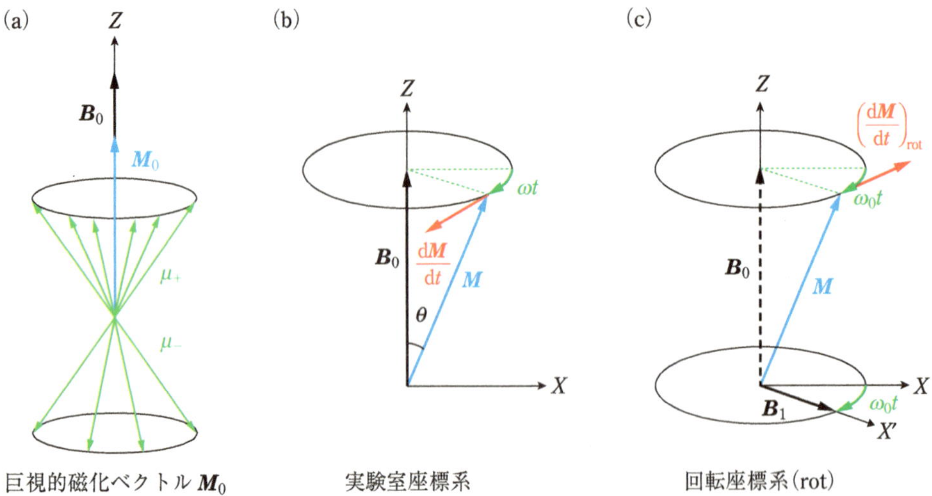

図13.3 (a)微視的磁化ベクトル(磁気モーメント)μの総和としての巨視的磁化ベクトルM_0，(b)実験室座標系から見た巨視的磁化ベクトルMの運動状態，(c)回転座標系(rot)から見た高周波磁場B_1存在下での巨視的磁化ベクトルMの運動状態

(c)に示すように，高周波磁場B_1と同じ周波数で回転する回転座標系(rot)において静磁場B_0はゼロになり，巨視的磁化ベクトルMはB_1のまわりを歳差運動する。

$$\left(\frac{\mathrm{d}\boldsymbol{M}}{\mathrm{d}t}\right)_{\mathrm{rot}} = \gamma \boldsymbol{M} \times \boldsymbol{B}_0 = 0 \tag{13.11}$$

と表され，$\boldsymbol{B}_0$は存在しないとみなせるので，$\boldsymbol{B}_0 = 0$である。一方，回転座標系の角周波数が$\omega_{\mathrm{rf}} = \omega_0$の場合，高周波磁場$\boldsymbol{B}_1$は$XY$平面内の$X'$軸方向に固定されているので，回転座標系から見た磁化$\boldsymbol{M}$の運動方程式は

$$\left(\frac{\mathrm{d}\boldsymbol{M}}{\mathrm{d}t}\right)_{\mathrm{rot}} = \gamma \boldsymbol{M} \times \boldsymbol{B}_1 \tag{13.12}$$

と表される。したがって，回転座標系では$\boldsymbol{M}$は$\boldsymbol{B}_1$のまわりに歳差運動しているように見える(図13.3(c))。

1.4 ◆ パルスフーリエ変換NMR測定の原理

直交座標系でz軸方向への静磁場$\boldsymbol{B}_0$に加えx軸方向に高周波磁場$\boldsymbol{B}_1$を与えると，巨視的磁化ベクトル$\boldsymbol{M}$はx軸のまわりに$\boldsymbol{\omega} = -\gamma \boldsymbol{B}_1$の角周波数で歳差運動を起こす。$\boldsymbol{B}_1$を与えてから時間$t_{\mathrm{w}}$経過した後の巨視的磁化ベクトルの回転角$\theta$は

$$\theta = \omega t_{\mathrm{w}} = \gamma B_1 t_{\mathrm{w}} \tag{13.13}$$

と表される。

NMR測定では，高周波磁場$\boldsymbol{B}_1$をパルス照射して，巨視的磁化ベクトル$\boldsymbol{M}$がy軸まで回転したとき$\boldsymbol{B}_1$を停止し，$\boldsymbol{M}$をy軸方向に向かせる(**図13.4**(a))。このような高周波磁場のパルスを90°パルスという。巨視的磁化ベクトルがy軸方向に向くことは，一部の核スピンが高周波磁場を吸収して，磁場と平行の状態から垂直な状態に遷移したことに相当

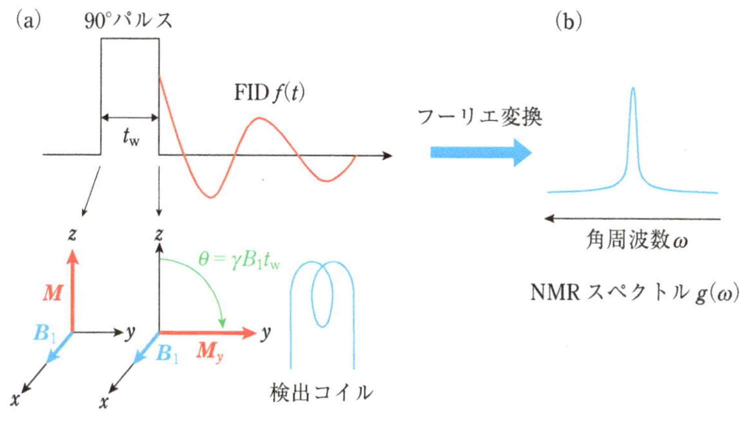

図13.4｜パルスフーリエ変換NMR測定の原理

する。

このときy軸上に検出コイルを置くと，y軸方向の巨視的磁化ベクトル$\boldsymbol{M}_y$がコイル内を横切り，NMR信号が誘起電圧として検出される。誘起電圧はファラデーの法則に従い$\boldsymbol{M}_y$の磁化変化に比例する。

$$V = -k\left(\frac{\mathrm{d}M_y}{\mathrm{d}t}\right) \tag{13.14}$$

この誘起電圧Vは，スピン―スピン緩和時間T_2*7を時定数として時間tとともに減衰する時間領域スペクトル$f(t)$を与える。これはFID（**自由誘導減衰**：free induction decay）とよばれる。

NMR分光器ではVをアナログ―デジタル変換機（ADコンバーター）に通し，$f(t)$をデジタル信号としてコンピュータ内に取り込んでいる。この時間領域スペクトル$f(t)$をフーリエ変換（Fourier transform, FT）することで，縦軸が吸収強度，横軸が周波数の周波数領域スペクトル$g(\omega)$

$$g(\omega) = \int_{-\infty}^{\infty} f(t)\exp(-\mathrm{i}\omega t)\mathrm{d}t \tag{13.15}$$

が得られる。この$g(\omega)$がNMRスペクトルである（**図13.4**(b)）。

*7　y軸方向に向いた巨視的磁化ベクトル$\boldsymbol{M}_y$は個々のスピン(I_{iy})間の交換によって静磁場に垂直方向の微視的磁化ベクトル$\boldsymbol{\mu}_i$のy軸方向の位相がずれていく。この結果，$\boldsymbol{M}_y = \sum \boldsymbol{\mu}_{iy}$の値が減少して最後はゼロになる。この巨視的磁化ベクトル$\boldsymbol{M}_y$が減少する過程をスピン―スピン緩和あるいは横緩和といい，その時定数はT_2で表される。一方で，z軸方向には$\boldsymbol{M}_0$まで磁化が回復する。この緩和過程をスピン格子緩和あるいは縦緩和といい，その時定数はT_1で表される。

1.5 • NMRスペクトルの解釈

図13.5にエタノールの^{1}H NMRスペクトル(400 MHz)を示す。CH_3, CH_2, OHの3種類の^{1}H核の信号がさらに分裂して微細構造を示している。このスペクトルから得られる情報は，①CH_3基，CH_2基，OH基のそれぞれの^{1}H核が置かれた化学的環境，②^{1}H核間の連結性，③^{1}H核の数（OH : CH_2 : CH_3 = 1 : 2 : 3）である。これらはそれぞれ，①化学シフト(δ)，②^{1}H核間のスピン結合定数(J)，③信号の積分強度比からわかる。

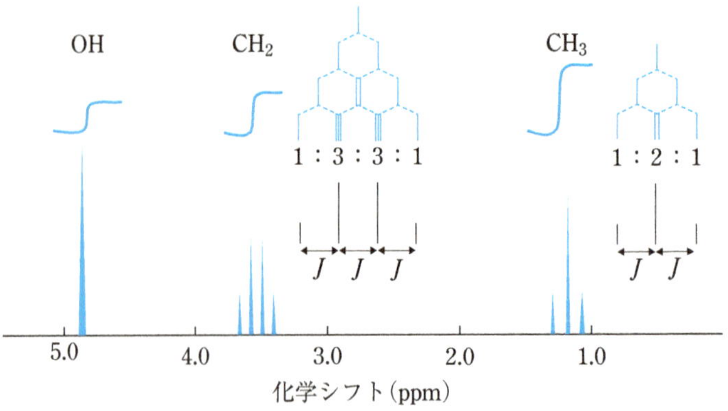

図13.5 エタノールの^{1}H NMRスペクトル

1.5.1 ◇ 化学シフト

分子を構成する原子核は，化学構造を反映してそれぞれ異なる電子密度をもつ(電子雲に取り囲まれている)。原子核は実際には，静磁場B_0の影響をすべて受けるわけではなく，この電子雲によって部分的に遮へいされた静磁場$(1-\sigma)B_0$を受ける。σは磁気遮へい定数とよばれる。このため，共鳴条件は

$$\nu=\frac{\gamma}{2\pi}(1-\sigma)B_0 \tag{13.16}$$

となる。電子雲による遮へいがなければ，すべての核スピンからの信号が1本に観測されるはずであるが，分子中の個々の原子核が置かれた環境，すなわち磁気遮へい定数の違いを反映して，化学シフトが異なる複数の信号に分離する。原子核のまわりの電子密度が高い場合，静磁場の遮へいがより大きく，共鳴周波数の低い方(高磁場側という)にNMR信号が現れる。一方，原子核のまわりの電子密度が低い場合は，より共鳴周波数が高い方(低磁場側という)にNMR信号が現れる。

このように，化学的環境が異なる核では遮へい定数に違いが生じるために，同じ核種でも共鳴周波数にずれが生じる。しかし，周波数を横軸にとってスペクトルを示した場合，周波数の値は分光計の磁場強度によって変化するため，異なる分光計による実験データを相互に比較するときに，きわめて不便である。そのため

$$\delta=\frac{\nu-\nu_R}{\nu_R}\times10^6 \tag{13.17}$$

として，基準物質の共鳴周波数ν_Rと測定される共鳴周波数νの差をν_Rで割った無次元数(δ)を横軸にしてスペクトルを示した方が便利である。このδを**化学シフト**(chemical shift)という。式からわかるように，10^6をかけた値であるので，化学シフトの単位はppmとなる。基準物質としては，測定スペクトルに信号が重ならないもっとも高磁場あるいは低磁場に信号が現れるような物質を選ぶ必要があり，通常は^{1}Hや^{13}C核で

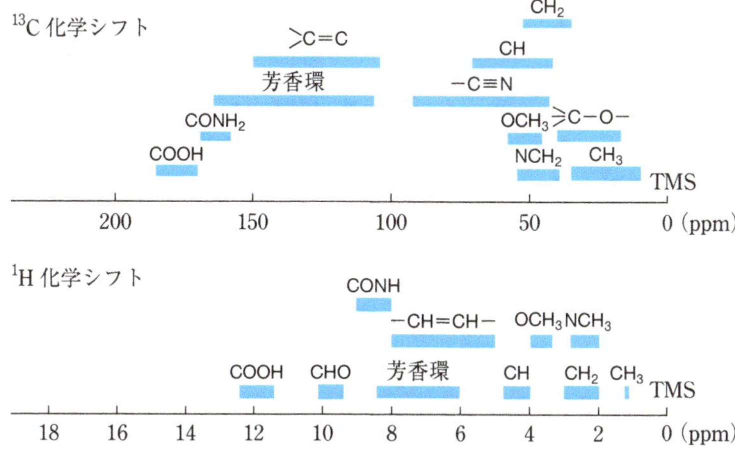

図13.6｜種々の官能基における ^{1}H および ^{13}C 核の化学シフト値

はテトラメチルシラン(TMS : $Si(CH_3)_4$)，^{15}N核ではアンモニウムイオン(NH_4^+)が使われる。いずれも，もっとも高磁場に信号が現れる。

ある核種の化学シフトは，その核の周辺の電子分布によって決まる。着目している原子核の核スピンがどのような分子中にあり，どのような官能基に属するかで電子分布が異なる。このため，化学シフト値は分子の部分構造を推定するのに用いることができる。種々の官能基について ^{1}H, ^{13}C核の化学シフト値を**図13.6**に示す。^{1}H, ^{13}C核の化学シフト値の範囲は，それぞれ13 ppm, 200 ppmまで広がっている。

1.5.2 ◇ スピン結合

スペクトル線の微細構造は，スピン同士の間接的な相互作用(スピン結合，J結合ともいう)によって単一線から多重線に分裂するために生じる。このスピン－スピン相互作用のエネルギーを定義するハミルトニアンは $\hat{H}=I_1 \cdot J \cdot I_2$ と表される(I_1, I_2 はスピン－スピン相互作用する原子核の核スピン量子数)。つまり，化学シフトとは異なり，スピン結合定数 J はスピン同士の相互作用を反映し，静磁場の大きさと無関係である。そのため，J はHz単位のままで表示する。また，n 個の等価な ^{1}H核に隣接した ^{1}H核のスペクトルは $n+1$ 本に分裂するので，エタノールの CH_3 の ^{1}H核は CH_2 の ^{1}H核の信号を4本に，CH_2 の ^{1}H核は CH_3 の ^{1}H核の信号を3本に分裂させる(図13.4)。ただし，エタノールには微量の水が混入しているため，OHの信号は水のOH結合との速い交換によってデカップル(脱カップリング)されて1本線を与える。

間接スピン結合は化学結合を3ないし4隔てた ^{1}H核同士の相互作用によって生じる。2種類のスピンが J 結合をもち，両者の化学シフトが比較的近いときにはそれらをA, Bと表し，ABスピン系という。一方，化学シフト差がスピン結合よりも大きいときにはAXスピン系とよぶ。

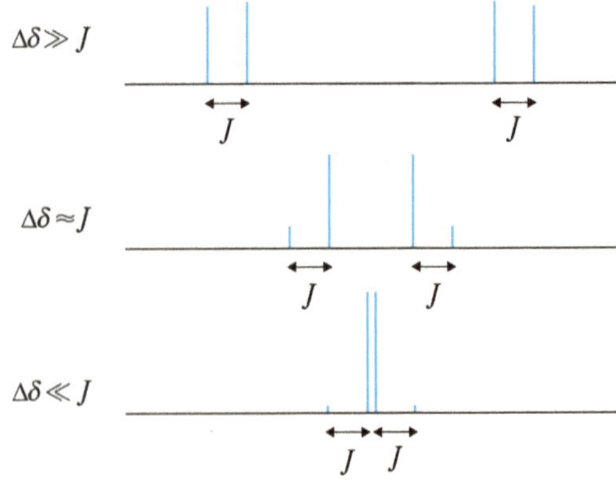

図13.7 ABスピン系における化学シフトの差とスピン結合の大きさの関係によるNMRスペクトルの形状の変化

もっとも単純な2スピン系であるABスピン系では，**図13.7**に示すようにΔδとJの関係(①Δδ≫J(強い静磁場中)，②Δδ≈J，③Δδ≪J(弱い静磁場中))によって，スペクトルの形状が異なる。②の場合は中央の2本のピークより両側のピークの強度は低くなる。③の場合は中央のピークが強くなり，両側のピークはさらに低くなる。$\Delta\delta=0$になると中央のピークの分裂はなくなり，両側のピーク強度はゼロになり，1本のピークになる。このように化学シフトが等しい^{1}H核間ではスピン結合は見えなくなる。エタノールのCH_3の^{1}H核による微細構造はCH_2の^{1}H核とのスピン結合によって3本線になるが，CH_3の^{1}H核間のスピン結合は現れていない。したがって，A_nX_mスピン系の場合，A_nの微細構造は$m+1$本線になり，X_mの微細構造は$n+1$本線になる。

1.6 ◆ ポリペプチド主鎖のスピン結合定数

ポリペプチド主鎖では，α炭素原子によって結ばれているペプチド結合が標準的な平面トランス型であり，骨格のコンフォメーションは$N-C_\alpha$と$C_\alpha-C'$結合についてのねじれ角(ϕ, ψ)によって一義的に表すことができる(図1.19参照)。すなわち，NHと$C_\alpha H$の^{1}H核の間の結合定数はねじれ角ϕと関係づけることができる。

$$J_{H,H}=A+B\cos\phi+C\cos 2\phi \qquad (13.18)$$

これをカープラス式という*8。この関係からαヘリックス($\phi=-57°$)では3.9 Hz，逆平行β構造($\phi=-139°$)では8.9 Hz，平行β構造($\phi=-119°$)では9.3 Hzの値が得られている。

*8 Martin Karplus : 1930〜(アメリカ)，2013年ノーベル化学賞受賞。

2 二次元NMR測定と固体NMR測定

縦軸，横軸とも周波数で，信号強度を高さとして表示したものを二次元NMRスペクトルという*9。二次元NMR測定では2つの軸で信号を展開するため，信号の分解能が大幅に向上するうえ，核間の相互作用や距離情報を交差ピークの観測から決定することができる。このため，複雑な生体分子の構造決定の目的には二次元NMR測定が欠かせない手法となっている。二次元NMRスペクトルの測定においては，測定時間を準備期間（磁化を初期状態に戻すための時間），展開期間，混合期間，検出期間の4つの領域に分け，展開期間(t_1)で磁化の運動を制御した後，混合時間(τ_m)で異なるスピンの磁化の混合を行い，検出期間(t_2)で信号を検出するサイクルを繰り返して積算する(**図13.8**)。

*9 二次元NMR測定を人体などにある水分子の^{1}H測定に応用したものが，MRI（核磁気共鳴画像法）である。位置を定めるために距離に比例した強度をもつ磁場（勾配磁場）を併用して断層像を描き，脳内や臓器などの異常を診断する。日本では「核」の表現を忌避して「N」を付けないMRIが略称として使われる。

二次元NMRスペクトルを得るためには，t_1を順次変えて積算を繰り返し，図13.8に示すように二次元FID $f(t_1, t_2)$を得る。これをt_1, t_2についてフーリエ変換することで二次元NMRスペクトル$g(\omega_1, \omega_2)$を得る。

$$g(\omega_1,\omega_2)=\int_{-\infty}^{\infty}\exp(-\mathrm{i}\omega_1 t_1)\mathrm{d}t_1\int_{-\infty}^{\infty}\exp(-\mathrm{i}\omega_2 t_2)\mathrm{d}t_2 \qquad (13.19)$$

ここで，iは虚数単位である。二次元NMRスペクトル上で対角線の位置に現れるピークを対角ピーク，対角ピーク間を結ぶ位置に現れるピークを交差ピークとよぶ。

この二次元NMRスペクトルをω_1軸やω_2軸へ投影した図は一次元NMRスペクトルと同じ情報を示しているが，ω_1とω_2を結ぶ交差ピークにはt_1とt_2の間の相関の情報が含まれている。

2.1 ◆ 相関二次元NMR（COSY）測定

^{1}H核と^{1}H核のように同じ核種（同種核）の化学結合を介したもっとも単純な二次元NMR測定がCOSY（correlated spectroscopy）である。この測定では展開時間t_1の前後に2つの90°パルスを与え，2つめのパルスの

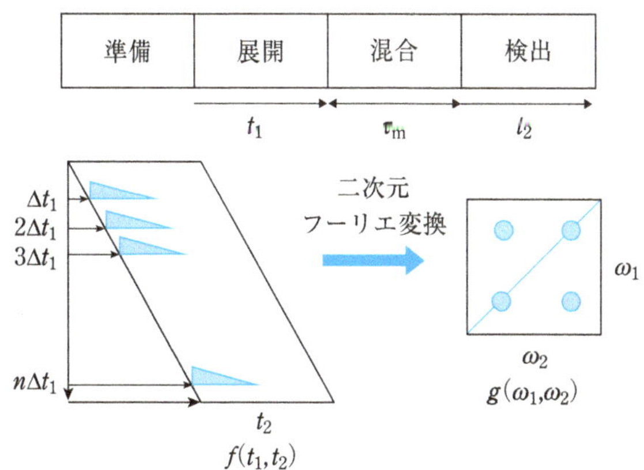

図13.8 二次元NMR法の原理

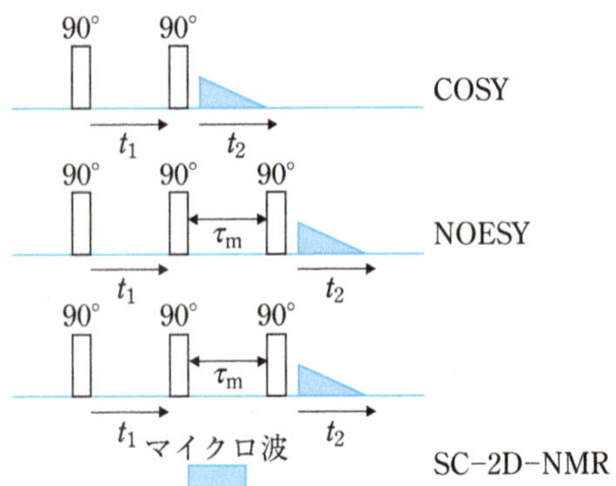

図13.9 | 相関二次元NMR法におけるパルス系列

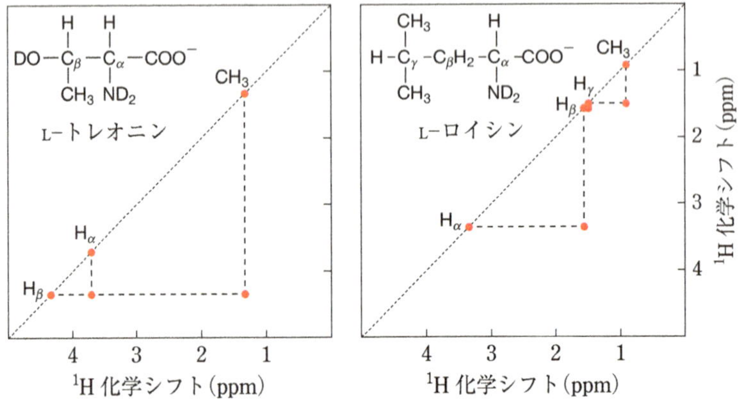

図13.10 | L-トレオニンとL-ロイシンのCOSYスペクトル

重水中で測定しているため，アミノ基，ヒドロキシ基，カルボキシ基の¹H核の信号は現れていない。交差ピークは対角線の両側に対称に現れるが，この図では対角線の左上の交差ピークは省略している。
[I. Tinoco *et al.*, *Physical Chemistry, Principles and Applications in Biological Science, 5th Edition*, Pearson (2013)]

後，時間t_2の間測定する(**図13.9**)。これを二次元フーリエ変換することによりCOSYスペクトルが得られる。

COSYスペクトルでは，¹H核同士が化学結合により関係づけられて交差ピークを生じることから，¹H核を正確に帰属するのに有効な方法である。ここでは，アミノ酸であるトレオニンとロイシンのCOSYスペクトルを見る(**図13.10**)。いったん，1つのピーク(例えばメチル基は1 ppm付近に現れる)が帰属されれば，他のピークはCOSYスペクトルにおけるスピン系のつながりから帰属できる。トレオニンではメチルプロトンはH_βのみとスピン結合し，H_βはH_αおよびメチルプロトンの両方とスピン結合をもつ。ロイシンの場合，COSYスペクトルによる結合はメチル，H_γ, H_β, H_αの順のつながりとなる。

2.2 ◆ 二次元NOE(NOESY)測定

あるスピンに共鳴周波数の電磁波を照射したときに，そのスピンと磁気的な相互作用をしている別の核のスピンにおいて磁気共鳴の強度が変化する現象を**核オーバーハウザー効果**(nuclear Overhauser effect, NOE)という。NOEを利用した二次元NMR測定はNOESYとよばれ，NOESYパルス系列(図13.9)の2番目と3番目の90°パルス間(τ_m)に起こる空間を介した^{1}H核間のNOEを検出するのに用いられる。NOESYは溶液中の生体分子の構造情報を得るのにもっとも有力な測定法であるといえる。NOESYスペクトルで2つの^{1}H核間を結ぶ交差ピークが現れれば，この2つの^{1}H核間はNOE相互作用をしていることを示しており，その距離が5～6Å以内にあることがわかる。交差ピークの強度は$1/r^6$に比例するがNOEの効率は分子運動(分子全体としての回転運動や局所の動き)にも依存する。つまり，NOESYスペクトルの交差ピークは運動と距離の両方に依存するので，NOESYから距離を正確に求めることは困難であるが，交差ピークの強度情報をある距離範囲±(1～2)Åに制限することは可能である。それゆえ，NOESYの情報は生体分子の構造決定の際に強力な拘束条件となる。もし，配列上離れた位置にあるアミノ酸の^{1}H核同士で交差ピークが観測されたならば，そのタンパク質はその2つのアミノ酸が空間的に接近した位置にくるように折りたたみ構造をもつことを意味している(図13.11参照)。

2.3 ◆ タンパク質の立体構造決定

NMR法は，タンパク質のように構造が複雑な分子でも，二次元NMRに拡張することにより分解能を上げて，各アミノ酸残基の信号をそれぞれの原子核に帰属することが可能である。さらに，帰属した信号から原子間距離の情報を得ることができ，この情報を分子の立体構造構築の拘束条件としてタンパク質の立体構造を決定することが可能となっている(**図13.11**)。現在では，多くのタンパク質が溶液NMR法により決定されてPDB(Protein Data Bank)に登録されている。ただし，分子量が大きくなると信号の分解能が悪くなり，個々の原子間距離の情報を求めることが困難になる。現在，NMRにより構造決定できるタンパク質の分子量は4万以下であるといわれている。

2.4 ◆ 固体NMR測定

試料が固体状態の場合は固体NMR法を用いて測定する必要がある。例えば，膜タンパク質は運動性が低いため，固体NMR法を用いる必要がある。ただし，固体試料では異方的な磁気相互作用が強いため，NMR信号が幅広となり，情報量が減ってしまう。高出力ラジオ波を照射すると，強い双極子相互作用を消去することはできるが，化学シフト

(a)

^{1}H 化学シフト値

11 12 13 14 15 16 17 18 19

19 18 17 16 15 14 13 12 11

^{1}H 化学シフト値

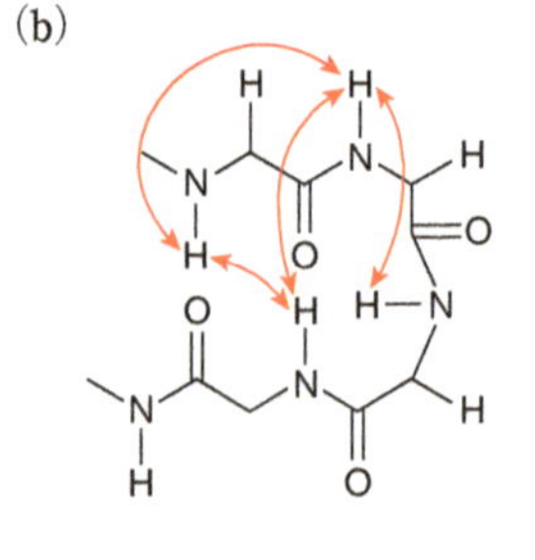

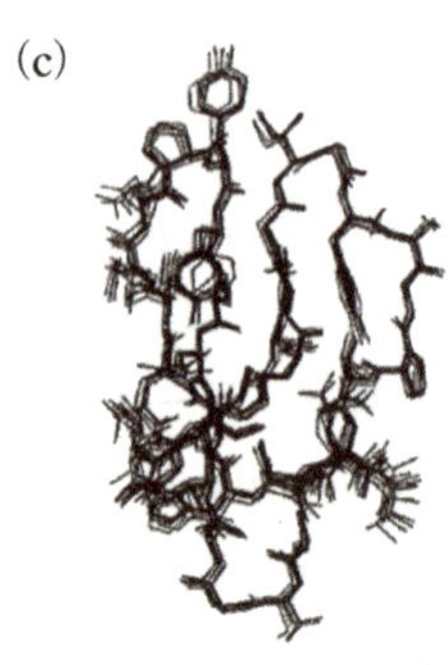

図 13.11 | NMR法によるタンパク質の立体構造決定

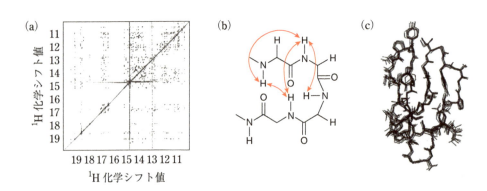

(a) セロビオヒドラーゼIのC末端部位のNOESYスペクトル。(b) ^{1}H–^{1}H核間距離測定の模式図。(c) NMRにより決定されたセロビオヒドラーゼIのC末端部位の立体構造。

[PDB ID : 2CBH, P. J. Kraulis *et. al.*, *Biochemistry*, **28**, 7240 (1989), C. Brandon, J. Tooze, *Introduction of Protein Structure, 2nd Edition*, Newton Press (2000)]

Column

状態相関二次元NMR測定

物質の2つの異なる状態間の相関，例えば液晶物質の等方(溶液)状態における等方化学シフトと液晶状態の双極子ピークを分離する二次元NMR法がある。これは図13.9のパルス系列が示すように，時間t_1では液晶状態のスペクトルを検知し，その後，τ_mの間に縦緩和時間よりはるかに短い時間でマイクロ波を照射して試料の温度を光速に上昇させ，時間t_2では等方状態信号を検知する方法であり，状態相関二次元NMR法と命名されている。**下図**に液晶物質APAPA (*N*–(4–メトキシベンジリデン)–4–アセトキシアニリン)の状態相関二次元NMRスペクトルを示す。ω_2軸には等方状態の^{1}H NMRスペクトルが現れているのに対し，ω_1軸には液晶状態の^{1}H核の双極子分裂パターンが現れている。このスペクトルの特徴は溶液NMRの高い分解能でそれぞれの^{1}H核の液晶状態の双極子分裂パターンが観測されることである。一次元NMRスペクトルではそれぞれの^{1}H核の双極子分裂パターンを分離して観測することはできないため，状態相関二次元NMR測定により一次元NMR測定では得られない情報を得られることがわかる。

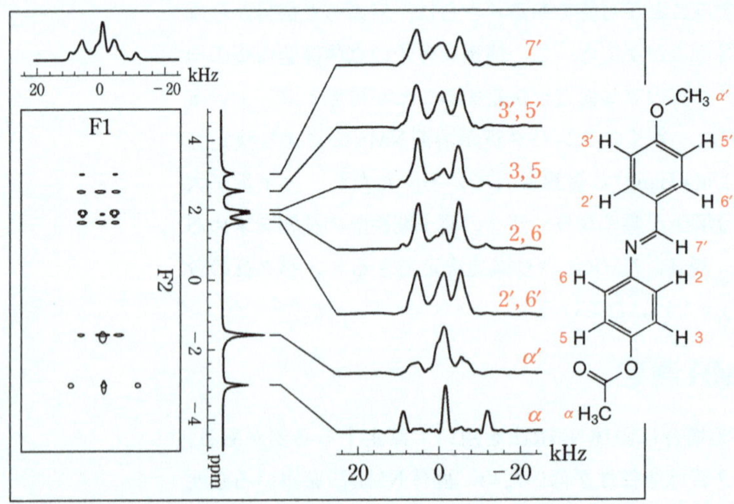

図 | 液晶物質APAPAの液晶—等方相状態相関二次元NMRスペクトル

[A. Naito *et al.*, *J. Chem. Phys.*, **105**, 4505 (1996)]

相互作用が残り，幅広なピークのままとなってしまう。この化学シフト相互作用の異方性は，マジック角とよばれる角度で試料を回転させて測定を行う**マジック角回転**(magic angle spinning, MAS)**法**を用いることで消去することが可能である。さらに，プロトンの大きな分極を希薄核(^{13}C, ^{15}N核)に移動させる**交差分極**(cross polarization, CP)**法**を用いて，希薄核の感度を大幅に増強させる。この両者を組み合わせた方法はCP-MAS法とよばれており，最近では，固体高分解能NMR測定の標準的手法になっている。

2.5 ◆ 光照射NMR法

光生命現象にかかわるタンパク質では光のエネルギーを吸収して活性を示す多くの膜タンパク質が存在する。このような膜タンパク質の光活性機構を原子分解能で観測するため，光照射NMR法が開発された。初期にはNMR分光器の外で試料に光照射を行い，光中間体を凍結してから，NMR装置に移して測定する方法が行われていたが，近年NMR装置の超伝導磁石内に光照射装置を組み込み，光照射下でNMR測定が可能な*in situ*光照射NMR法が開発された。この装置では，磁石の外の光源から光ファイバーによって磁石内側に光を導入し，NMR試料管外側から光を照射する方法と光を試料管の中に導入して試料管内側から光照射を行う方法が用いられている(**図13.12**)。後者の方法によって，光照射効率が格段に向上し，光受容膜タンパク質(photoreceptor membrane protein)の中間体の観測が可能になってきた。

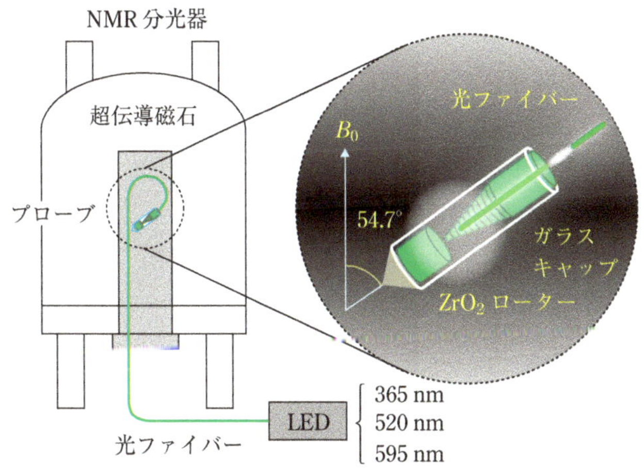

図13.12｜**光照射NMR分光器のブロック図**
[H. Yomoda, A, Naito *et al.*, *Angew. Chem. Int. Ed.*, **53**, 6960(2014)]

3 電子スピン共鳴分光法

電子スピン共鳴(electron spin resonance, **ESR**)は**電子常磁性共鳴**(electron paramagnetic resonance, **EPR**)ともよばれ，理論上はNMRと類似した分光法である。電子はスピン量子数$s=1/2$のスピンをもっている。電子スピンの自転運動は磁気モーメントを生じ，外部静磁場(B_0)の中で電子の磁気モーメントの配向は電子スピン量子数$m_s=\pm 1/2$により磁場に反平行と平行の2種類の方向に配向する。電磁波の吸収を起こす共鳴条件は次式で与えられる。

$$\Delta E = h\nu = g\beta B_0 \qquad (13.20)$$

ここで，gはランデのg因子とよばれる無次元の定数であり，自由電子では$g=2.0023$に等しい。βはボーア磁子であり，$eh/4\pi m_e$で与えられる。eとm_eはそれぞれ電子の電荷と質量を表している。

電子の磁気モーメントは^{1}H核の磁気モーメントより約600倍大きいため，標準的なESR測定は9.5×10^9 Hzすなわち9.5 GHzのマイクロ波発振器を使い，0.34 Tの磁場下で行われる*10。ESRスペクトルは横軸を磁場とし，ESR吸収線は1次微分形で表示される(**図13.13**)。

孤立電子あるいは媒質(マトリックス)中に孤立状態で閉じ込められた不対電子*11には1つの遷移しかないので，ただ1本の共鳴線しか観測されない。水素原子にも不対電子が存在するので，ESRスペクトルを観測することができ，ESRスペクトルは等強度の2本の線から構成される。この2本の線は不対電子と^{1}H核の磁気的相互作用の結果として生じるものであり，超微細分裂(hyperfine splitting)とよばれ，その分裂の間隔は超微細結合定数(hyperfine coupling constant : Aで表す)とよばれる。ESRの選択律は電子スピン磁気量子数の変化$\Delta m_s=\pm1$，核スピン磁気量子数の変化$\Delta m_I=0$であるため，2本の共鳴遷移しか許容でない。この分裂の大きさは不対電子が水素核にしみこむ程度(フェルミ接触相互作用)によって決まる定数である。

超微細分裂線の数は，$(2nI+1)$によって予想できる。ここで，nは不

*10　標準的な^{1}Hの共鳴周波数が600 MHzのNMR分光計では14.1 Tの磁場を用いている。最近ではサブミリ波を発生できる発振器を用いて，超伝導磁石を用いた高磁場ESR分光計も開発されている。

*11　例えば，アルゴンなどの希ガスに不安定ラジカル(不対電子)を埋め込み，低温凍結することで安定化された不対電子など。

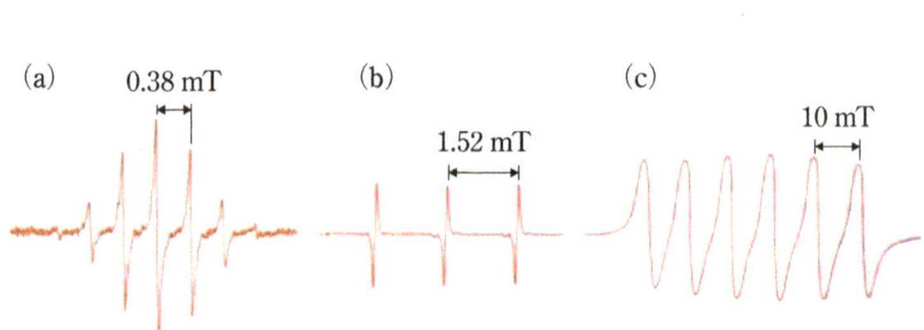

図13.13 **ESRスペクトルの例**

(a)ベンゼンアニオン，(b)NOラジカル，(c)Mn^{2+} ($I=5/2$)

[I. Tinoco *et al.*, *Physical Chemistry, Principles and Applications in Biological Science, 5th Edition*, Pearson (2013)]

対電子に結合する等価な核の数であり，Iは核スピン量子数である。この場合ESR共鳴線の強度は二項分布で与えられる。

パウリの排他原理により基底状態の分子ではその分子軌道に占有される電子は対をなしているため，ESR信号を観測することはできない。NO, NO_2, ClO_2, O_2を含むいくつかの分子においては基底状態に1つ以上の不対電子をもっている場合があり，これらの分子のESR信号が観測されている。また，化学的もしくは電気化学的手法により反磁性分子を還元し，アニオンラジカルに変換することが可能である。ベンゼンとナフタレンをテトラヒドロフランのような不活性有機溶媒に溶かし，カリウム金属を用いて処理すると，ベンゼンとナフタレンのアニオンラジカルが生成する。このESRスペクトルは不対電子に6つのプロトンが結合をもつので，7本の超微細構造を示す(**図13.13**(a))。

$$C_6H_6 + K \longrightarrow C_6H_6{}^{-}\cdot K^{+}$$
$$C_{10}H_8 + K \longrightarrow C_{10}H_8{}^{-}\cdot K^{+}$$

安定な中性ラジカルの中で重要なのはニトロキシド類である。これらの分子では，不対電子は窒素と酸素原子に局在している。1つの例がジ-*tert*-ブチルニトロキシドラジカルである。

^{16}O核は磁気モーメントをもたないので($I=0$)，超微細分裂は^{14}N核($I=1$)核のみにより，等強度の3本線が観測される(**図13.13**(b))。安定性が高く，ESRスペクトルが単純なことから，タンパク質の構造や運動性を調べるための標識として，広く使われている。

多くの遷移金属イオンは不対d電子をもっているので，ESR信号の観測が可能である。生体系に存在して興味深いのはCu^{2+}, Co^{2+}, Fe^{3+}, Ni^{3+}, Mn^{2+}イオンである。Mn^{2+} ($I=5/2$)のESRスペクトルには6本の等間隔の共鳴線が現れる(**図13.13**(c))。Cu^{2+}はタンパク質に取り込まれている状態のESR信号が観測されている*12。

O˙
H₃C–C(CH₃)₂–N–C(CH₃)₂–CH₃

ジ-*tert*-ブチル
ニトロキシドラジカル

*12　ESRスペクトルの縦軸は電磁波吸収の大きさで，横軸は磁場の強さ(磁束密度)でそのまま表される。後者はSI単位系ではテスラ(T)，cgs単位系ではガウス(G)であり，$1\,T=10^4\,G$の関係にある。

演習問題

【1】^{1}Hの共鳴周波数が400 MHzのNMR分光計を用いてアセトアルデヒドCH$_3$CHOの^{1}H NMRスペクトルを測定したところ，水の^{1}H核の化学シフト値を基準(0 ppm)としてCH$_3$の^{1}H核の信号は−3.60 ppm，CHOの^{1}H核の信号は+4.65 ppmに現れた。また，2つの^{1}H核のスピン結合定数Jは20 Hzであった。この化合物の^{1}H NMRスペクトルを定量的に描きなさい。

【2】示性式が$C_5H_{11}NO_2$のアミノ酸を100 MHzのNMR分光計で測定した一次元^{1}H NMRスペクトルとCOSYスペクトルは以下のとおりであった。このスペクトルは重水素溶液中で測定しており，アミノ酸のアミノ基は重水素に置き換わっている。すなわち，アミノ基は(−N$^+$D$_3$)になっている。このスペクトルのパターンについて説明しなさい。また，このアミノ酸の名称と構造式を示しなさい。なお，一次元^{1}H NMRスペクトルの上の数値は各ピークのグループの相対信号強度比を示している。

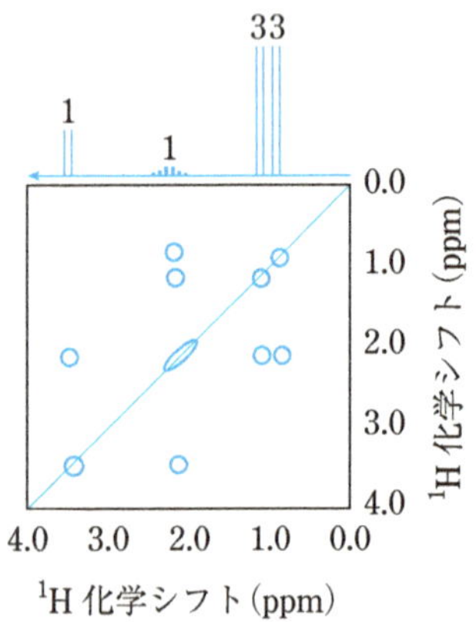

【3】図13.13(a)のベンゼンアニオンラジカルのESRスペクトルは9.500 GHzのマイクロ波発振器を用いて測定している。ベンゼンアニオンラジカルのg因子の値が2.013であるとき，ラジカル信号の中心のB_0の値(単位：T)を求めなさい。また，このラジカルの超微細結合定数は0.35 mTであった。この超微細結合定数の周波数を求めなさい。さらに，このラジカルの超微細構造について説明しなさい。

生物が1つの生命体として存在するためには，自己と他者・外界(非生命の世界)との境界をもたなければならない。この境界が膜，いわゆる生体膜である。生命を維持するにはこの膜を介して物質とエネルギーの輸送を行う必要がある。つまり，熱力学的には「開放系」である。さもないと，生命体は燃料切れ(エンタルピー的)を起こし，また乱雑さの中に破綻(エントロピー的)する。生物のあらゆるところには膜が存在するが，膜は単なる壁や境界ではなく，物質とエネルギーの出入りが可能なものであり，膜という概念と輸送とは一体である必要がある。

Part 3までで平衡状態にある系を，Part 4で時間に依存する系を扱った。しかし，生体に見られる諸々の現象は，時間に関して不均一であるばかりでなく，空間的にも一様ではない。空間的な不均一性は，それを解消しようという動きと，それに抗して不均一性を維持しようという動きとのバランスによって保たれている。これには，何らかのエネルギー供給が一緒に起こる(共役する)必要がある。Part 6ではこのような膜のかかわる「物質の出入り」と「エネルギーの流れ」について述べる。

Part 6 生命と膜構造

第14講

膜と物質の拡散・輸送

前頁でも述べたが，生命体における空間的な不均一性を保つためには，分子などが正味の移動をして「物質の流れ」を生じることが重要である。その基本は，空間的に不均一な状況を，「自発的」に解消しようという動き（拡散：diffusion）にある。

1 フィックの法則

本節では輸送過程の基本について力学的な視点から考える。初等力学で学ぶように，ある物体に力（駆動力）Fが加わると，$F=m\alpha$で表される加速度αが生じる。この物体が周囲の媒体からの抵抗力を受けて運動が定常状態に到達した段階では，媒体からの抵抗力（摩擦力）が駆動力に等しくなる。抵抗力が速度vに比例する（$f\cdot v$，fは比例係数）とすれば，速度vは

$$v=\frac{F}{f} \tag{14.1}$$

となる。つまり，物体の定常状態での運動速度は駆動力に比例し，抵抗力に反比例する。ここで，力FはポテンシャルエネルギーE_{P}の位置xに関する微分なので，

$$v=-\frac{1}{f}\frac{\mathrm{d}E_{\mathrm{P}}}{\mathrm{d}x} \tag{14.2}$$

と表すこともできる。

溶液である生体系について考えなくてはならないポテンシャルエネルギーは第3講で述べた化学ポテンシャルμであり，温度T，圧力Pが一定であるとして，濃度項cだけを考えれば，化学ポテンシャルによる駆動力Fは

$$F=-\frac{\mathrm{d}\mu}{\mathrm{d}x}=-RT\frac{\mathrm{d}(\ln c)}{\mathrm{d}x} \tag{14.3}$$

と表せる。したがって，溶液中の物質粒子の定常状態での速度vは式(14.2)と同様に

$$v=-\frac{RT}{N_{\mathrm{A}}}\frac{1}{f}\cdot\frac{\mathrm{d}(\ln c)}{\mathrm{d}x} \tag{14.4}$$

となる。つまり，化学ポテンシャル（ここでは濃度）に空間的（位置的）な不均一性があれば，それを解消するような（負の符号をもつ）粒子の動き（輸送）が生じるが，いずれ定常状態に達する。ここでは，粒子1つにつ

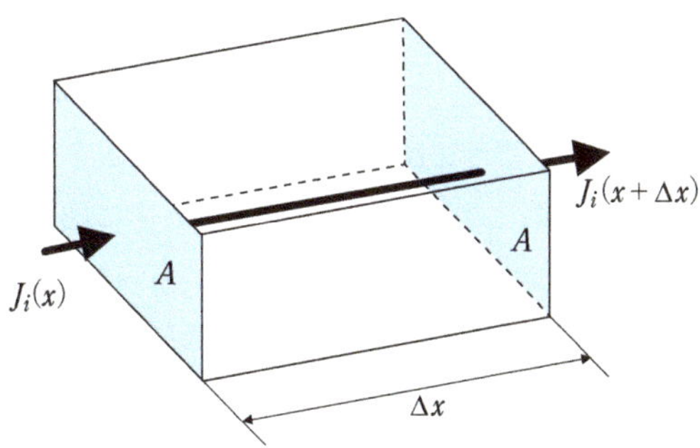

｜図14.1｜フィックの第二法則を考えるための体積要素

いての速度とするために$1/N_A$倍した形で示す。

式(14.4)を書き換えると

$$v=-\frac{RT}{cN_A f}\cdot\frac{\mathrm{d}c}{\mathrm{d}x} \tag{14.4'}$$

とできる。vは粒子1つについて記述されているので，濃度cをかけて単位時間あたりに単位面積を横切る物質の量(モル数)(これを流束(flux)といい，Jで表す)に変換すると

$$J=-\frac{RT}{N_A f}\cdot\frac{\mathrm{d}c}{\mathrm{d}x} \tag{14.5}$$

となる。R/N_Aはボルツマン定数k_Bに等しいので，定数と温度をまとめて拡散係数(diffusion coefficient) $D=k_BT/f$とすると，式(14.5)は

$$J=-D\cdot\frac{\mathrm{d}c}{\mathrm{d}x} \tag{14.6}$$

と書ける。この式は**フィックの第一法則**[*1]として知られるものであり，流束Jが濃度勾配$\mathrm{d}c/\mathrm{d}x$に比例することを示している。比例係数である拡散係数には粒子の摩擦係数fが分母に含まれているので，摩擦が大きければJは小さくなる。

式(14.6)は物質の流れについて書かれた式であるが，これを，ある固定した位置における濃度の時間変化($\partial c/\partial t$)についての式にするために，**図14.1**のような系を考えてみる。この図の体積要素(断面積A，厚さΔx)について質量の保存を考えると，微小時間Δtの間の濃度変化Δcは「壁を通って入ってくる物質量から出ていく物質量を引いたもの」を「要素の体積」で除したものなので，

$$\Delta c=\frac{J_i(x)A\Delta t-J_i(x+\Delta x)A\Delta t}{A\Delta x}=\frac{\{J_i(x)-J_i(x+\Delta x)\}\Delta t}{\Delta x} \tag{14.7a}$$

もしくは

$$\frac{\Delta c}{\Delta t}=\frac{J_i(x)-J_i(x+\Delta x)}{\Delta x} \tag{14.7b}$$

である。Δを無限小増分と考え，Jに式(14.6)を代入すると，

*1　Adolf E. Fick : 1829～1901（ドイツ）

$$\frac{\partial c}{\partial t}=\frac{-D(\partial c/\partial x)+D(\partial c/\partial x)+D\partial(\partial c/\partial x)}{\partial x}=D\frac{\partial^2 c}{\partial x^2} \qquad (14.8)$$

となる。この式(14.8)は濃度の時間変化と位置変化とを結びつけるもので，**フィックの第二法則**とよばれ，時間経過とともに物質が移動していく様子を示している。

拡散係数$D(=k_{\mathrm{B}}T/f)$の値は種々の方法で決定される。いくつかの基本的な粒子についてfの値が理論的に計算されており，例えばストークス[*2]によれば，半径rの球状粒子に対するfは粘度ηの溶媒中で，

＊2 George G. Stokes : 1819～1903（アイルランド）

$$f=6\pi\eta r \qquad (14.9)$$

と提案されている。

2 電位と拡散

これまでは，溶質粒子の電荷の有無を考えに入れず，拡散の駆動力としては濃度勾配と力学的な力(外力)のみを取り上げた。溶質粒子が電荷を有している場合には，駆動力として電場を用いることができる。電場下における溶液中の荷電粒子の輸送は電気泳動とよばれる。電場Eの下で電荷qが受ける力はqEであり，電場Eと静電ポテンシャルϕとは

$$E=\frac{\mathrm{d}\phi}{\mathrm{d}x} \qquad (14.10)$$

の関係にある[*3]。イオンがz価であれば，電気素量(陽電子1つのもつ電荷：1.60218×10^{-19} C)をeとして，電場Eの下で電荷が受ける力Fは

＊3 電場＝静電ポテンシャルの位置微分。

$$F=zeE \qquad (14.11)$$

であり，この力によってのみ輸送の定常的な速度vが得られている場合には，

$$F=zeE=fv \qquad (14.12)$$

となる。

こうした静電ポテンシャルの存在下では，化学ポテンシャルと静電ポテンシャルをあわせた「電気化学ポテンシャル$\tilde{\mu}$」を考えなければならない。荷電粒子の集団の電気化学ポテンシャル$\tilde{\mu}$は粒子種iについて

$$\tilde{\mu}_i=\mu_i^\circ+RT\ln a_i+z_i F_{\mathrm{d}}\phi \qquad (14.13)$$

である。a_iは粒子種iの活量，F_{d}はファラデー定数である。一方，荷電粒子についての流束J_iは比例定数u_iを用いて

$$J_i=u_i c_i F \qquad (14.14)$$

と表される。u_iは**モルイオン移動度**(molar ionic mobility)とよばれ，個々

のイオンによって異なる。駆動力F_iは$-(\partial\tilde{\mu}_i/\partial x)_{T,P}$と表されるから，活量が濃度に等しい$(a_i=c_i)$とすると，式(14.14)は

$$J_i=-u_ic_i\left\{RT\frac{\mathrm{d}(\ln c_i)}{\mathrm{d}x}+z_iF_\mathrm{d}\frac{\mathrm{d}\phi}{\mathrm{d}x}\right\} \tag{14.15}$$

となる。この式は**ネルンスト－プランクの式**とよばれ，以下の議論において常に基本となるものである。この式はそれぞれのイオン種について成り立つので，塩溶液を考える場合などにはそれぞれのイオン種についてこの式を解かなければならない。そのため，一般的に解くことはできないので，いろいろな研究者がそれぞれ特徴的な仮定をおいて解決してきた。以下にそのうちの2例の結論だけを紹介する。

・**ゴールドマンの式**：ある位置xから$x+\Delta x$の間でi種の濃度が$c_i^{(1)}$から$c_i^{(2)}$に変化している系で$(\Delta c_i=c_i^{(1)}-c_i^{(2)})$，その間の$\mathrm{d}\phi/\mathrm{d}x$が一定であるという仮定(定電場仮定)

$$J_i=-z_iu_iF\frac{\Delta\phi}{\Delta x}\left\{\frac{c_i^{(2)}\exp(z_iF_\mathrm{d}\Delta\phi/RT)-c_i^{(1)}}{\exp(z_iF_\mathrm{d}\Delta\phi/RT)-1}\right\} \tag{14.16}$$

$$c_i(x)=c_i^{(1)}-\left\{\frac{1-\exp(-z_iF_\mathrm{d}\Delta\phi x/RT\Delta x)}{1-\exp(-z_iF_\mathrm{d}\Delta\phi/RT)}\Delta c_i\right\} \tag{14.17}$$

・**ヘンダーセンの式**：濃度勾配が一定であるという仮定

$$\Delta\phi=-\frac{RT}{F_\mathrm{d}}\left(\frac{\sum_i u_i\Delta c_i}{\sum_i u_i\Delta c_iz_i}\right)\ln\left(\frac{\sum_i c_i^{(1)}u_iz_i}{\sum_i c_i^{(2)}u_iz_i}\right) \tag{14.18}$$

Memo

ゴールドマンの式の導出

ゴールドマンは，ある位置xから$x+\Delta x$の間で$c_i^{(1)}$から$c_i^{(2)}$に濃度が変化しているような系において，その間の$\mathrm{d}\phi/\mathrm{d}x$が一定である仮定(定電場仮定)をおいた。すると

$$\frac{\mathrm{d}\phi}{\mathrm{d}x}=\frac{\Delta\phi}{\Delta x} \tag{1}$$

と書け，式(14.15)は

$$J_i=-u_iRT\frac{\mathrm{d}c_i}{\mathrm{d}x}-z_iu_iF_\mathrm{d}\frac{\Delta\phi}{\Delta x} \tag{2}$$

となるので，

$$\mathrm{d}x=-\frac{u_iRT\mathrm{d}c_i}{z_iu_iF_\mathrm{d}(\Delta\phi/\Delta x)c_i+J_i} \tag{3}$$

とし，$\int_0^d\mathrm{d}x$, J_iについて解くと式(14.16)が得られる。これをゴールドマンの(定電場)式という。この場合，位置xでの濃度については式(3)を使って$\int_0^d\mathrm{d}x$をとり，上のJ_iを代入すると，式(14.17)が求められる。

さらに正負とりまぜた多種類のイオンの動きとしての電流Iを考える場合には，1つのイオン種による電流I_iが，断面積をSとして

$$I_i=z_iF_\mathrm{d}J_iS \tag{4}$$

であることから

$$I=\sum_i I_i=-F_\mathrm{d}^2S\frac{\Delta\phi}{\Delta x}\sum_i z_i^{\,2}u_i^{\,2}\times\left\{\frac{c_i^{(2)}\exp(z_iF_\mathrm{d}\Delta\phi/RT)-c_i^{(1)}}{\exp(z_iF_\mathrm{d}\Delta\phi/RT)-1}\right\} \tag{5}$$

となる。

さらに，正・負それぞれ1種類ずつのイオンしか存在しない場合には $c_+=c_-=c$ なので，

$$\Delta\phi=-\frac{RT}{F_{\rm d}}\cdot\frac{u_+-u_-}{u_++u_-}\ln\left(\frac{c^{(2)}}{c^{(1)}}\right) \tag{14.19}$$

と簡単になる。

3 膜を介しての輸送

ここまでは，濃度は一様ではないが相としては均一な溶液内での輸送・拡散を考えてきた。次に，膜（生体膜）を介しての輸送を取り上げる。

3.1 ◆ 膜を介しての拡散

ネルンスト－プランクの式は膜を考えた系においても成立する。ただし，例えば**図14.2**のように膜を挟んだ2つの溶液を考える場合，溶液中での溶質の濃度と，それに接している膜の内側でもっとも溶液側の部分の溶質濃度とは一般的には等しくない*4。これは第4講で非相溶性の2つの溶媒間で溶質が「分配」されることと同様の現象であり，両濃度の比をここでも分配係数とよぶ（本講ではβで表す）。膜を挟んだ左右の2つの溶液に便宜的に（細胞の内・外をイメージするように）内液(in)，外液(out)の区別をつけて膜の内・外を区別し，膜中の濃度に「$\bar{}$」を付けると，$\beta_i^{\rm out}=\dfrac{\bar{c}_i^{\rm out}}{c_i^{\rm out}}$，$\beta_i^{\rm in}=\dfrac{\bar{c}_i^{\rm in}}{c_i^{\rm in}}$ である。このことは，膜内外の電気的ポテンシャルの差も，溶液間で測るか($\Delta\phi$)，膜端間で測るか($\Delta\bar{\phi}$)によって異なることを意味している。これらの点を加味すれば，式(14.15)は次式のようになる。

*4 槽は無限の大きさをもち，膜の両側の溶液濃度は均一と考える。

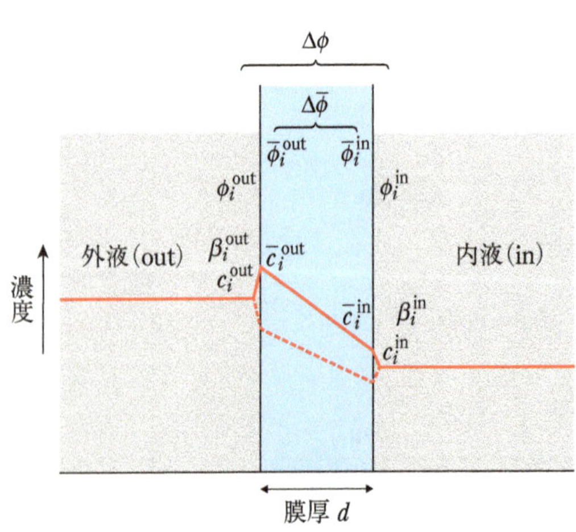

図14.2 膜を介した拡散における溶質濃度，膜電位の考え方
赤い実線は溶質の膜への親和性が高い場合，点線は低い場合の濃度プロフィール。

$$J_i = -u_i \bar{c}_i \left\{ RT \frac{\mathrm{d}(\ln \bar{c}_i)}{\mathrm{d}x} + z_i F_\mathrm{d} \frac{\mathrm{d}\bar{\phi}}{\mathrm{d}x} \right\} \tag{14.20}$$

この式を定電場仮定の下で解くと式(14.16)で$\phi \to \bar{\phi}$，$c_i \to \bar{c}_i$にした

$$J_i = -z_i u_i F_\mathrm{d} \frac{\Delta\phi}{\Delta x} \left\{ \frac{\bar{c}_i^\mathrm{in} \exp(z_i F_\mathrm{d} \Delta\phi / RT) - \bar{c}_i^\mathrm{out}}{\exp(z_i F_\mathrm{d} \Delta\phi / RT) - 1} \right\} \tag{14.21}$$

が得られる。もし分配係数βが濃度によらなければ，$\bar{c}_i$はc_iに置き換えることができ，$\Delta\bar{\phi}$も$\Delta\phi$で書ける。さらに$u_i RT = D_i$（ブラウン運動に関するアインシュタインの式）であり，また$D_i \beta_i / \Delta x$を透過係数(permeability coefficient)P_iと定義すると，

$$J_i = -\frac{P_i z_i F_\mathrm{d} \Delta\phi}{RT} \left\{ \frac{c_i^\mathrm{in} \exp(z_i F_\mathrm{d} \Delta\phi / RT) - c_i^\mathrm{out}}{\exp(z_i F_\mathrm{d} \Delta\phi / RT) - 1} \right\} \tag{14.22}$$

にできる。この式は**ゴールドマン−ホジキン−カッツの式**(Goldman–Hodgkin–Katz equation，GHK式)とよばれ，生体膜輸送の基本的な式である。

正負のイオンがいずれも1価である場合，それぞれに式(14.22)を立て，すべてのイオンの流れについて総和を考え，電流が流れておらず電気的中性の原理が成立している($\sum_{+} J_{+} + \sum_{-} J_{-} = 0$)とすると，両溶液間の電位差$\Delta\phi$は

$$\Delta\phi = \frac{RT}{F_\mathrm{d}} \ln \left(\frac{\sum_{+} P_{+} c_{+}^\mathrm{out} + \sum_{-} P_{-} c_{-}^\mathrm{in}}{\sum_{+} P_{+} c_{+}^\mathrm{in} + \sum_{-} P_{-} c_{-}^\mathrm{out}} \right) \tag{14.23}$$

となる。このようなイオンの流れによって生じる電位を**拡散電位**(diffusion potential)という。式(14.23)も上記の3人の名をとって，GHKの「膜電位の」式とよばれる。ここでは拡散電位のみを考慮しているが，膜電位(membrane potential)とは膜の内側と外側の溶液間の電位差のことである。もちろん，式(14.23)で1つのイオンしか考えなくてもよい場合には，ネルンストの式(7.7)と同型の

$$\Delta\phi = \frac{RT}{F_\mathrm{d}} \ln \left(\frac{c^\mathrm{out}}{c^\mathrm{in}} \right) \tag{14.23$'$}$$

になる。

いま，膜の内側・外側の溶液にK^+，Na^+，Cl^-の3種類の1価イオンが存在するとし，その濃度を$[\ ]_\mathrm{in}$，$[\ ]_\mathrm{out}$などとすると，膜の両側の溶液間に発生する電位差は

$$\Delta\phi = \frac{RT}{F_\mathrm{d}} \ln \left(\frac{P_\mathrm{K}[\mathrm{K}^+]_\mathrm{out} + P_\mathrm{Na}[\mathrm{Na}^+]_\mathrm{out} + P_\mathrm{Cl}[\mathrm{Cl}^-]_\mathrm{in}}{P_\mathrm{K}[\mathrm{K}^+]_\mathrm{in} + P_\mathrm{Na}[\mathrm{Na}^+]_\mathrm{in} + P_\mathrm{Cl}[\mathrm{Cl}^-]_\mathrm{out}} \right) \tag{14.24}$$

と表される。

例えば，ヤリイカの巨大軸索膜(axon membrane)においては，K^+，Na^+，Cl^-の濃度は膜の内外でそれぞれ$[K^+]_\mathrm{out} = 10$ mM，$[Na^+]_\mathrm{out} = 460$ mM，$[Cl^-]_\mathrm{out} = 540$ mM，$[K^+]_\mathrm{in} = 400$ mM，$[Na^+]_\mathrm{in} = 50$ mM，$[Cl^-]_\mathrm{in} =$

40 mM程度であり，透過係数P_iの比がK^+ : Na^+ : Cl^- = 1 : 0.03 : 0.1程度だとすると，式(14.24)で計算した25℃での電位は−70 mVほどとなるが，これは実測値と大きくは変わらない。透過係数に大きな差があるので，K^+イオンだけに着目して膜の内外での濃度差からネルンストの式(7.7)で電位差を計算してみると−90 mV程度になり，K^+イオンの寄与が大きいことがわかる。

上の計算は電流が流れていない静止した状態の電位(**静止電位**：resting potential)であるが，膜(神経)が活動すると各イオンの透過係数が変化するので，電位(これを**活動電位**(action potential)という)は大きく変わる。上の例だとK^+ : Na^+のP_iの比が1 : 15と逆転するので，電位が+44 mVと逆符号になる(本講4.2参照)。

3.2 ◆ 電荷をもった膜を介しての輸送

前項で考えた膜は2つの溶液間の単なる隔膜(透過性の膜)であったが，多くの場合，生体膜・細胞膜は膜自体がイオン性をもっており，さらに非常に透過性が低いイオンが膜に浸潤し，結果として電荷をもった膜になることも考えられる。ここではそのような電荷をもった膜の内外に発生する膜電位を考えてみよう(**図14.3**)。

膜内にあって膜の外に出られない固定された電荷がある場合，外液と膜内との境界に電荷の濃淡による電位差(**ドナン電位**[*5])が発生する。さらに膜と内液との境界にも同様にドナン電位が発生する。この2つを$\Delta\phi_{D,out}$, $\Delta\phi_{D,in}$と区別すれば，全体の膜電位$\Delta\phi$はそれらに膜内部におけるイオンの拡散から発生する拡散電位$\Delta\phi_{DF}$を加えたもの，つまり

$$\Delta\phi = \Delta\phi_{D,out} + \Delta\phi_{D,in} + \Delta\phi_{DF} \qquad (14.25)$$

となる。

*5 Frederick G. Donnan：1870～1956(アイルランド)

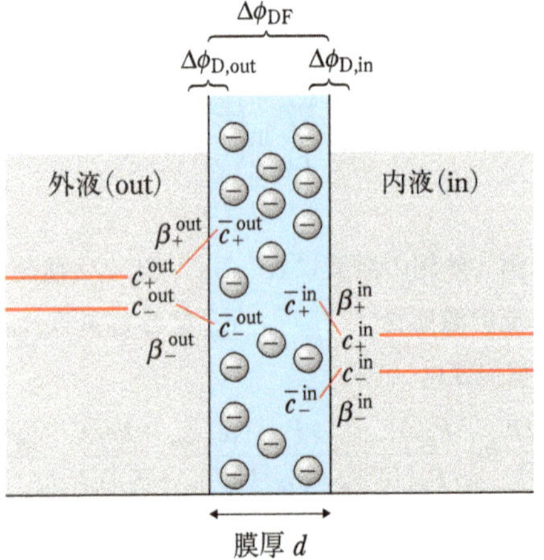

図14.3 | **電荷をもった膜を介した拡散における溶質濃度，膜電位の考え方**
アニオン膜の場合。したがって，陰イオンは膜内に入りにくい。赤線は内液，外液槽における各イオンの濃度プロフィール。

外液および内液とそれぞれの膜内との境界における電気化学ポテンシャル$\tilde{\mu}$は等しい。活量が濃度に等しい$(a=c)$と考えられるとき，イオンの価数をすべて1とすると，ドナン電位は膜の内外の正負それぞれのイオン濃度により，

$$\Delta\phi_{\mathrm{D,out}} = -\frac{RT}{F_{\mathrm{d}}}\ln\left(\frac{\bar{c}_{+}^{\mathrm{out}}}{c_{+}^{\mathrm{out}}}\right) = \frac{RT}{F_{\mathrm{d}}}\ln\left(\frac{\bar{c}_{-}^{\mathrm{out}}}{c_{-}^{\mathrm{out}}}\right) = -\frac{RT}{F_{\mathrm{d}}}\ln\beta_i^{\mathrm{out}} \qquad (14.26\mathrm{a})$$

$$\Delta\phi_{\mathrm{D,in}} = \frac{RT}{F_{\mathrm{d}}}\ln\beta_i^{\mathrm{in}} \qquad (14.26\mathrm{b})$$

と表せる。ここでは，$\bar{c}_{+}^{\mathrm{out}}/c_{+}^{\mathrm{out}}$などは境界におけるイオンの分配係数$\beta_i$になることを利用した。拡散電位を式(14.23)で表現することができれば，結局，全体の膜電位は

$$\begin{aligned}\Delta\phi &= \Delta\phi_{\mathrm{D,out}} + \Delta\phi_{\mathrm{D,in}} + \Delta\phi_{\mathrm{DF}} \\ &= \frac{RT}{F_{\mathrm{d}}}\left\{(\ln\beta_i^{\mathrm{in}} - \ln\beta_i^{\mathrm{out}}) + \ln\left(\frac{\sum_{+} P_{+}c_{+}^{\mathrm{out}} + \sum_{-} P_{-}c_{-}^{\mathrm{in}}}{\sum_{+} P_{+}c_{+}^{\mathrm{in}} + \sum_{-} P_{-}c_{-}^{\mathrm{out}}}\right)\right\} \qquad (14.27)\end{aligned}$$

と書くことができる。

4 生体膜

4.1 ◆ 生体膜における輸送

以上の議論で対象としたのは，いずれも電気化学ポテンシャルの勾配に従ってイオンなどが輸送される例で，人工膜・生体膜のいずれを対象としても成立する。

生体膜における輸送にはさまざまなものがあるが，それらを分類すると**表14.1**のようになる。大別して，(電気)化学ポテンシャルの勾配に従った**受動輸送**(passive transport)と，化学ポテンシャルに逆らう方向に輸送が起こっている**能動輸送**(active transport)とがある。能動輸送は他の化学ポテンシャルとの共役(カップリング)によって生じる*6。

受動輸送は輸送が拡散によって起こるものである。そのうちの促進輸送(facilitated transport，もしくは促進拡散(facilitated diffusion))とよばれるものは，ポテンシャルの下り坂に沿った受動輸送であって，その透過性が「促進」されている。

受動・能動にかかわらず膜と被輸送物質以外の何らかの物質(媒介物質(mediator)，輸送体(transporter))が輸送を進める働きをしているものは，媒介輸送・担体輸送((carrier-) mediated transport)などといわれる。促進輸送は媒介輸送の1つである。媒介輸送であるかどうかは，その濃度依存性を見れば区別できることが多い。**図14.4**(a)のような単純なモデルを考えれば，外から内(またはその逆)に溶質が輸送されるには，被輸送物質Aが輸送を進める働きを有する物質Xと複合体A·Xを形成する

＊6 受動輸送を透過とよび，能動輸送を輸送とよぶこともある。また，ATPなど高いエネルギー状態の化合物から直接エネルギーを得て輸送を可能にするものを「一次性」といい，電気化学ポテンシャルなどに変換したエネルギーを間接的に利用するものを「二次性」という。さらに，別の見方からの分類もあり，1つの物質を対象とする輸送を単輸送(uniport)，2つ以上の物質を同じ方向に運ぶ輸送を共輸送(synport)，また複数の物質が反対方向に移動する輸送を対向輸送(antiport)という。

表 14.1 | 生体膜における輸送の形態と分類

受動輸送 ΔG	単純拡散 単純に被輸送物質のΔGによる。 $\Delta G = RT\ln\left(\dfrac{[\mathrm{A}]_{\mathrm{in}}}{[\mathrm{A}]_{\mathrm{out}}}\right)$
	促進輸送(促進拡散) 被輸送物質のΔGによるが，特別の輸送装置がある。 $\Delta G = RT\ln\left(\dfrac{[\mathrm{A}]_{\mathrm{in}}}{[\mathrm{A}]_{\mathrm{out}}}\right)$
能動輸送 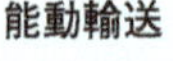 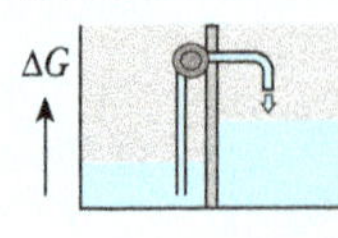 ΔG	ATP駆動型能動輸送(一次性能動輸送) ATP加水分解反応の$\Delta G<0$によって被輸送物質が$\Delta G>0$でも輸送される。 $\Delta G = RT\ln\left(\dfrac{[\mathrm{A}]_{\mathrm{in}}}{[\mathrm{A}]_{\mathrm{out}}}\right) + \Delta G_{\mathrm{reaction}}$
	イオン勾配駆動型能動輸送(二次性能動輸送) 電気化学ポテンシャルの$\Delta G<0$によって被輸送物質が$\Delta G>0$でも輸送される。 $\Delta G = RT\ln\left(\dfrac{[\mathrm{A}]_{\mathrm{in}}}{[\mathrm{A}]_{\mathrm{out}}}\right) + z_{\mathrm{A}} F_{\mathrm{d}} \Delta\phi$

ことが不可欠であるので，律速段階である複合体が膜の内側から外側へ輸送される反応($\mathrm{A \cdot X^{out}} \rightleftharpoons \mathrm{A \cdot X^{in}}$)の速度を超えて輸送が進むことはなく，したがって酵素反応のときに見られたように，輸送速度は被輸送物質の濃度に対して飽和曲線を描く。

いま，複合体形成反応の平衡定数をKとし，Kについての式

$$K = \frac{c_{\mathrm{A}}^{\mathrm{out}}[\mathrm{X^{out}}]}{[\mathrm{A \cdot X^{out}}]} = \frac{c_{\mathrm{A}}^{\mathrm{in}}[\mathrm{X^{in}}]}{[\mathrm{A \cdot X^{in}}]} \tag{14.28}$$

においてXの保存則を考え，Xの膜中での移動速度定数をP_{X}，A·Xの移動速度定数をP_{AX}として，物質Xの流れが一定(定常的)であることを仮定すると，

$$P_{\mathrm{AX}}([\mathrm{A \cdot X^{out}}] - [\mathrm{A \cdot X^{in}}]) = P_{\mathrm{X}}([\mathrm{X^{in}}] - [\mathrm{X^{out}}]) \tag{14.29}$$

であり，Aの膜外から膜内への流束$J_{\mathrm{A}}^{\mathrm{out \to in}}$は，$[\mathrm{X_{total}}] = [\mathrm{A \cdot X^{out}}] + [\mathrm{A \cdot X^{in}}] + [\mathrm{X^{in}}] + [\mathrm{X^{out}}]$として

$$J_{\mathrm{A}}^{\mathrm{out \to in}} = \frac{P_{\mathrm{AX}}[\mathrm{X_{total}}]c_{\mathrm{A}}^{\mathrm{out}}(P_{\mathrm{X}}K + P_{\mathrm{AX}}c_{\mathrm{A}}^{\mathrm{in}})}{c_{\mathrm{A}}^{\mathrm{out}}(P_{\mathrm{X}}K + P_{\mathrm{AX}}K + 2P_{\mathrm{AX}}c_{\mathrm{A}}^{\mathrm{in}}) + K(2P_{\mathrm{AX}}K + P_{\mathrm{AX}}c_{\mathrm{A}}^{\mathrm{in}} + P_{\mathrm{X}}c_{\mathrm{A}}^{\mathrm{in}})} \tag{14.30}$$

となる。$c_{\mathrm{A}}^{\mathrm{in}}$が一定であれば$J_{\mathrm{A}}^{\mathrm{out \to in}}$は$c_{\mathrm{A}}^{\mathrm{out}}$に対して飽和曲線を示し，$c_{\mathrm{A}}^{\mathrm{out}} \to \infty$で

$$J_{\mathrm{A(max)}}^{\mathrm{out \to in}} = \frac{P_{\mathrm{AX}}[\mathrm{X_{total}}](P_{\mathrm{X}}K + P_{\mathrm{AX}}c_{\mathrm{A}}^{\mathrm{in}})}{P_{\mathrm{X}}K + P_{\mathrm{AX}}K + 2P_{\mathrm{AX}}c_{\mathrm{A}}^{\mathrm{in}}} \tag{14.31}$$

という一定値になる。K_{T}を

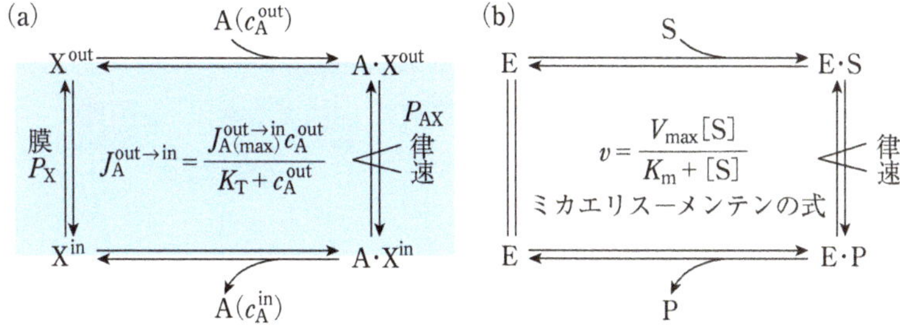

図14.4｜媒介輸送(a)と酵素反応(b)の比較

$$K_T = \frac{K(2P_{AX}K + P_{AX}c_A^{in} + P_X c_A^{in})}{P_X K + P_{AX}K + 2P_{AX}c_A^{in}} \tag{14.32}$$

とおけば，流束$J_A^{out \to in}$は式(14.31)を用いて

$$J_A^{out \to in} = \frac{J_{A(max)}^{out \to in} c_A^{out}}{K_T + c_A^{out}} \tag{14.33}$$

と書ける。これはミカエリス－メンテンの式(式(9.2))などと同じ型(双曲線型)である。媒介輸送とミカエリス－メンテンの式に従う酵素反応を比較すれば図式的に**図14.4**のように描ける。

一方，能動輸送は，エネルギーを生じる何らかの反応系とカップリングした媒介輸送でしか実現できない。媒介するものは輸送体とよばれるが，通常タンパク質から構成される。能動輸送における「能動性」はあくまで被輸送物質に関する化学ポテンシャルのみに注目した場合に「そう見える」だけであり，カップリングしている反応系や他の輸送系をも含めて全体の自由エネルギーを考えれば，輸送に関してのΔG_{total}が負でなければ自発性は生み出されない。

エネルギーを生じる反応系とのカップリングの仕方にはいろいろなものが考えられ，化学反応と直接結合している場合や，他の溶質や溶媒の流れとの相互作用によって被輸送物質の流れが能動的になる場合などもある。

赤血球膜におけるNa^+, K^+イオンの輸送を例に能動輸送の特徴についてながめてみよう。赤血球膜の内外でのNa^+イオンとK^+イオンの分布は等しくなく，膜の外側の血漿中ではNa^+イオンが多く，内側ではK^+イオンが多い。この濃度差を保つためには，膜は常にNa^+イオンを外へ汲み出し，K^+イオンを内へ汲み入れなければならない。この役目を担うポンプは**Na^+/K^+-ATPase**とよばれる膜酵素であり，多くの細胞で細胞膜内外のNa^+，K^+イオンの濃度調整をしている。模式的には**図14.5**に示すような機構が考えられている。重要な点はこの膜酵素のATPによるリン酸化がNa^+イオン高親和性をK^+イオン高親和性に変えることであり，脱リン酸化はその逆を引き起こす。1回のサイクルで3つのNa^+イオンと2つのK^+イオンが出入りするが，膜の内側および外側におけるイオンの濃度はそれぞれ$[Na^+] = 10$ mMおよび100 mM，$[K^+] =$

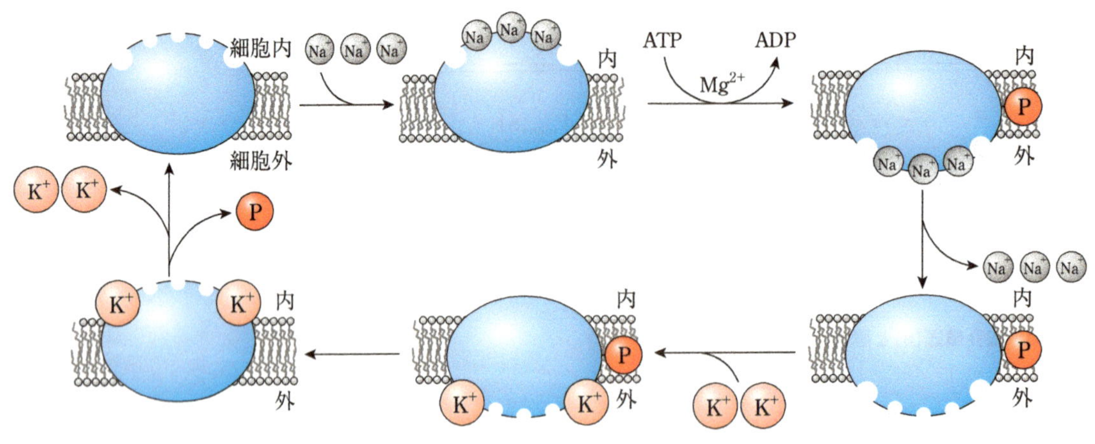

図14.5 | Na⁺/K⁺–ATPaseの作用機構

150 mMおよび5 mMほどなので，Na⁺，K⁺イオンはエネルギー勾配に逆らって輸送されなければならない。さらにNa⁺とK⁺イオンの移動する数には差（Na⁺が1つ多い）があるため，10〜50 mV（内側が負）の電位差が生じ，それに抗して正電荷1つを輸送させるエネルギーが数kJ・mol^{-1}必要になる。

4.2 ◆ 生体膜の構造と機能

膜構造は細胞内のいろいろなところに存在する。その基本的な構造をアメリカのシンガー*7とニコルソン*8は1972年に**流動モザイクモデル**（fluid mosaic model）というもので表現した。これは，生体膜が両親媒性の脂質からなる向かいあった二層の膜と，その中に種々の様態で存在しているタンパク質成分（**膜タンパク質**）からなり，それまでの生体膜のイメージとは異なって脂質相は流動性をもち，脂質相の「海」にタンパク質が氷山のように漂っているというものである。脂質は第1講で紹介したように親水部と疎水部を有する分子であるが，ミセルを形成する界面活性剤分子よりも分子全体に占める疎水部の比率が高いので，会合体は**二重膜**（bilayer）構造をとり，リポソームといわれる球状体や二重構造の平面膜を形成する（**図14.6**）。

*7 Seymour J. Singer : 1924〜2017
*8 Garth L. Nicolson : 1943〜

流動モザイクモデルの定着以降の研究によって，脂質膜面は均一ではなく，複数の脂質からなる生体膜では成分脂質の分布に濃淡があること，膜厚にも厚い薄いがあり，また脂質分子は膜面方向への動きだけでなく膜の表側・裏側間での動きもあることなどが明らかになっている。

脂質膜の役割は第一義的には二次元的な境界の形成であるが，その分子構造の違いによって膜全体の諸性質は異なり特異な機能が生じる。膜タンパク質は膜表面にあるもの（表在性 : peripheral）と膜内部にまであるもの（内在性 : integral）に分けることができるが（**図14.7**），脂質二重膜内部の親油性の高さからもわかるように，両者の性質はかなり異なる。

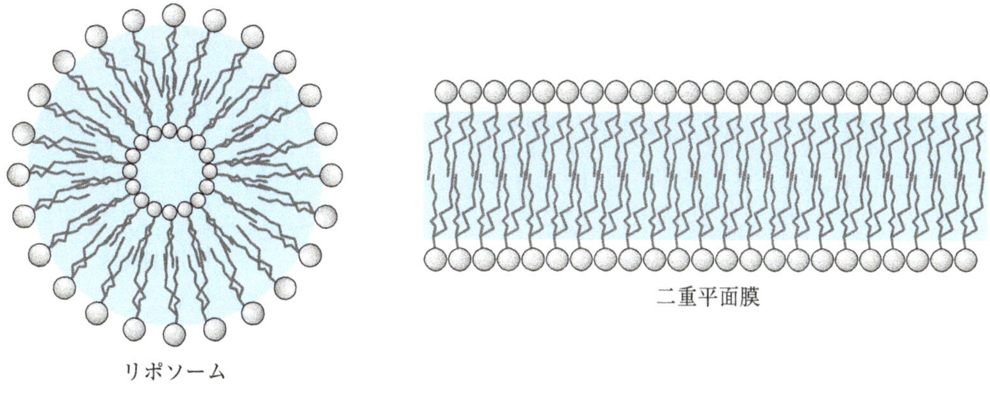

図14.6 **リポソームと二重平面膜の断面のイメージ**
いずれも親水基の向いている空間が水溶液。

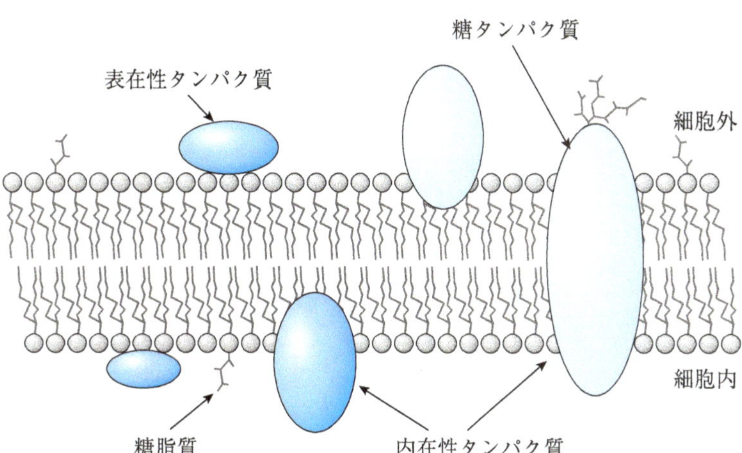

図14.7 **生体膜に存在する膜タンパク質の様子**

物質透過にかかわる膜タンパク質のうち，イオンチャンネル(イオンを透過する装置：ion channel)とよばれるものは，内在性で貫通部分をもっている。膜タンパク質は物質透過以外にも種々の機能をもっており(**図14.8**)，例えば生体内の酵素反応の過半数は膜上で起こっているといわれている。もちろん酵素反応と物質透過が互いにリンクしていることはNa^+/K^+–ATPaseの例でも見たとおりである。また，物質透過とリンクした情報伝達も多数ある。

先のGHK式による軸索膜電位の計算では，透過係数Pだけに着目していたが，実際には静止電位と活動電位の大きな差は，Na^+チャンネルとK^+チャンネルの2つのイオンを透過させるイオンチャンネルの作用によって生み出される。中枢神経系からの神経興奮が伝達されてくると，隣接する細胞膜部分のNa^+チャンネルが開き，膜外のNa^+イオンが膜内に流入して膜間電位が上昇する。電位が一定以上になるとK^+チャンネルが開き内部のK^+イオンが膜外に流出するとともにNa^+チャンネルは

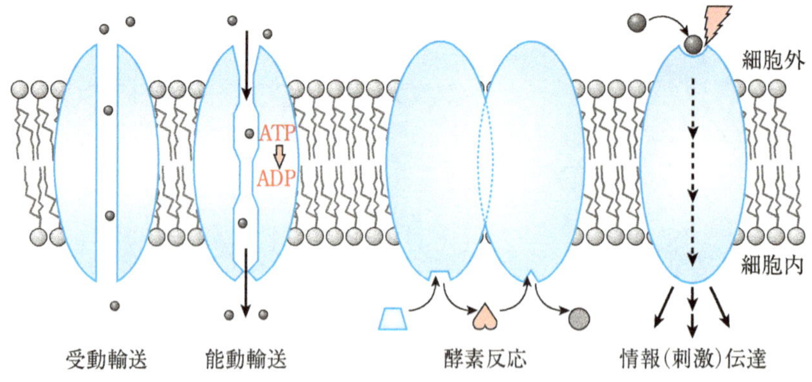

図 14.8 | **膜タンパク質の機能の例**

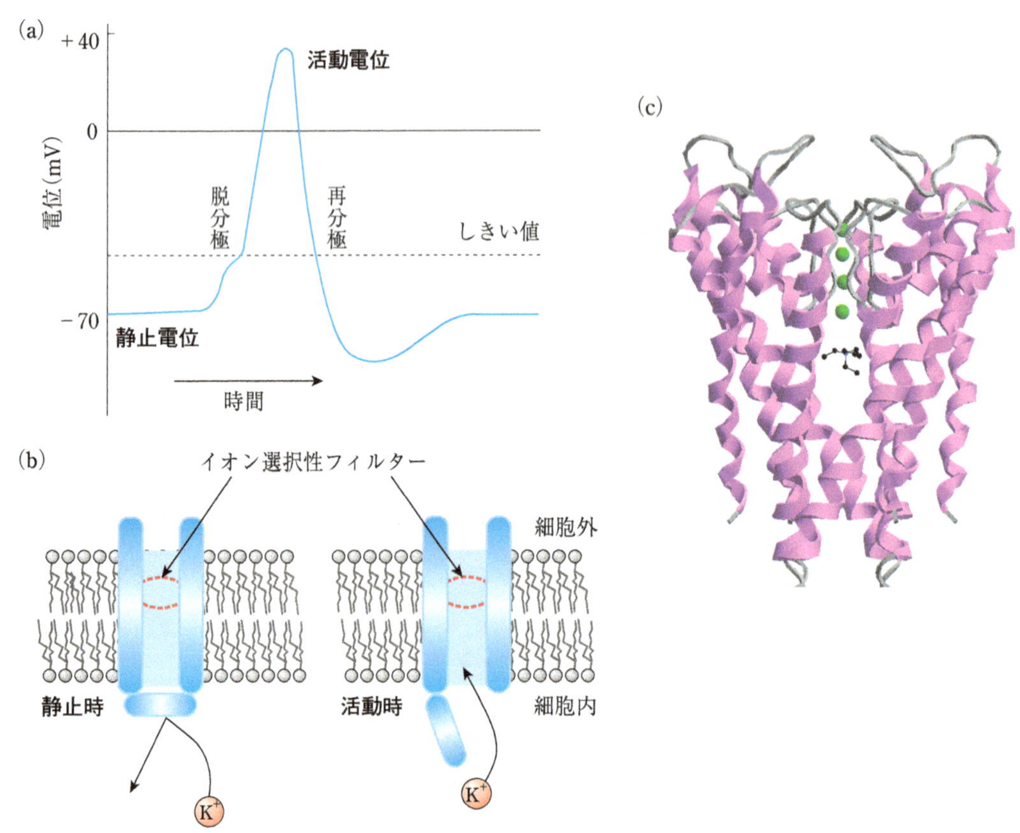

図 14.9 | **中枢神経系からの神経信号の伝達における膜電位の変化(a)，K^+チャンネルの機能(b)，K^+チャンネルKscAのX線結晶構造(c)**

(b)のようにイオン選択性フィルターはK^+イオン以外のイオンを透過させないという役目を果たしている。(c)が示すように，中央上部にフィルター役のペプチド鎖があり，K^+イオン(●)および水が存在している。その下の分子は，解析のために阻害剤として使われたテトラブチルアンモニウムイオンである。
[PDB ID : 1J95, M. Zhou *et al.*, *Nature*, **411**, 657 (2001)]

閉じて膜間電位が低下する。その後は，Na^+/K^+-ATPaseによりNa^+イオンを汲み出しK^+イオンを取り込んで静止電位に落ち着く。この電位の変化は次々と隣接する部分に伝わり，神経信号が末端へと伝達されるのである(**図 14.9**)。

演習問題

【1】流束，拡散係数，透過係数の単位を示しなさい。

【2】受動輸送と浸透圧現象との違いを説明しなさい。

【3】本文中とは異なり，$[K^+]_{out} = 5.5$ mM, $[Na^+]_{out} = 135$ mM, $[Cl^-]_{out} = 9$ mM, $[K^+]_{in} = 150$ mM, $[Na^+]_{in} = 15$ mM, $[Cl^-]_{in} = 125$ mM, 透過係数P_iの比が$K^+ : Na^+ : Cl^- = 1 : 0.04 : 0.45$であるならば，式(14.24)(GHK式)から得られる(静止)膜電位はいくらになるか計算しなさい。また，GHK式の計算では透過係数の「比」だけで十分なのはなぜかを説明しなさい。

【4】ミセルとリポソームの違いを説明しなさい。

【5】タンパク質の親水性・疎水性を考える方法の1つに，各アミノ酸残基に親水性・疎水性のインデックス(ハイドロパシー：hydropathy)を設定し，アミノ酸配列に沿ってスコアの区間平均をとり，配列順にグラフ化するものがある。スコアは疎水性が正，親水性が負の値であり，スコア付けの方法がいくつか示されている。カイトとドゥーリトルは1982年の論文(J. Kyte, R. F. Dollite, *J. Mol. Biol.*, **157**, 105 (1982))では正の最大がイソロイシンの+4.5，最も負の値がアルギニンで−4.5とした。

次図はある貫通型膜タンパク質についてハイドロパシーをプロットしたものである。いくつかの「山」と「谷」が見られるが，どれが「膜貫通部分」に相当するかを考察しなさい。

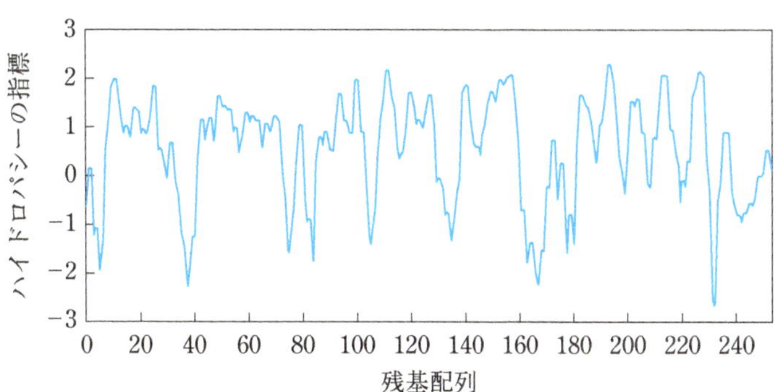

第15講

エネルギーの獲得と生体膜

生物が生命を維持するために外界から取得するエネルギーには，「化学的」エネルギー(物質)を利用しているか，光を使っているかの区別がある。一方，地球上の生物の必須成分である炭素源(栄養源)を，二酸化炭素に求めるか他の生物の生成物(有機化合物)に求めるかの違い(独立栄養か従属栄養か)もある。これらを考慮に入れると生物は**表15.1**のように分類される。

表15.1 | エネルギー源と炭素源による生物の分類

分　類	エネルギー源	炭素源	生物の例
化学合成独立栄養生物	無機化合物	二酸化炭素	硝化細菌，硫黄細菌など
化学合成従属栄養生物	有機化合物	有機化合物	ほとんどの動物，微生物
光合成独立栄養生物	光	二酸化炭素	植物，藻類，光合成細菌など
光合成従属栄養生物	光	有機化合物	紅色非硫黄細菌など

生物が外界からエネルギーを取り込んで生命を維持するメカニズムには，生体膜が化学反応の場や選択的透過・輸送などとして大きくかかわっている。

本講では表15.1に示した中で，哺乳類などの動物が含まれる化学合成従属栄養生物(エネルギー源/炭素源＝有機化合物/有機化合物)のエネルギー生産システムである酸化的リン酸化と，植物が含まれる光合成独立栄養生物(光/二酸化炭素)のエネルギー生産システムである光合成について説明する。

1 酸化的リン酸化

第8講で糖を分解する解糖系とクエン酸回路によって高エネルギー化合物ATPと還元型補酵素NADH, $FADH_2$が生産されることを学んだ。糖以外にもタンパク質や脂質の多くが分解されてクエン酸回路に入る。

クエン酸回路の先に待つのは**ミトコンドリア**(mitochondria：単数形mitochondrion)の**電子伝達系**(electron transport chain)とよばれる反応系であり(**図15.1**)，これと共役して**酸化的リン酸化**(oxidative phosphorylation)が行われる。電子伝達系では，プロトンポンプ(タンパク質)によってH^+の濃度勾配が作られ，それによってATPの生産が行われる。

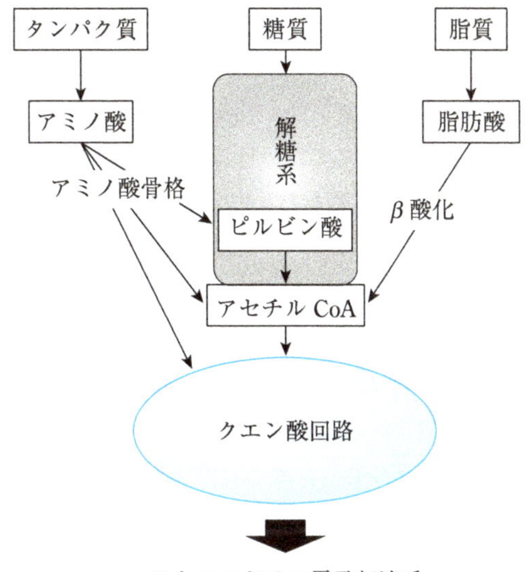

図15.1 | **クエン酸回路への各種生体分子の流入**

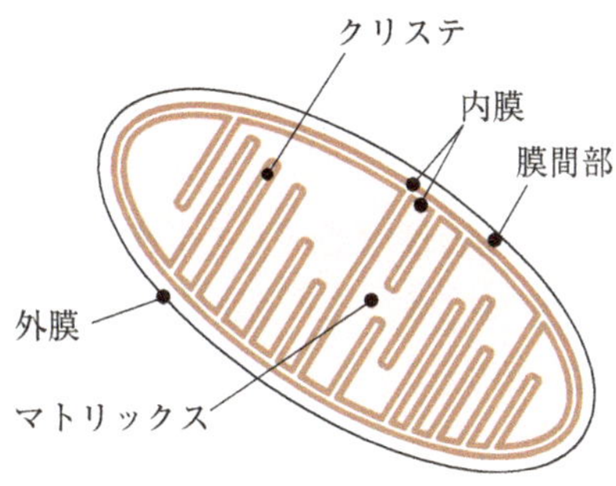

図15.2 | **ミトコンドリアの模式図**

プロトンポンプによるH^+の輸送は表14.1で述べたイオン勾配駆動型能動輸送(二次性能動輸送)である。

プロトンポンプ自体は他の膜系にも存在しているが，バクテリオロドプシンや光合成系ではH^+の輸送に光のエネルギーが使われている。

1.1 ◆ ミトコンドリア

ミトコンドリアは真核生物の細胞にある細胞内小器官(オルガネラ)であり，エネルギー代謝の中核的機能を担っている。形状は繊維状から繭状まで，存在している細胞の種類(機能)によって多様である。幅は0.5 µm程度，長さは1〜10 µm程度で，細胞によっては重量にして全体の10〜20%を占めているものもある。**図15.2**に示すように内部には特徴的な構造があり，外側の膜(外膜 : outer membrane)，内側の膜(内膜 : inner membrane)，両膜に挟まれた空間(膜間部 : intermembrane space)，内膜が折り畳まれてひだ状になっている部分(クリステ : cristae，羽根飾りの意)，内部の空間(マトリックス：matrix)などからなる。

糖を分解してエネルギーを得る過程のうち，解糖系は細胞質で行われるが，クエン酸回路は(ピルビン酸からアセチルCoAに至る過程も含み)ミトコンドリアのマトリックスで行われる。ここで述べる酸化的リン酸化は内膜上および内膜内部で進むため，膜を介するイオン勾配が鍵となる。

1.2 ◆ 電子伝達系

解糖系から酸化的リン酸化に至る過程は，全反応でいえばグルコースを酸化する反応である。つまり，電子をグルコースから酸素に移している。解糖系では酸化還元反応は1つしかなく，グリセルアルデヒド3–リン酸が1,3–ビスホスホグリセリン酸に変換される際に，前者のアルデヒド基が脱水素され，1分子のNAD^+がNADHに還元される(グルコース1分子あたりに直すと2倍)。

グリセルアルデヒド3–リン酸 →(Pi, NAD^+ → H^+, NADH) 1,3–ビスホスホグリセリン酸 (15.1)

先述のように，クエン酸回路ではアセチルCoA 1分子からNADH 3分子とFADH 1分子が作られるが，この回路の入口にピルビン酸＋CoA→アセチルCoAの反応があり，ここでもNADH 1分子が生成する(グルコース1分子あたりに直すと2倍)。つまり，グルコース1分子からは解糖系とクエン酸回路によって，NADH 10分子と$FADH_2$ 2分子が生成する。

これらの還元力は電子伝達系に渡される。電子伝達系はミトコンドリア内膜に存在し，NADHはマトリックスから内膜中の複合体I(NADH：ユビキノンレダクターゼ)に渡される。コハク酸は複合体II(コハク酸デヒドロゲナーゼ)内でFADに電子を渡して$FADH_2$とし，自身はフマル酸になる。

コハク酸 →(FAD → 2H^+, $FADH_2$) フマル酸 (15.2)

最終段階の反応は$4\,H^+ + O_2 \rightarrow 2\,H_2O$であるが，この反応式を完成させるには4つの電子$e^-$が必要である。この電子を得るためにあと2つの「複合体」が関与している。「還元力」を使うのだから当然酸化還元反応が行われており，電子授受媒体としてはユビキノン(コエンザイムQ, CoQ)，鉄硫黄クラスター(FeS)，シトクロム(Cyt)，ヘム(Heme)，銅錯体(Cu)などがかかわっている。

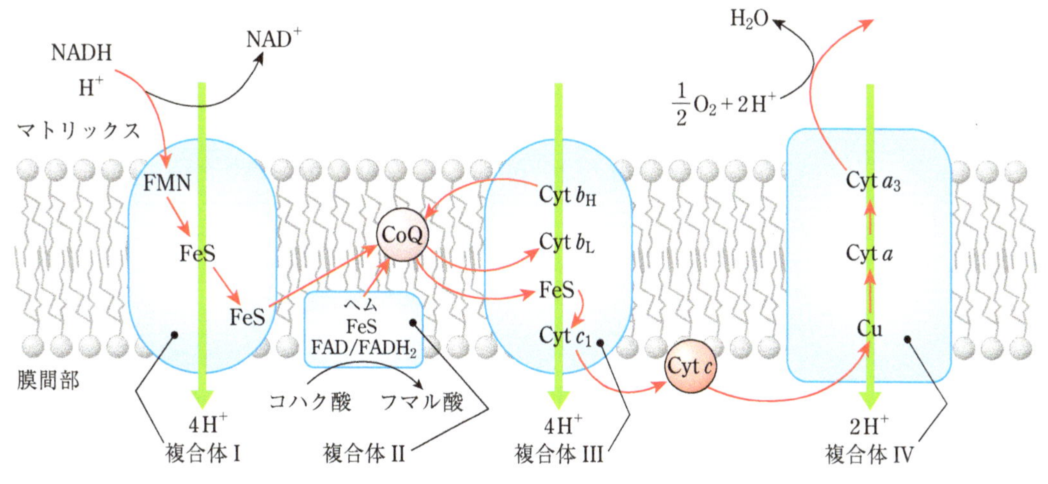

図15.3 ミトコンドリア電子伝達系における電子の流れ(→)およびH⁺の移動

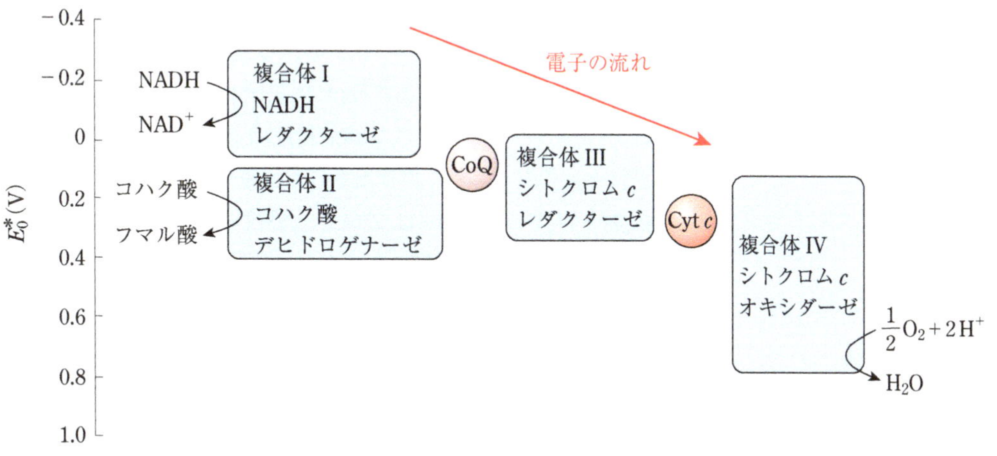

図15.4 ミトコンドリア電子伝達系における電子の流れと電位の関係

ユビキノン $\underset{}{\overset{+2H^+(2e^-)}{\rightleftharpoons}}$ ユビキノール

(15.3)

これら複数のタンパク質複合体が内膜に並んでおり，電子の通過にともなってH^+を膜間部に放出する。電子伝達系における電子の流れ，H^+の移動を模式的に**図15.3**に示す。

各電子受容体・供給体の標準酸化還元電位($E_0{}^*$)と電子の流れを電位との関係で示すと**図15.4**のようになり，また電子の流れを抜き出して示すと次式のようになる。

$$
\begin{array}{ccccccccc}
-0.32 & & -0.22 & & -0.38\sim-0.27 & & +0.045 & & +0.22 \\
\mathrm{NADH} & \longrightarrow & \mathrm{FMN} & \longrightarrow & \mathrm{Fe\text{-}S} & \longrightarrow & \mathrm{CoQ} & \longrightarrow & \mathrm{Cyt}\ c_1 \\
-0.30 & & -0.04 & & -0.03\sim+0.06 & & -0.08 & & \\
\text{コハク酸} & \longrightarrow & \mathrm{FAD} & \longrightarrow & \mathrm{Fe\text{-}S} & \longrightarrow & \mathrm{Cyt}\ b & \nearrow\ (\mathrm{CoQ}) & \\
+0.24 & & +0.21 & & +0.25\sim+0.34 & & +0.39 & & +0.82 \\
\longrightarrow \mathrm{Cyt}\ c & \longrightarrow & \mathrm{Cyt}\ a & \longrightarrow & \mathrm{Cu} & \longrightarrow & \mathrm{Cyt}\ a_3 & \longrightarrow & O_2
\end{array}
$$

（単位はV）

(15.4)

つまり，NADHからO_2に標準状態の値でいえば−0.32 Vから+0.82 Vまで(エネルギーにすると約120 kJ·mol^{-1}の)「下り坂」を下って電子が伝達されていく間に，プロトンが「汲み出されて」いく。複合体I, III, IV中をそれぞれ2つの電子が通過すると，10個程度のプロトンが汲み出される。

これをグルコースの解糖系からクエン酸回路までで得られた還元力の総和で見ると，グルコース1分子あたり100個以上のプロトンになる。この結果，内膜の両側におけるpHの差は1.4ほどとなり(マトリックス側のpHが高い)，濃度にして25倍程度のプロトン勾配が作られる。このプロトン勾配によって作り出される膜電位は約0.14 Vであり，ギブズ自由エネルギーの差ΔGはプロトン濃度の差によるものもあわせて20 kJ·mol^{-1}程度と計算される。

1.3 ◆ ATP合成酵素

酸化的リン酸化は，前節のような「酸化」によって蓄えられたプロトン勾配のエネルギーを使ったリン酸化反応である。高エネルギーリン酸化合物からグルコースやADPなどに直接リン酸基が転移する反応(基質レベルのリン酸化)との対比から名づけられた。

ATP合成酵素(ATP synthase)は**H^+–ATPase**ともいわれる。ここで取り上げる**F_1F_0ATP合成酵素**はATPを加水分解する機能ももっているが，ミトコンドリア内膜にあるこの酵素の本来の役目はATPの合成である。

F_1F_0ATP合成酵素は電子伝達系の複合体I〜IVに続くため複合体Vともいわれ，F_0とよばれる部分は内膜中にあり，F_1とよばれる部分は内膜からマトリックスに突きだした形で存在している。膜内外に存在するイメージを**図15.5**に示す。F_1部分は5種類計9つのポリペプチド($3\times\alpha$, $3\times\beta, \delta, \gamma, \varepsilon$)からなり，$F_0$部分は3種類13〜18個のポリペプチド(a, 2×b, 10〜15×c)からなる。F_1の$3\times\alpha$, $3\times\beta$は交互に組み合わさって6量体の筒状の形態をとり，F_0のcペプチドも円筒状に並んでいる。他の$\gamma, \delta, \varepsilon$, a, 2×bは$F_1$と$F_0$を結ぶ軸などの役割をしている。

膜間部に蓄えたH^+(ミトコンドリア外膜には透過性があるので，細

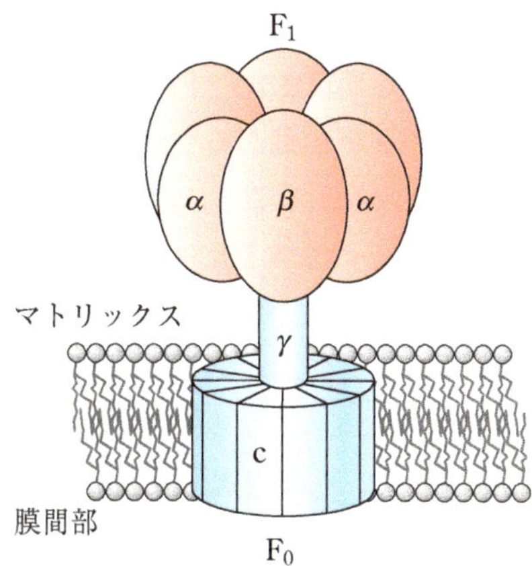

図15.5 | F_1F_0ATP合成酵素のイメージ
1δ, 1ε, 1a, 2bサブユニットについては省略。

胞質に蓄えるのと同じことになる)がF_0を通ってF_1に至るとADPと無機リン酸(Pi)からATPが作られる。この場合，F_0サブユニットのaとcはプロトンのチャンネルとなっており，H^+が流入するのにともなってcが回転し，γ鎖でつながっているF_1の3α･3βも回転してこのときにATPが作られる*1。F_1で起こるATP合成は，F_0から伝わるF_1の回転と，βサブユニットの構造変化による「ADP＋Pi」と「ATP」に対する親和性の変化が巧妙に連動して働くことにより行われる。

*1 興味深いことに，F_1が結合していない場合，残りの部分はATPを分解してプロトンを逆方向に輸送し，このときにはcが逆回転する。実際その動きが蛍光顕微鏡などでも観察されている。

ADPとPi，プロトンからATPと水が作られる反応は$ADP + Pi + H^+ \rightleftharpoons ATP + H_2O$と表され，その標準ギブズ自由エネルギー変化が$+30.5\ kJ\cdot mol^{-1}$程度であることは表7.3に示したとおりであるが，この上り坂の反応はプロトン濃度の差を使って進められている。これはしばしば(揚水経路と発電経路が異なる)水力発電所にたとえられる。

しかし，$30.5\ kJ\cdot mol^{-1}$という値は「生化学的標準状態」でのものであり，実際の反応環境では各物質が1 M ($[H^+]$は10^{-7} M : pH＝7)で存在しているわけではない。ΔGの標準状態からの違いは，各物質の濃度を用いて表せば

$$\Delta G = \Delta G_0^* + RT \ln\left\{\frac{[ADP]\cdot[Pi]\cdot([H^+]/10^{-7})}{[ATP]}\right\} \qquad (15.5)$$

となるので($[H_2O]$の寄与は生化学的標準状態と同じ)，例えば，$[ATP] = 10^{-3}$ M, $[ADP] = 10^{-4}$ M, $[Pi] = 10^{-2}$ M, pH＝7.3だとすると，ギブズ自由エネルギー変化ΔGは$+50\ kJ\cdot mol^{-1}$程度にまで大きくなる。つまり，[ATP]/[ADP]が大きく[Pi]が小さいため，より急峻な坂を上るエネルギーが必要になるわけである。もちろんこの値は，それぞれの反応環境によって変化する。

F_1サブユニットは1回転(360°)で3分子のATPを生成するが，先に示した約$20\ kJ\cdot mol^{-1}$のプロトン勾配による膜内外の自由エネルギー差を勘案すると，1分子のATPを生成するのに少なくとも2つのプロトンが

運ばれなければならないことになる。一方，10～15個のcサブユニットはそれぞれ1つのプロトンを通過させ，すべてを通過させると1回転する。つまり，cサブユニットが10個あるものは1つのプロトンで36°回転し，15個あるものは24°回転することになる。この回転角はγサブユニットを通じてF_1部分にそのまま伝わるので，360°/3＝120°/1からATP 1分子を生成するには3.3～5のプロトンが必要ということになる(この割合をP/A比という)。このような，化学量論的ではない反応によるATP生成機構は，1961年にミッチェル*2によって提唱され，「化学的な浸透圧」現象という意味で，化学浸透(chemiosmosis)説といわれる。

*2 Peter D. Mitchell : 1920～1992(イギリス)。1978年ノーベル化学賞受賞。

では，解糖系やクエン酸回路で得られたNADH, $FADH_2$はいったい何分子のATPに変換されるのであろうか。ここでは，P/A比を3.3として考えてみる。

(1) NADHの1分子の還元力で，複合体I, III, IVで図15.3に示した合計10個のプロトンが汲み出される。つまり，10/3.3＝3分子のATPが生成される。

(2) $FADH_2$は複合体II, IIIに関係し，合計6つのプロトンが輸送される。したがって，ATPの生成は6/3.3＝1.8分子となる。

NADHを直接酸素と反応させてNAD^+と水にする反応，$NADH + H^+ + \frac{1}{2}O_2 \rightarrow NAD^+ + H_2O$の$\Delta G^* = -218\ \mathrm{kJ \cdot mol^{-1}}$であるが，これは$ADP + Pi \rightarrow ATP$の反応の$\Delta G = 30.5\ \mathrm{kJ \cdot mol^{-1}}$の7倍程度である。よって，(1)の熱力学的効率は42%程度である。この値は(生化学的)標準状態のものであり，活性なミトコンドリアでは70%程度になる。ちなみに自動車のガソリンエンジンのエネルギー効率は30%以下，ディーゼルエンジン車で50%以下といわれている。

一方，$FADH_2 + \frac{1}{2}O_2 \rightarrow FAD + H_2O$の$\Delta G^*$は$-201\ \mathrm{kJ \cdot mol^{-1}}$であり，30.5 $\mathrm{kJ \cdot mol^{-1}}$の6.6倍となる。よって，(2)の熱力学的効率は27%程度である。

得られるATP分子を最初の解糖系の段階から集計すると

グルコース1分子から

(1) 10分子のNADHを介したATPの生成　　30分子

(2) 2分子の$FADH_2$を介したATPの生成　　3.6分子

さらにATP相当分子の基質レベルでのリン酸化によるATPの生成
4分子

+)　合計　37.6分子

となる。

2 光合成

表15.1に示したように，光合成独立栄養生物(photoautotroph)は光をエネルギー源とし，二酸化炭素を炭素源としている。その意味で，光と二酸化炭素という「非生物」的な要素によって，他の生物に依存せず生

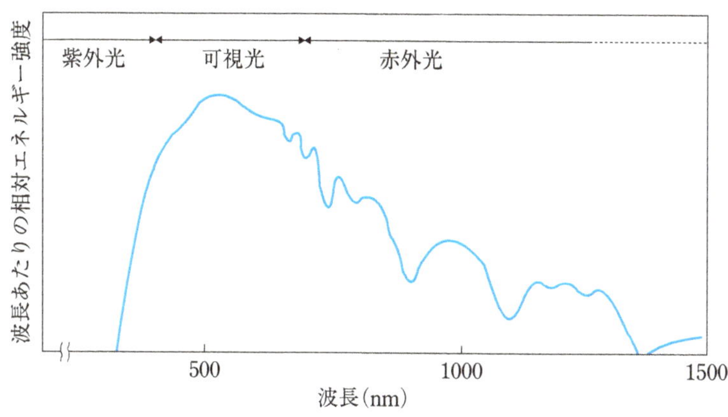

図15.6 | **太陽光エネルギーのスペクトル(地表)**

きていけるので「独立」という。

地球上での光はほぼすべて太陽によってもたらされているが，太陽から放射される電磁波のうち，波長あたりのエネルギー強度がもっとも大きいのは500 nm付近の光である(**図15.6**)。植物を中心とする生物はこの波長領域の光を利用して**光合成**(photosynthesis)を行う。緑色植物が行う光合成反応の全体は，二酸化炭素と水から炭水化物(グルコース)と酸素を生成する反応，つまり

$$6\,CO_2 + 6\,H_2O \longrightarrow C_6H_{12}O_6 + 6\,O_2 \quad \Delta G = 2{,}870\ \mathrm{kJ\cdot mol^{-1}} \qquad (15.6)$$

である。これは式(7.16)の逆反応であり，当然この向きの反応は$\Delta G > 0$なので，外部からエネルギー(光のエネルギー)を吸収してはじめて光合成反応が起こる。

2.1 ◆ 光合成反応の概要

図15.7は，緑色植物において光合成が行われる反応場を模式的に示している。光合成が行われる**葉緑体**(クロロプラスト：chloroplast)の内部は閉じた膜構造になっており，膜の内側で水が酸化され，外側で二酸

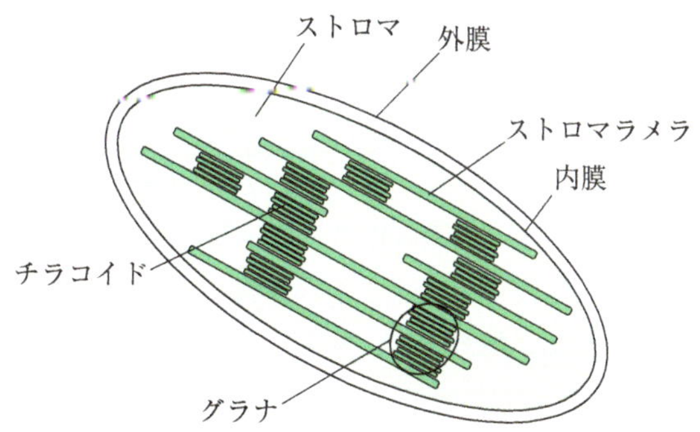

図15.7 | **クロロプラストの模式図**

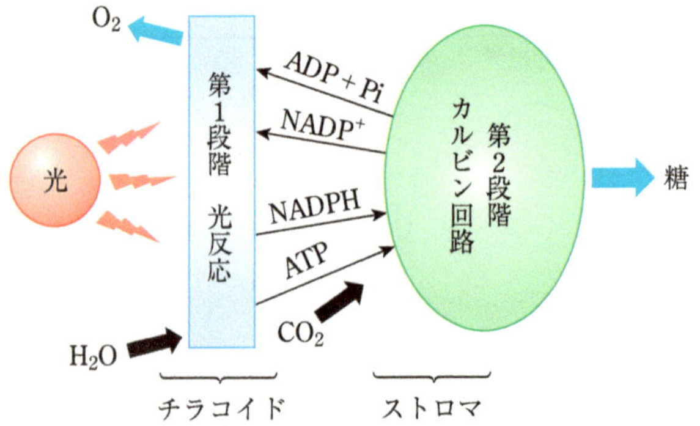

図15.8 | 光合成反応の概略

化炭素が還元される。

光合成全体の過程は2つの段階に分けて考えることができる(**図15.8**)。

(**第1段階**) 光のエネルギーによって水から電子が奪われ，この電子によって強力な還元剤NADPHが生成し，このNADPHとその酸化型$NADP^+$との間で可逆的な酸化還元反応が生じ，電子の移動が起こる。一方，水から$NADP^+$に電子が移動する過程において，ATPが生成する。

(**第2段階**) 光リン酸化反応で生成したNADPHとATPを用いて，CO_2から糖類が合成される。これを炭酸固定反応とよぶ。この過程は，それぞれの反応が特異的な酵素によって触媒される多数の反応の組み合わせからなる。反応の全容はアメリカの化学者カルビン[*3]によって解明され，反応が環状に連結していることから，**カルビン回路**とよばれる。

*3 Melvin Calvin : 1911～1997

以下では第1段階について，電子の流れとエネルギー，生体膜の役割を中心にながめてみよう。

2.2 ◆ 電子移動と物質変換

光リン酸化反応において，NADPHが生成する反応の全体は次の反応式で表される。

$$2\,NADP^+ + 2\,H_2O \longrightarrow 2\,NADPH + O_2 + 2\,H^+ \qquad (15.7)$$

酸化還元反応なので電子の移動が起こっている。この反応では，水の電子を$NADP^+$が受容することにより，水は酸素に酸化され，$NADP^+$はNADPHに還元される。**図15.9**に，水から$NADP^+$に至るまでの電子の移動経路を示す。電子は，十数種類の分子を経由して水から$NADP^+$に移動する。また，NADPHを作る系(光化学系I, PS I)と水を酸化する系(光化学系II, PS II)がそれぞれ独立に存在しており，その間を電子輸送体が

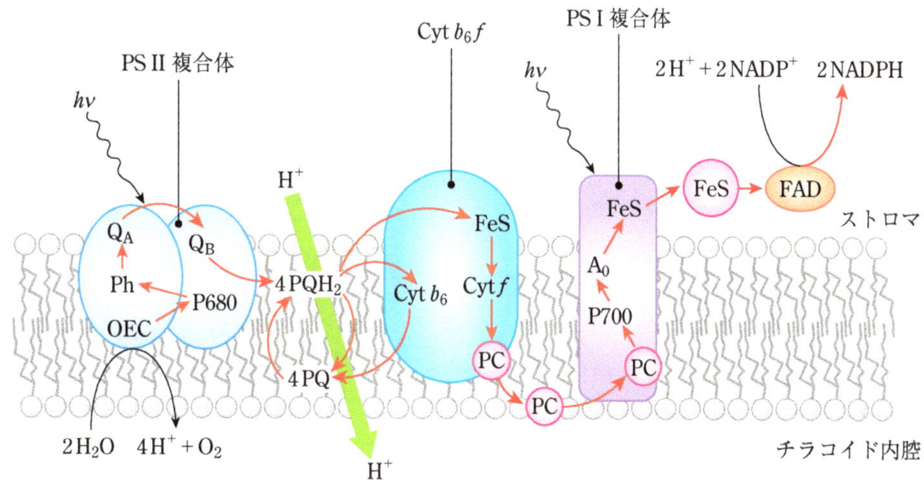

図15.9｜**光合成における電子の流れ(→)およびH^+の移動**
OECは酸素発生複合体(oxygen evolving complex)，PCはプラストシアニン(銅タンパク質)，A_0はクロロフィル*a*分子を表す。

仲介することによって，全体として，水から$NADP^+$への電子移動が達成される。以下に，光の吸収から酸化還元反応までの過程を順に見ていく。

2.2.1 ◇ 光の吸収

光化学系Iで起こる一連の反応は色素分子が光を吸収することから始まる。光合成において光を吸収するのは**クロロフィル**とよばれる色素である。クロロプラスト中には多くのクロロフィルが散在し，大部分は光を捕集する「アンテナ」として整然と配置されている。このアンテナは集めた光(光子エネルギー)を順次移動し「反応中心」のクロロフィルへと伝える。

図15.8において光化学系IのP700(波長700 nmの光に対して最大の吸収強度を示す反応中心クロロフィル：Pはpigment(色素)の略)，および，光化学系IIのP680(波長680 nmの光に対して最大の吸収強度を示す反応中心クロロフィル)が光を吸収する色素である。これらは2分子のクロロフィルが積層した構造(スペシャルペアとよばれる)をもっている。なお，クロロフィルは450～500 nmに強い吸収をもたないが，その波長領域の光を吸収できるβ-カロテンなどの他の色素がクロロフィルの近傍には存在している(**図15.10**)。励起状態のエネルギーはβ-カロテンよりもクロロフィルの方が低いために，β-カロテンが吸収した光エネルギーも励起エネルギー移動によってクロロフィルに移動して，光合成に利用される。

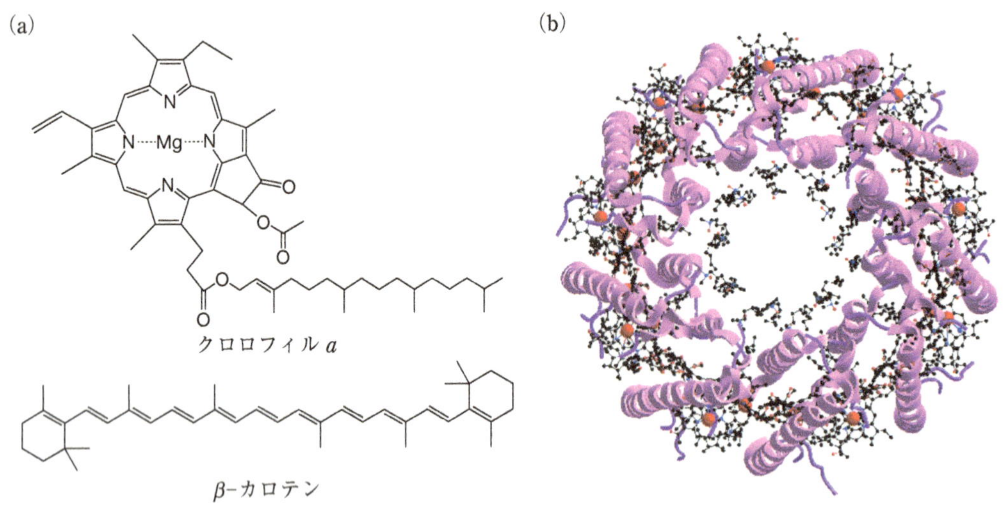

図15.10 **クロロフィル a と β-カロテンの構造(a)および紅色光合成細菌における光アンテナ構造(b)**
クロロフィルの位置を見やすくするために Mg(●)を大きく示している。
[PDB ID : 2FKW, V. Cherezov *et al.*, *J. Mol. Biol.*, **357**, 1605(2006)]

2.2.2 ◇ 高エネルギー電子の移動

光合成において光によって酸化還元反応が起こるのは，光により励起状態となった分子がもつ高エネルギー電子の移動があるからである。光化学系IIのP680の近傍に位置するフェオフィチン(Ph)とよばれる分子(クロロフィルのMgが2つのHに置き換わったものの総称)は，励起状態のP680から電子を受容する性質をもつ分子であり，次式のような光誘起電子移動を生じ，電荷分離状態を形成する。

$$
\begin{array}{l}
\text{P680–Ph} \\
\quad \downarrow \text{光の吸収} \\
\text{P680}^{*}\text{–Ph} \\
\quad \downarrow \text{電子移動} \\
\text{P680}^{+*}\text{–Ph}^{-*}\ \text{(電荷分離状態)}
\end{array}
\qquad (15.8)
$$

この過程は，光を吸収したP680*(*は励起状態であることを示す)が蛍光を放出して基底状態のP680に戻るよりも，はるかに速く起こる。

さらにPh^{-*}の高エネルギー電子は$P680^{+*}$に戻るよりもはるかに速く，隣接するキノン誘導体分子Q_A，さらにQ_Bに移動する。

$$
\begin{array}{l}
\text{P680}^{+*}\text{–Ph}^{-*}\text{–Q}_A\text{–Q}_B \\
\quad \downarrow \text{電子移動} \\
\text{P680}^{+*}\text{–Ph–Q}_A^{-*}\text{–Q}_B \\
\quad \downarrow \text{電子移動} \\
\text{P680}^{+*}\text{–Ph–Q}_A\text{–Q}_B^{-*}
\end{array}
\qquad (15.9)
$$

この過程は，光化学系IIと類似した反応系をもつ紅色光合成細菌

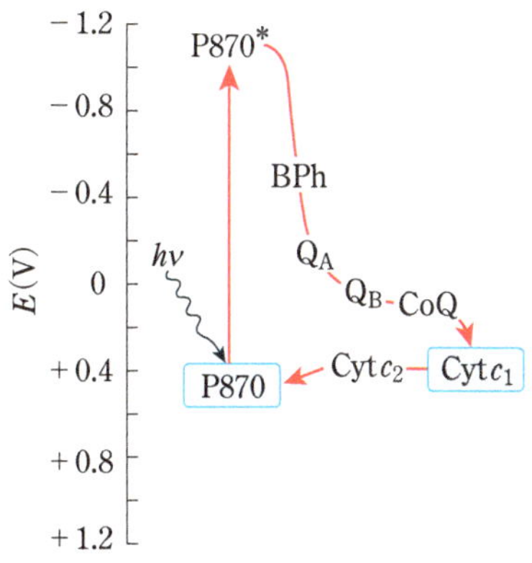

図15.11 | **紅色光合成細菌の光化学系IIにおける光励起電子の流れ**
フェオフィチンは細菌型なのでBPhと表す。紅色光合成細菌の場合は水の酸化による酸素発生は起こらない。

(purple bacteria)を用いて詳細に研究されてきた。**図15.11**には紅色光合成細菌の色素P870の高エネルギー電子が移動するそれぞれの分子のエネルギー準位を示している。すなわち，電子はP870*からPh, Q_A, Q_Bへとエネルギーの低い状態へ移動していることがわかる。これによって，高速の電子移動が実現し，非常に高い量子収率で電荷分離状態が生成する。

2.3 ◆ プロトンの濃度勾配によるATPの合成

光化学系IIにおいて電子の伝達の役割をもつのはプラストキノン(plastoquinone，PQと略す：ユビキノンと類似した分子で細部の置換基が異なる。標準酸化還元電位もユビキノンと同じ+0.10 V)とよばれる分子である。2つの電子を受容して還元型のプラストキノールPQH_2となる(式(15.2)参照)。このとき，光合成膜の外側から2つのプロトンH^+を取り込む。

PQはPQH_2に還元されると光化学系IIのタンパク質からはずれ，脂質二分子膜内へ拡散する。二分子膜内を移動したPQH_2は，光合成膜内付近でシトクロム複合体とよばれるタンパク質によって酸化され，酸化型のPQとなって光化学系IIに戻る。このとき，2つのH^+を光合成膜の内側へ放出する。

すなわち，PQとPQH_2の酸化還元過程によって，光合成膜の外側から内側へ2つの電子が移動すると同時に，2つのH^+が光合成膜の外側から内側へ輸送される。こうして，電子移動にともなって脂質二分子膜を隔てたH^+の濃度勾配が形成される。このプロトン勾配を使ってATPを合成するのは，酸化的リン酸化と基本的に同じである。

Column

光受容タンパク質(視覚にかかわるロドプシンの働き)

我々が光を認識できるのは,目の網膜の中に光の感知にかかわる物質ロドプシンが存在することによる。**ロドプシン**(rhodopsin)はオプシンとよばれるタンパク質と**下図**に構造式を示したレチナール(ビタミンAのアルデヒド体,表1.6参照)からなり,レチナールのアルデヒド基-CHOとオプシンを形成するリシン残基のアミノ基がシッフ塩基を形成することにより複合体を形成している。下図に示すようにオプシンの内部に取り込まれたレチナールは二重結合のうち1つがシス型になっているが(11-*cis*),光を吸収すると光異性化を起こしてすべての二重結合がトランス型の構造(all-*trans*)になる。この異性化によってタンパク質の立体構造が大きく変化し,これがロドプシン全体の構造変化を引き起こす。

$$R_1\text{-CH=O} + H_2N\text{-}R_2 \longrightarrow R_1\text{-CH=N-}R_2 + H_2O$$

アルデヒドとアミンからシッフ塩基ができる反応

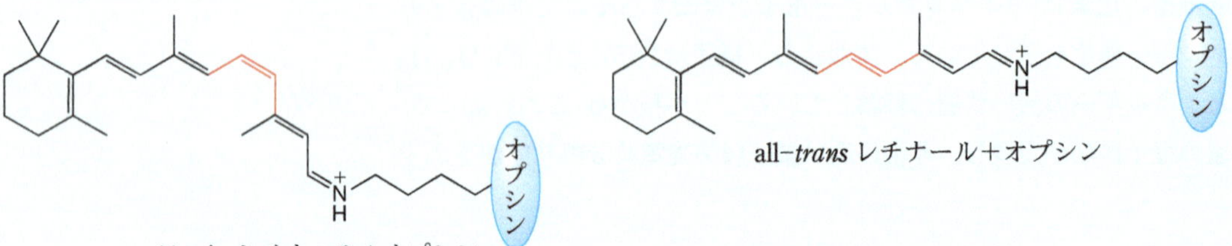

11-*cis*-レチナール+オプシン

all-*trans* レチナール+オプシン

| 図 | シッフ塩基形成反応およびロドプシンの構造

我々が光を感知するために必要な化学反応は,このレチナールの異性化だけである。この反応に誘発されたロドプシンの構造変化が引き金になって,細胞に電気信号が発生し,視神経を経由して脳に信号が伝達され,光が感知される。ロドプシンによる光子の吸収から,脳に光が感知されるまでの経路を以下に示す。

(1) ロドプシンの構造変化は,光を吸収したシス型のレチナールがトランス型に異性化するまでの1 ms程度の間に起こり,これが後続の酵素反応経路の引き金となる。

(2) ロドプシンの構造変化により,環状グアノシン5′-一リン酸(cGMP)を加水分解する酵素が活性化される。

(3) 視細胞の細胞膜には,cGMPによって作動する陽イオンを透過させるタンパク質(イオンチャンネル)があり,その働きによって,膜内外の電位差が一定に維持されている。cGMPが加水分解されてその濃度が低下すると,イオンチャンネルが閉鎖されて電気的な均衡が崩れるため,神経に電気信号が伝達される。

このようにレチナールは,視細胞に電気信号を生じさせるためのスイッチとして働いていることがわかる。このレチナールの異性化反応によって,酵素という化学反応の触媒が活性化される。これによって,1光子によるレチナールの異性化反応が,何千,何万という物質変化に増幅される。我々が暗闇の中で微弱な光を感知できるのは,レチナールの異性化反応の量子収率がきわめて高いことに加えて,光信号の伝達過程にこのような増幅機構を備えているためである。

我々人類以外の脊椎動物や軟体動物,あるいは昆虫類も視覚をもっており,これらの動物が光を感知する物質もロドプシンとよばれる。タンパク質の構造は種によって異なるものの，光を感知するための光化学反応には，すべてレチナール類縁体の異性化反応が用いられている。また，ロドプシンのようにcGMPを変化して信号伝達を行う膜タンパク質はG-タンパク質結合受容体(G-protein coupled receptor, GPCR)と分類されており，さまざまな刺激を脳に伝達するタンパク質に共通の信号伝達機構をもっている。**下図**には高度好塩菌*Halobacterium salinarum*のもつ光応答タンパク質であるバクテリオロドプシオン(bacteriorhodopsin)の生体膜内での様子を示す。

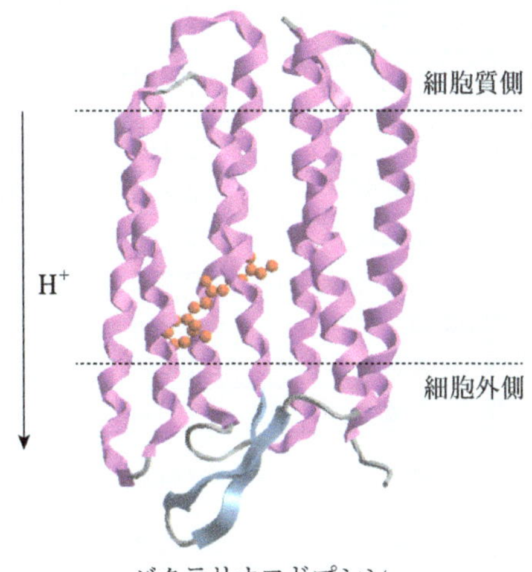

図 バクテリオロドプシンのX線結晶構造
--- は生体膜の上下端，レチナール(●)は大きく描いてある。
[PDB ID : 1KME, S. Faham, J. U. Bowie, *J. Mol. Biol.*, **316**, 1 (2002) より作図]

演習問題

【1】化学合成従属栄養生物の酸化的リン酸化と光合成独立栄養生物の光合成について，大きく異なっているところと，同様の原理を使っているところを整理して説明しなさい。

【2】酸化的リン酸化と光合成について，それらが行われる諸プロセスとオルガネラ内外の空間的位置との関係を整理して説明しなさい。

【3】230頁で示したATPの総数は過大な見積もりであることがわかっている。

(i) 同頁(1), (2)で計算した生成するATP分子の数は，実際にはそれぞれ2.5, 1.5程度と考えられている。その場合にはATP総数はいくらになるか。また，(1), (2)の各熱力学的効率はいくらになるか。

(ii) その場合，ADP + Pi → ATPの反応のΔGを30.5 kJ·mol^{-1}としたときに蓄えられるエネルギーの総量はいくらになるか。

(iii) その値をグルコース1 molの化学的燃焼にともなうΔG(式(7.16)の値)と比較すると(標準状態は異なるが)，本文中の37.6分子という計算値の場合も含めて，エネルギー効率がそれぞれ何%と計算されるかを示しなさい。

この本で使われる主な物理定数（小数点以下第５桁まで）

記　号	定　数	数　値	単　位*
R	気体定数	8.31446	$\mathrm{J \cdot mol^{-1} \cdot K^{-1}}$
N_A	アボガドロ数	6.02214	$10^{23}\ \mathrm{mol^{-1}}$
k_B	ボルツマン定数	1.38065	$10^{-23}\ \mathrm{J \cdot K^{-1}}$
h	プランク定数	6.62607	$10^{-34}\ \mathrm{J \cdot s}$
$\hbar\left(=\dfrac{h}{2\pi}\right)$	換算プランク定数 （ディラック定数）	1.05457	$10^{-34}\ \mathrm{J \cdot s}$
F_d	ファラデー定数	9.64853	$10^{4}\ \mathrm{C \cdot mol^{-1}}$
ε_0	真空の誘電率	8.85419	$10^{-12}\ \mathrm{F \cdot m^{-1}}$
μ_0	真空の透磁率	1.25664	$10^{-6}\ \mathrm{H \cdot m^{-1}}$
c	光　速	2.99792	$10^{8}\ \mathrm{m \cdot s^{-1}}$
e	電気素量	1.60218	$10^{-19}\ \mathrm{C}$
m_e	電子の質量	9.10938	$10^{-31}\ \mathrm{kg}$
m_p	陽子の質量	1.67262	$10^{-27}\ \mathrm{kg}$
$\beta\left(=\dfrac{eh}{4\pi m_\mathrm{e}}\right)$	ボーア磁子	9.27401	$10^{-24}\ \mathrm{J \cdot T^{-1}}$
e	ネイピア数	2.71828	—
π	円周率	3.14159	—

＊J：ジュール，K：ケルビン（絶対温度），C：クーロン，F：ファラド（$\mathrm{C^2 \cdot J^{-1}}$），H：ヘンリー（$\mathrm{V \cdot A^{-1} \cdot s}$），T：テスラ

さらに勉強をしたい人のために

[物理化学全般に関して]

- P. Atkins, J. de Paula 著，中野元裕，上田貴洋，奥村光隆，北河康隆 訳，アトキンス物理化学 第10版(上)(下)，東京化学同人(2017)
  →上下巻で1100頁を超える大部で，オールマイティーな定番教科書。
- D. A. McQuarrie, J. D. Simon 著，千原秀昭，斎藤一弥，江口太郎 訳，物理化学—分子論的アプローチ(上)(下)，東京化学同人(1999/2000)
  →分子論的な記述が重視されており，量子力学の説明も詳しい。式の展開や数学的背景の説明もていねい。
- G. M. Barrow 著，大門 寛，堂免一成 訳，バーロー物理化学 第6版(上)(下)，東京化学同人(1999)
  →少し前の物理化学定番教科書。分子論から入って熱力学に進むのが特色。比較的読みやすい。
- P. Atkins, J. de Paula 著，稲葉 章，中川敦史 訳，アトキンス 生命科学のための物理化学 第2版，東京化学同人(2014)
  →Atkinsが生命科学学修者のために，熱力学，速度論，構造論，分光学に絞って著した教科書。
- R. Chang 著，岩澤康裕，北川禎三，濵口宏夫 訳，生命科学系のための物理化学，東京化学同人(2006)
  →生物系に適用できるように配慮して，物理化学の基礎知識を手際よく整理した教科書。前著『化学・生命科学系のための物理化学』をより生命科学(原題ではBiosciences)分野向けに整理されている。
- D. Eisenberg，A. Crothers 著，西本吉助，影本彰弘 訳，生命科学のための物理化学(上)(下)，培風館(1988)
  →タンパク質構造の研究者であるEisenbergと核酸構造の研究者であるCrothersが著した本。原題は*Physical Chemistry with Applications to the Life Sciences*であり，物理化学の記述が中心で，比較的理解しやすい教科書。下巻では量子力学の原理，生化学のための分光学について詳しく解説している。

[熱力学および反応速度論に関して(Part 2　生命とエネルギー／Part 3　生体内の化学変化／Part 4　生体反応と時間)：上に掲げたもの以外]

- W. J. Moore 著，藤代亮一 訳，物理化学 第4版(上)，東京化学同人(1974)
  →かつて定番であった物理化学の教科書。式の誘導も詳しく，熱力学を学ぶなら今なお適している。
- 慶伊富長，反応速度論 第3版，東京化学同人(2001)
  →反応速度論の基礎を理解するために向いている。
- K. J. Laidler 著，高石哲男 訳，化学反応速度論1：基礎理論・均一気相反応／化学反応速度論2：溶液相反応，産業図書(1989/2000)
  →多くの反応速度論の教科書を著したLaidlerによる初学者向けの本。溶液中の反応は2巻で解説。実例も多く示されている。

[酵素反応に関して(第9講　酵素反応／第10講　酵素反応の外部因子依存性と制御)]

- A. Cornish-Bowden 著，*Fundamentals of Enzyme Kinetics, 4th Edition*, Wiley-Blackwell (2012)
  →日本語訳はないが，酵素反応速度論の基礎だけでなく，その新技術への展開にも言及している。
- D. L. Purich 著，*Enzyme Kinetics : Catalysis and Control : A Reference of Theory and Best-Practice Methods*, Elsevier (2010)
  →これも日本語訳はないが，実際の適用例についての記述が多いことが特色。
- A. Fersht 著，桑島邦博，有坂文雄，熊谷 泉，倉光成紀 訳，タンパク質の構造と機構，医学出版(2006)
  →原書の副題に“*A Guide to Enzyme Catalysis and Protein Folding*”とあるように，酵素触媒とタンパク質構造について詳しく書かれている。イギリスの第一級研究者による本。
- 廣海啓太郎，酵素反応，岩波書店(1991)
- 林 勝哉，坂本直人，酵素反応のダイナミクス，学会出版センター(1981)
  →上2冊は，酵素反応の研究(それぞれアミラーゼ，リゾチーム)を牽引してきた研究者によるもので，速度論から機構解析まで詳しい。新規入手は難しいが，図書館などで参考にしてほしい。
- K. J. Laidler, P. S. Bunting 著，*The Chemical Kinetics of Enzyme Action*, Clarendon Press (1973)
  →日本語訳はないが，酵素反応速度論の古典的定番本。

[Part 5　生命と光に関して]

- 村田 滋，光化学—基礎と応用，東京化学同人(2013)
  →光化学の基礎と応用について書かれた入門書。光と物質のかかわりについて詳しく解説している。
- 日本化学会 編，細谷治夫 著，光と物質—そのミクロな世界，大日本図書(1995)
  →光が電子や陽子・中性子の集合体である物質とどのような相互作用を行うのかについて詳しく解説している。
- 尾崎幸洋，岩橋秀夫，生体分子分光学入門，共立出版(1992)
  →生体物質の分子分光学を基礎から効率的に学べる入門書。紫外可視分光法，近赤外分光法，赤外分光法，ラマン分光法，NMR法，ESR法について生命科学分野での応用について解説している。
- 斉藤 肇，安藤 勲，内藤 晶，NMR分光学—基礎と応用，東京化学同人(2008)

→NMR分光法について基礎から化学，生物化学，高分子化学，材料科学，医学，工業分野への応用まで詳しく解説している。

• I. Tinoco, Jr., J. D. Puglisi, K. Sauger, G. Harbison, J. C. Wang, D. Rovnyak, *Physical Chemistry : Principles and Applications in Biological Science, 5th Edition*, Pearson Education (2014)
  →11章で量子力学の説明，12章で生体分子の分子構造と相互作用，13章で分光学，14章で磁気共鳴の解説をしている。
• 加藤 薫，池田圭一，武井教子，光る生き物，技術評論社(2009)
  →発光生物について光るしくみから最先端研究まで詳しく解説している。
• C. Branden, J. Tooze 著，勝部幸輝，竹中章郎，福山恵一，松原 央 訳，タンパク質の構造入門 第2版，ニュートンプレス(2000)
  →タンパク質のX線結晶構造解析およびNMR分光法による立体構造決定と，構造を基盤にした機能発現について詳しく解説している。
• 日本化学会 編(寺尾武彦 編集)，第5版 実験化学講座8: NMR・ESR，丸善(2006)
  →NMR分光法とESR分光法について測定法の基礎から物質，材料，生物学，医学での応用までを詳しく解説した専門書。

[Part 6　生体膜とエネルギーに関して]

• 杉浦美羽，伊藤 繁，南後 守 編，光合成のエネルギー・物質変換—人工光合成を目指して，化学同人(2015)
  →人工光合成を目指す研究者により著されたものであるが，基礎編で光合成の機構を詳しく解説している。
• D. L. Nelson, M. M. Cox 著，川嵜敏祐 監修，中山和久 編集，今川正良ほか 訳，レーニンジャーの新生化学—生化学と分子生物学の基本原理 第6版(下)，廣川書店(2015)
  →生体エネルギーの研究者であったA. L. Lehninger (1986年没)の名を冠して，その後もNelsonとCoxが版を改めている生化学一般の教科書。Lehningerの主旨を保って，生体エネルギーに関して記述が詳しい。原書では第7版(2017年刊)まで出ている。
• 東京大学光合成教育研究会 編，光合成の科学，東京大学出版会(2007)
  →光合成の基礎から応用までを新しい視点も加えて解説している。写真・図も豊富。
• 日本生化学会 編集，吉田賢右，茂木立志 編，生体膜のエネルギー装置，共立出版(2000)
  →生体膜を分子装置としてとらえ，構造解析研究の成果を踏まえて，生理的な役割と分子機能を生化学的視点から紹介している。
• 日本物理学会 編，生体とエネルギーの物理—生命力のみなもと，裳華房(2000)
  →生体膜と生体高分子の物理化学的性質，光エネルギーが生体エネルギーへと変換されるしくみを物理学的視点から解説している。
• A. L. Lehninger 著，藤本大三郎 訳，生命とエネルギーの科学—バイオエナジェティックス 第2版，化学同人(1983)
  →上記『新生化学』を著したLehningerが，生命とエネルギーの関係を分子ベースで解説した本。今はもう古書しかないが，バイオエナジェティックスの概念を理解するには好適。
• S. G. Schultz，鈴木泰三ほか 訳，生体膜輸送の基礎，東京化学同人(1982)
  →膜輸送の基礎について，詳しい式誘導や解説が書かれている。これも，もう古書しかないが，参照する価値は十分ある。

索　引

【人名】

アイリング(Eyring) 123
アインシュタイン(Einstein) 162
アドガドロ(Avogadro) 041
アレニウス(Arrhenius) 68
ヴィラール(Villard) 162
カープラス(Karplus) 200
カルノー(Carnot) 24
カルビン(Calvin) 232
ギブズ(Gibbs) 44
キューネ(Kuhne) 128
ギルバート(Gilbert) 21
クラウジウス(Clausius) 39, 49
クラペイロン(Clapeyron) 49
ケンドリュー(Kendrew) 21
コシュランド(Koshland) 95
サムナー(Sumner) 21, 128
下村 脩 184
ジュール(Joule) 24
シュレーディンガー(Schrödinger) 165
シンガー(Singer) 220
スキャッチャード(Scatchard) 91
ストークス(Stokes) 212
ツエン(Tsien) 185
デュエム(Duhem) 47
ド・ブロイ(de Broglie) 165
トンプソン(Thompson) 25, 39
ニコルソン(Nicolson) 220
ニュートン(Newton) 158
ネルンスト(Nernst) 104
ハーシェル(Herschel) 158
ハッセルバルヒ(Hasselbalch) 74
ヒル(Hill) 94
ファント・ホッフ(van't Hoff) 54
フィック(Fick) 211
フィッシャー(Fischer) 128
ブレンステッド(Brønsted) 134
ヘス(Hess) 33
ベール(Beer) 180
ベルセリウス(Berzelius) 128
ヘルツ(Hertz) 161
ペルーツ(Perutz) 21
ヘルムホルツ(Helmholtz) 25
ヘンダーソン(Henderson) 74
ポラニー(Polanyi) 123
ポーリング(Pauling) 19
ボルツマン(Boltzmann) 41
マイヤー(Meyer) 24
マキサム(Maxam) 21
マクスウェル(Maxwell) 160
ミカエリス(Michaelis) 129, 132
ミッチェル(Mitchell) 230
ムルダー(Mulder) 128
メンテン(Menten) 129, 132
ヤブロンスキー(Jabłoński) 178
ヤング(Young) 25, 159
ラングミュア(Langmuir) 134
ランベルト(Lambert) 180
リッター(Ritter) 158
ル・シャトリエ(Le Châtelier) 54
レントゲン(Röntgen) 162

【欧文】

ATP 107
burst kinetics 139
COSY 201
CP法(交差分極法) 205
DL表示法 4
DNA 10
E–Hプロット 137
EPR 206
ESR 206
F_1F_0 ATP合成酵素 228
FAD 106
FID 197
FMN 106
GFP 184
GHKの式 215
GHKの膜電位の式 215
H^+–ATPase 228
HOMO 176
H–Wプロット 136
in situ 光照射NMR法 205
*J*結合 199
k_{cat} 131
k_{cat}/K_m 144
K_m 131
KNFモデル 95
L–Bプロット 136
LCAO法 169
LUMO 176
MAS法(マジック角回転法) 205
MWCモデル 95
Na^+/K^+–ATPase 219
NADH 106
NADPH 106
NMR 192
NMRスペクトル 197
NMR分光法 192
NOE 203
NOESY 203
PCR 148
RNA 10
*RS*表示法 4
V_{max} 131
αスピン 194
αヘリックス 19
βシート 19
βスピン 194
π軌道 173
σ軌道 173

【ア】

アスパラギン酸カルバモイルトランスフェラーゼ 153
アミノ酸 4
　——の酸解離 80
アミロース 16, 17
アルドース 7
アレニウス・プロット 123
アロステリック効果 96
イオン性の糖質の解離 83
イオンチャンネル 221
いす型配座 16
一次性輸送 217
一次反応式 115
一般酸塩基触媒 134
イーディー–ホフステー・プロット 137
永久機関 26
エチレンの分子軌道 172
エピマー 9
エンタルピー 28
エントロピー 35
往復反応 119
オーダード機構 151

【カ】

回　折 159
解糖系 109
開放系 26
界面活性剤 89
化学シフト 198
化学浸透説 230
化学反応速度 114
化学平衡 52
化学ポテンシャル 46
鍵と鍵穴説 128
核オーバーハウザー効果 202
核　酸 9, 21, 28, 210
　——の酸解離 82
拡　散 210
拡散係数 211
拡散電位 215
核磁気共鳴 192
核磁気共鳴分光法 192

【サ】

【タ】

【ナ】

【ハ】

【マ】

【ヤ】

【ラ】

著者紹介

功刀(くぬぎ)　滋(しげる)　京都大学工学博士

1949 年京都府生まれ。1977 年京都大学大学院工学研究科博士課程単位取得退学。その後，京都大学工学部助手，福井大学工学部助教授，京都工芸繊維大学繊維学部教授を経て，現在は京都工芸繊維大学名誉教授，愛知大学非常勤講師。専門は生体高分子化学。(Part 1～4 および 6 の執筆を主に担当)

主な著書：『なぜ日本の大学には工学部が多いのか—理系大学の近現代史』(講談社)，『高分子のはなし』(三共出版)，『生体物理化学』(産業図書)，『高分子の化学』(三共出版，編著)，『大学への橋渡し生化学』(化学同人，共著)

内藤(ないとう)　晶(あきら)　京都大学理学博士

1949 年京都府生まれ。1978 年京都大学大学院理学研究科博士課程単位取得満期退学。その後，ブリティッシュコロンビア大学博士研究員，京都大学理学部助手，姫路工業大学理学部助教授，横浜国立大学工学研究院教授を経て，現在は横浜国立大学名誉教授，放送大学神奈川学習センター客員教授，大阪大学蛋白質研究所共同研究員，東京農工大産学連携研究員，横浜国立大学非常勤講師。専門は生物物理化学。
(Part 5 の執筆を主に担当)

主な著書：『NMR 分光学—基礎と応用』(東京化学同人，共著)，『第 5 版 実験化学講座 8：NMR・ESR』(丸善，分担執筆)，『エルンスト 2 次元 NMR—原理と測定法』(吉岡書店，共訳)

NDC 431　　254 p　　26 cm

生命科学(せいめいかがく)のための物理化学(ぶつりかがく) 15 講(こう)

2018 年 1 月 25 日　第 1 刷発行

著　者　功刀(くぬぎ)　滋(しげる)・内藤(ないとう)　晶(あきら)
発行者　鈴木　哲
発行所　株式会社　講談社
〒 112-8001　東京都文京区音羽 2-12-21
販　売　(03) 5395-4415
業　務　(03) 5395-3615

編　集　株式会社　講談社サイエンティフィク
代表　矢吹俊吉
〒 162-0825　東京都新宿区神楽坂 2-14　ノービィビル
編　集　(03) 3235-3701

本文データ制作　株式会社　双文社印刷
カバー・表紙印刷　豊国印刷　株式会社
本文印刷・製本　株式会社　講談社

落丁本・乱丁本は，購入書店名を明記のうえ，講談社業務宛にお送り下さい。送料小社負担にてお取替えします。なお，この本の内容についてのお問い合わせは講談社サイエンティフィク宛にお願いいたします。定価はカバーに表示してあります。

©Shigeru Kunugi, Akira Naito, 2018

本書のコピー，スキャン，デジタル化等の無断複製は著作権法上での例外を除き禁じられています。本書を代行業者等の第三者に依頼してスキャンやデジタル化することはたとえ個人や家庭内の利用でも著作権法違反です。

JCOPY 〈(社)出版者著作権管理機構 委託出版物〉
複写される場合は，その都度事前に(社)出版者著作権管理機構(電話 03-3513-6969，FAX 03-3513-6979，e-mail : info@jcopy.or.jp)の許諾を得て下さい。

Printed in Japan

ISBN 978-4-06-153898-6

講談社の自然科学書

たのしい物理化学1—化学熱力学・反応速度論	加納健司・山本雅博／著	本体 2,900円
改訂 酵素—科学と工学	虎谷哲夫ほか／著	本体 3,900円
改訂 細胞工学	永井和夫・大森 斉・町田千代子・金山直樹／著	本体 3,800円
ビギナーのための微生物実験ラボガイド	掘越弘毅ほか／著	本体 2,816円
バイオ機器分析入門	相澤益男・山田秀徳／編	本体 2,900円
バイオ系のための基礎化学問題集	三原久和ほか／編	本体 4,200円
新版 有機反応のしくみと考え方	東郷秀雄／著	本体 4,800円
有機合成化学	東郷秀雄／著	本体 3,900円
有機化学のための高分解能NMRテクニック	T.D.W. クラリッジ／著　竹内敬人・西川実希／訳	本体 9,800円
新版 すぐできる 量子化学計算ビギナーズマニュアル	平尾公彦／監修　武次徹也／編	本体 3,200円
すぐできる 分子シミュレーションビギナーズマニュアル DVD-ROM付	長岡正隆／編著	価格 4,500円
高分子の合成（上）	遠藤 剛／編	本体 6,300円
高分子の合成（下）	遠藤 剛／編著	本体 6,300円
高分子の構造と物性	松下裕秀／編著	本体 6,400円
高校と大学をつなぐ 穴埋め式 力学	藤城武彦・北林照幸／著	本体 2,200円
高校と大学をつなぐ 穴埋め式 電磁気学	遠藤雅守・櫛田淳子・北林照幸・藤城武彦／著	本体 2,400円
ウエスト固体化学—基礎と応用	A.R. ウエスト／著	本体 5,500円
はじめての光学	川田善正／著	本体 2,800円
初歩から学ぶ固体物理学	矢口裕之／著	本体 3,600円
エキスパート応用化学テキストシリーズ		
触媒化学	田中庸裕・山下弘巳／編著	本体 3,000円
高分子科学	東 信行・松本章一・西野 孝／著	本体 2,800円
生体分子化学	杉本直己／編著	本体 3,200円
光化学	長村利彦・川井秀記／著	本体 3,200円
分析化学	湯地昭夫・日置昭治／著	本体 2,600円
機器分析	大谷 肇／編著	本体 3,000円
錯体化学	長谷川靖哉・伊藤 肇／著	本体 2,800円
有機機能材料	松浦和則ほか／著	本体 2,800円
物性化学	古川行夫／著	本体 2,800円
環境化学	坂田昌弘／編著	本体 2,800円

※表示価格は本体価格（税別）です。消費税が別途加算されます。　「2017年12月現在」

講談社サイエンティフィク　http://www.kspub.co.jp/